大学生心理健康教育教程

主　编：王丽焕　张录全　肖建伟
副主编：范　甜　郭世魁　商士杰　覃兰静
王　琛　倪　娟
编　委：黄　洁　楼稚明　李　贺　杨海翠
朱士凤　齐宗丽　蒲徐波　陈　虹
郭文良　张慧勇　王秀芳　王玉娜
黄小清

对外经济贸易大学出版社
中国·北京

图书在版编目（CIP）数据

大学生心理健康教育教程 / 王丽焕，张录全，肖建伟主编. —北京：对外经济贸易大学出版社，2012（2013.06 重印）
ISBN 978-7-5663-0421-6

Ⅰ.①大… Ⅱ.①王… ②张… ③肖… Ⅲ.①大学生-心理健康-健康教育-高等学校-教材 Ⅳ.①B844.2

中国版本图书馆 CIP 数据核字（2012）第 172477 号

大学生心理健康教育教程

王丽焕 张录全 肖建伟 **主编**
责任编辑：张 洁

对外经济贸易大学出版社
北京市朝阳区惠新东街 10 号 邮政编码：100029
邮购电话：010-64492338 发行部电话：010-64492342
网址：http://www.uibep.com E-mail：uibep@126.com

北京市山华苑印刷有限责任公司印装 新华书店北京发行所发行
成品尺寸：185 mm×260 mm 15.5 印张 358 千字
2012 年 8 月北京第 1 版 2013 年 6 月第 2 次印刷

ISBN 978-7-5663-0421-6
印数：7 001—13 000 册 定价：28.00 元

前　言

21 世纪是尊重知识、注重人才素质全面提升的世纪。在这个思想文化激荡、价值观念多元、人才竞争激烈、社会瞬息万变的年代，培养道德品质优秀、专业技能精湛、心理素质过硬的适应社会需要的高素质人才是高等教育的历史责任。教育改革和社会发展给大学生带来机遇和挑战的同时，也给他们带来了巨大的心灵冲击。他们在对新环境的适应、自我概念的形成、人际交往的完善、专业的发展、性与爱情的选择、职业生涯的规划等方面产生了诸多心理困惑。心理健康是大学生综合素质的基石，是大学生顺利度过大学生活的前提。心理健康水平的提高和心理素质的培养是当代大学生的一门必修课。如何使大学生保持健康平衡的心态，从容应对各种挑战，不断走向成熟，是高校心理健康教育的一项任务。

加强和改进大学生心理健康教育是促进大学生健康成长，培养造就高级专门人才的重要途径；是全面贯彻党的教育方针，建设人力资源强国的重要举措；是全面提高高等教育质量，加强和改进大学生思想政治教育的重要任务。根据《中共中央国务院关于进一步加强和改进大学生思想政治教育的意见》（中发〔2004〕16 号），《教育部、卫生部、共青团中央关于进一步加强和改进大学生心理健康教育的意见》（教社政〔2005〕1 号），《教育部办公厅关于印发〈普通高等学校学生心理健康教育工作基本建设标准（试行）〉的通知》（教思政厅〔2011〕1 号）等文件精神，为贯彻落实全国教育工作会议，教育规划纲要以及全国加强和改进大学生思想政治教育工作座谈会精神，推进大学生心理健康教育工作科学化建设，进一步发挥课堂教学在大学生心理健康教育工作中的主渠道作用，提高大学生心理健康素质，我们结合大学生学习生活的实际情况和多年的大学生心理健康教育工作经验，在吸取该领域先进理论成果的基础上，精心编写了《大学生心理健康教育教程》这本教材。

本教材就大学生成长中遇到的具体问题，如人际交往、情绪管理、恋爱与性、职业规划、危机应对等，进行了科学的分析，提出了应对这些问题的一般原则与具体方法，以期达到消除大学生心理困惑，促进心理健康发展，养成良好的心理素质的目的。全书重视实用性而非系统知识的传授，将重点放在心理健康知识的理解与运用上，目的在于提高大学生的自我调节和自我成长能力。本书具有理论性、实践性、可操作性的特点。本书以心理健康知识的基本理论为基础，紧紧围绕大学生成长过程中经常遇到的心理问题，通过心理健康知识理论和一些简单实用的心理调适方法的讲授和操作，帮助学生更好地认识自我，及时地对可能发生的心理问题进行必要的预防，增强心理健康自我教育的自觉性、主动性和积极性，提升心理自我教育的能力。

本书编写人员均为多年从事大学生心理健康教育与学生管理工作的教师，全书由王丽焕、张录全、肖建伟任主编，范甜、郭世魁、商士杰、覃兰静、王琛、倪娟任副主编，各章作者分别为：第一章，大学生自我意识，王琛；第二章，大学生人际关系，范甜；第三章，大学生学习心理，倪娟；第四章，大学生恋爱与性心理，商士杰；第五章，大学生情绪管理，覃兰静；第六章，大学生挫折应对，郭世魁；第七章，大学生职业生涯规划，张录全；第八章，大学生生命教育与心理危机干预，肖建伟。

在此特别感谢付丽华编辑在本书出版过程中所付出的艰辛劳动，感谢各位心理健康教育同仁们在书稿收集整理过程中所付出的辛勤劳动。本书在编辑出版过程中，对外经济贸易大学出版社也给予了热情的帮助，在此表示衷心的感谢。

由于编者水平有限，加之成书仓促，书中若有疏漏之处，敬请读者批评指正。

编　者

2012 年 6 月 30 日

目　录

第一章

大学生自我意识

本章学习重点

1. 了解自我意识的含义
2. 了解大学生自我意识发展的规律和特点
3. 掌握大学生自我意识常见的问题及调适
4. 知道如何塑造健全的自我意识

先行案例

梦想破灭之后的烦恼

我是一个来自于教师家庭的孩子，父母视我为“掌中宝”。从小在父母的关爱下成长，我有一颗自由而轻松的心，重点小学、初中、高中的上学经历使我坚信我是属于全国一流大学的。但是，由于高考的重大失误，我虽然进入了全国的一所重点大学就读，但这并不是我梦想中的院校。在接到录取通知的那一刻，我哭得天昏地暗，第一次遭此重创的我几乎站不起来，我害怕听到同学到名牌大学读书的消息，担心自己的失败成为同学之间的笑料。当大学新生们脸上洋溢着快乐的笑容时，我却丝毫也高兴不起来。虽然想既来之则安之，而心中的结却并没有解开。由于盲目的自信，由于高考成绩超出其他同学约八十分，以为自己完全有能力胜任大学的学习。我学习没有了动力，生活没有了目标，犹如大海上的一叶小舟完全失去方向，在茫然徘徊中迎来了期末考试。意外地面对期末考试不及格的结果，我并没有认真反思自己，而是将这一切归咎于我没有考取理想的大学，归咎于命运的不公平。第二学期，百无聊赖的我又在网上找到了久违的自信与上进心，我那颗曾经不服输的心复苏了，但这次不是为学习而是为网络，我彻夜上网聊天打游戏，在游戏中体现虚拟世界的成功。可想而知，第二学期五门功课同时亮起了红灯，学位没有了，不用说梦想中的名牌大学，连大学生的资格也丢失了，学校发出了回家的指令。我真的非常懊悔，第一次我深深自责，作为我们家庭的第一位大学生我辜负了家长厚重的期望，作为重点高中的学生，我对不起培养我的老师，更重要的是我有负于自己的年华，此刻，我才发现大学的灯光是那么明亮，校园是那么美丽，而大学生活是如此让人难以割舍……

这是一位即将告别学校生活的大学生的内心独白。个体的人生不可复制，而自我发展的不可逆转要求每一位大学生都要认真审视自我，并为自我发展留下空间，因为人的青春只有一次，而大学对年轻学子也只有一次。

早在古希腊时期，太阳神阿波罗神殿上就有箴言“认识你自己”；在我国，也有古语“人贵有自知之明”，这表明人类在认识自然的同时，提出了认识人本身的要求。人类一直在不断探索自我、实践自我、超越自我。对于处在青年期的大学生来说，“自我”更是他们积极关注的课题。心理学家们认为，从某种意义上讲，人认为自己是怎样一个人，比他真正是怎样一个人更重要，因为每个人都是按照自己认为是怎样一个人而行动的。而一个人只有对自己各方面都有比较积极的认识，才能在环境的适应、个体的发展上，获得较满意的结果。自我意识是隐藏在个体内心深处的心理结构，是个体意识发展的最高阶段。个体正是通过自我意识来认识自己、激励自己、控制自己，与环境求得动态的、和谐的平衡。自我意识水平的高低不仅是个体心理发水平的重要标志，也是影响个体行为取向和人生选择的重要因素，所以正确的自我意识是自我教育的基础，是心理健康的保障。

第一节　自我意识概述

一、什么是自我意识

（一）自我意识的概念

自我意识是个人作为主体的“我”对自己以及对自己周围事物的关系的认识。自我意识也称自我，是个体意识发展的高级阶段。自我意识主要包括以下几个方面：

1. 生理自我

生理自我指个体对自己身高、体重、容貌、身材、性别等的认识以及生理病痛、温饱饥饿、劳累疲乏的感受等。生理自我在情感体验上表现为自豪或自卑；一般表现为对身体健康、外貌美的追求，物质欲望的满足，对自己所有物的维护等。

2. 心理自我

即我们所感知到的内部心理品质，代表了自己的主观体验，包括我们感知到的自己的能力：态度、情绪、兴趣、动机、愿望、气质和性格等。个体对自我心理的认识越充分，越能调整好自身的状态，改变不适应的行为。

3. 社会自我

即个人如何被他人看待和承认，主要涉及个人的社会关系、社会角色、社会地位，是个体在社会实践中形成的对自身的定位。

生理自我、心理自我和社会自我既相互区别又相互联系，是个体自我意识的有机组成部分。

（二）自我意识的结构

从形式上看，自我意识表现为认知的、情感的和意志的三种形式，分别称为自我认识、自我体验和自我调控。

1. 自我认识

自我认识是自我意识的认知成分，指个体对生理自我（如身高、体重等）、心理自我（如思维活动、个性特征等）和社会自我（如人际关系等）的认识。它是自我意识的首要成分，也是自我调节控制的心理基础。它又包括自我感觉、自我概念、自我观察、自我分析和自我评价。自我分析是在自我观察的基础上对自身状况的反思。自我评价是对自己能力、品德、行为等方面社会价值的评估，它最能代表一个人自我认识的水平。自我认知回答的问题是："我是谁?""我是一个什么样的人"。

2. 自我体验

自我体验是主观自我对客观自我产生的情绪体验，在自我认识的基础上产生，反映个体对自己所持的态度，是自我意识的情感成分。自我认知决定自我体验，而自我体验又强化着自我认知。自我体验的内容十分丰富，它包括自尊、自信、自爱、自卑、内疚、自豪感、成就感、自我效能感等。其中，自尊心、自信心是自我体验中的主要方面。自尊心是指个体在社会比较过程中所获得的有关自我价值的积极的评价与体验。自信心是对自己的能力是否适合所承担的任务而产生的自我体验。自信心与自尊心都是和自我评价紧密联系在一起的。自我体验回答的问题是："我是否喜欢自己"，"我是否满意自己"等，主要是一种自我的感受。

3. 自我调控

自我调控是自我意识的意志成分，是对自己的行为和思想以及言语的控制，以达到自我期望的目标。表现在两个方面：发动和制止。自我调控对个体的学习、工作具有推动作用。自我调控是自我意识的关键环节，它包括自立、自主、自律、自我监督、自我控制和自我教育等层次。其中，自我控制和自我教育是自我调控中最主要的方面。核心内容是"我将如何规划自己的人生"，"我应该做什么"，"我应该成为什么样的人"，"我可以选择如何做"。在日常生活中，我们常常发现有的人"心动而不行动"，事实上心动是一件容易的事，而真正历练意志则需要更多的自我控制。当意志调控行为成为一种习惯时，自我调控便转变为"自动化"。

由上所述，自我意识的结构包括自我认识、自我体验、自我调控，三者有机统一，构成了个性心理面貌的一个重要组成部分。通过自我认识，使人明确"我是一个怎样的人?"通过自我体验，可以解决"我这个人怎样?""我是否接受自己?"通过自我调节，特别是自我控制和自我教育，可以最终解决"我应当成为一个怎样的人?"

我们可以通过简单归纳来认识自我意识的内涵。（见表1-1）

表 1 – 1　　自我意识的结构

	自我认知	自我评价	自我控制
生理自我	对自己身体、外貌、衣着、风度、家属、所有物等的认识。	英俊、漂亮、有吸引力、迷人、自我悦纳。	追求身体的外表、物质欲望的满足，维持家庭的利益等。
心理自我	对自己的能力、性格、气质、兴趣、能力、记忆、思维等特点的认识。	有能力、聪明、优雅、敏感、迟钝、感情丰富、细腻。	追求自我价值的实现，注重心智健康发展，注意和谐的人际关系。
社会自我	对自己的名望、地位、角色、性别、义务、责任、力量的认识。	自尊、自信、自爱、自豪、自卑、自怜、自恋。	追求名誉地位，与他人竞争，争取得到他人的好感等。

二、自我意识的理论依据

自我意识问题早已成为心理学家们普遍关注的问题，它也是心理学的重要内容。关于自我意识，心理学界各国心理学家持有很多观点。

（一）罗杰斯的自我观点

罗杰斯（1902～1988）是美国著名的人本主义心理学家。他提出，人都有两个自我，现实自我和理想自我。现实自我是个人在现实生活中获得的自我感觉，理想自我是个人对“应当是”或“必须是”等的自我概念。两者之间的冲突导致了人心理的失常和不协调。而人在交往中获得的肯定越多，则其自我冲突越少，人格的发展也越正常。所以，心理健康教育的本质就在于最大限度地肯定和鼓励学生，不断强化其自尊自信，增强其克服生活中各种困难的决心和勇气。这样做可以帮助学生达到自我完善。

（二）弗洛伊德的自我观点

精神分析大师弗洛伊德在其人格结构理念中深入探讨了自我，提出了自我的“三结构说”，即本我、自我和超我三个部分，从人格的三个维度上研究了自我的发展。本我即原我，是指原始的自己，包含生存所需的基本欲望、冲动和生命力。本我是一切心理能量之源，本我按快乐原则行事，它不理会社会道德、外在的行为规范，它唯一的要求是获得快乐，避免痛苦，本我的目标乃是求得个体的舒适，生存及繁殖，它是无意识的，不被个体所觉察。自我，其德文原意即是指“自己”，是自己可意识到的执行思考、感觉、判断或记忆的部分，自我的机能是寻求“本我”冲动得以满足，而同时保护整个机体不受伤害，它遵循的是“现实原则”，为本我服务。超我，是人格结构中代表理想的部分，它是个体在成长过程中通过内化道德规范，内化社会及文化环境的价值观念而形成，其机能主要在监督、批判及管束自己的行为。超我的特点是追求完美。所以它与本我一样是非现实的，超我大部分也是无意识的，超我要求自我按社会可接受的方式去满足本我，它所遵循的是“道德原则”。

（三）自我发展三阶段说

美国实用主义心理学家詹姆斯认为自我的发展有三个阶段：躯体我、社会我和精神我。躯体我指在人的躯体基础上形成的自我，是个体对自己躯体的认识，包括支配感等，是自我最原始的形态，大约在3岁时开始形成。社会我指个体对自己在社会关系中的角色认识，主要受他人对自己看法的影响，从3岁到青年期逐渐形成。精神我是指个人内在的心理自我，是个人对自己心理特征的认识，如性格、气质、情绪、智力、行为等。人最先从自己的身体知道自己的存在（躯体我），而后与人交往，从他人对自己的反应中以及自己的社会角色中，体验出自己的社会我，再后从生活的成败经验，以及心理发展，逐渐形成精神自我，控制自己一切有认识的行动。

（四）马斯洛的“自我实现理论”

马斯洛认为人类行为的心理驱力不是性本能，而是人的需要，他将其分为两大类、七个层次，好像一座金字塔。其由下而上依次是生理需要、安全需要、归属与爱的需要、尊重的需要、认识需要、审美需要、自我实现需要。人在满足高一层次的需要之前，至少必须先部分满足低一层次的需要。第一类需要属于缺失需要，可引起匮乏性动机，为人与动物所共有，一旦得到满足，紧张消除，兴奋降低，便失去动机。第二类需要属于生长需要，可产生成长性动机，为人类所特有，是一种超越了生存满足之后，发自内心的渴求发展和实现自身潜能的需要。满足了这种需要个体才能进入心理的自由状态，体现人的本质和价值，产生深刻的幸福感，马斯洛称之为“顶峰体验”。马斯洛认为人类共有真、善、美、正义、欢乐等内在本性，具有共同的价值观和道德标准，达到人的自我实现关键在于改善人的“自知”或自我意识，使人认识到自我的内在潜能或价值，人本主义心理学就是促进人的自我实现。

三、自我意识的发生发展

大学生的自我意识是在儿童青少年时期自我意识基础上的进一步发展，它既有继承性，又有自身新的特点。心理学研究表明，个体自我意识从发生、发展到相对稳定和成熟，一般需要二十多年的时间。自我意识的发展分为三个阶段：

（一）自我中心期

在生命降生之初，婴儿是没有自我意识的，他们一般不能意识到自己和外界事物的区别，还生活在主体与客体尚未分化的状态之中。比如，他们经常吸吮自己的手指头，就像吸吮母亲的乳头一样津津有味。婴儿8个月左右，生理自我开始萌生，这就是自我意识的最初形态。到1岁左右，儿童开始能把自己的动作和动作对象区别开来，初步意识到自己是动作的主体。例如，当他们手里抓着玩具的时候，他们不再把玩具当做自己身体的一部分了。1周岁以后，儿童逐步认识自己的身体，也开始意识到自己身体的感觉。不过，他们只是把自己作为客体来认识，他们从成人那里学会使用自己的名字，并且像称呼其他东西一样地称呼自己。到了2岁，儿童逐渐学会用代词“我”来代表自己。

3岁左右的儿童，自我意识有了新的发展。主要表现在：(1) 出现了羞愧感与疑虑感。当做错事时，儿童会感到羞愧；当碰到矛盾时，儿童会感到疑虑。(2) 出现了占有欲和嫉妒感。儿童看到自己喜欢的东西，就想独自占有，不愿与人共享；如果母亲对其他儿童表现出关心和喜爱，他会产生强烈的嫉妒感。(3) 对第一人称“我”的使用频率提高，许多事情都要求“我自己来”，开始有了自立的要求。应该说，3岁儿童的自我意识已经有了一定发展，但其行为是以自我为中心的，即以自己的想法解释外部世界，并把自己的想法和情感投射到外界事物上去。

（二）客观化时期

一般来说，儿童从3岁到青春期，是个体接受社会文化影响最深的时期，也是学习角色的时期。个体在家庭、幼儿园、学校中学习、游戏、劳动，通过模仿、认同、练习等方式，逐渐形成各种角色观念，如性别角色、家庭角色、伙伴角色、学生角色等。这一时期，也是获得社会自我的时期，他们开始能意识到自己在人际关系、社会关系中的作用和地位，能意识到自己所承担的社会义务和享有的社会权利等。

青春期以前，个体的眼光是向外的，引起他们兴趣和注意的是外部世界，他们是对自己的内心世界关注不多。他们虽然已经意识到自己是一个主体，可以充分认识到自己的行为，但却不了解自己的心理状态，他们常常把自己的情绪视为某种客观上伴随行为而产生的东西，而不懂得情绪是自己的主观感受；他们还不善于运用自己的眼光去认识世界，而只是照搬成人的观点作为自己对外部世界的认识。

（三）主观化时期

从青春期到成年大约需要10年时间，个体的自我意识趋于成熟，并逐步获得了心理自我。此时，个体的自我意识表现出四方面的特点：(1) 用自己的观点来认识与评价事物，使自我意识成为个体认识外部世界的中介因素，从而使个体的思想和行为带有深厚的个人色彩；(2) 个体会从自己所见到的人格和身体特征出发，强调相应事物的重要性，形成特有的价值体系，以指导自己的言行，提高自己的社会地位；(3) 追求生活目标，出现与价值观相一致的理想自我；(4) 抽象思维能力大大提高，使自我意识能超越具体的情境，进入精神领域。

自我意识的形成和发展过程，正是一个人人格成长的过程，忽视了每一个阶段的健康成长，往往会给一个人终生带来困惑。美国精神分析学家埃里克森将人的心理发展分为八个阶段，认为每个阶段都有一个特殊的核心问题，解决了特殊问题，自我意识就会进入到一个新的阶段。

1. 婴儿时期：信任——不信任（0~1岁）

这是获得信任感而克服不信任感阶段。所谓信任，是婴儿的需要与外界对他需要的满足保持一致。这阶段的婴儿对母亲或其他养育者表示信任，婴儿感到所处的环境是个安全的地方，周围的人们是可以信任的，由此就会扩展为对一般人的信任。婴儿如果得不到周围人们的关心与照顾，他就会对外界特别是对周围的人产生害怕与怀疑的心理，以致会影响到下一阶段的顺利发展。

2. 婴儿后期：自主——羞怯、怀疑（2~3岁）

这是获得自主感而避免怀疑感与羞耻感阶段。个体在第一阶段处于依赖性较强的状态下，什么都由成人照顾。到了第二阶段，儿童开始有了独立自主的要求，如想要自己穿衣、吃饭、走路、拿玩具等，他们开始去探索周围的世界。这时候，如果父母及其他照顾他们的成人，允许他们独立地去干一些力所能及的事情，并且表扬他们完成的工作，就能培养他们的意志力，使他们获得一种自主感，能够自己控制自己。相反，如果成人过分爱护他们，处处包办代替，什么也不需要他们动手，或过分严厉，这也不准那也不许，稍有差错就粗暴地斥责，甚至采用体罚，就会使孩子产生自我怀疑与羞耻之感。

3. 幼儿期：首创——内疚（4~5岁）

这是获得主动感受而克服内疚感阶段。个体在这阶段的肌肉运动与言语能力发展很快，能参加跑、跳、骑小车等运动，能说一些连贯的话，还能把自己的活动扩展到超出家庭的范围。除了模仿行为外，个体对周围的环境充满了好奇心，知道自己的性别，也知道动物是公是母，常常问问这，动动那。这时候，如果成人对于孩子的好奇心以及探索行为不横加阻挠，让他们有更多机会去自由参加各种活动，耐心地解答他们提出的各种问题，而不是指责，那么孩子的主动性就会得到进一步的发展，表现出很大的积极性与进取心。反之，如果父母对儿童采取否定与压制的态度，就会使他们认为自己的游戏是不好的，自己提出的问题是笨拙的，自己在父母面前是讨厌的，致使孩子产生内疚感与失败感，这种内疚感与失败感还会影响下一阶段的发展。

4. 儿童期：勤奋——自卑（6~11岁）

这是获得勤奋感避免自卑感阶段。儿童的智力不断地得到发展，特别是逻辑思维能力发展迅速，他们提出的问题很广泛，而且有一定的深度，他们的能力也日益发展，参加的活动已经扩展到学校以外的社会。这时候，对他们影响最大的已经不是父母，而是同伴或邻居，尤其是学校中的教师。他们很关心物品的构造、用途与性质，对于工具技术也很感兴趣。这些方面如果能得到成人的支持、帮助与赞扬，则能进一步加强他们的勤奋感，使之进一步对这些方面发生兴趣。

5. 青年期：同一——混乱（12~18岁）

这一阶段的核心问题是自我意识的确立和自我角色的形成。青少年对周围世界有了新的观察与新的思考方法，他们经常考虑自己到底是怎样一个人，他们从别人对他的态度中，从自己扮演的各种社会角色中，逐渐认清了自己。此时，他们逐渐疏远了自己的父母，从对父母的依赖关系中解脱出来，而与同伴们建立了亲密的友谊，从而进一步认识自己，对自己的过去、现在、将来产生一种内在的连续之感，也认识自己与他人在外表上与性格上的相同与差别。认识自己的现在与未来在社会生活中的关系，这就是心理社会同一感。

6. 成人前期：亲近——孤独（18~25岁）

这是建立家庭生活的阶段，这是获得亲密感、避免孤独感阶段。亲密感是人与人之间的亲密关系，包括友谊与爱情。亲密的社会意义，是个人能与他人同甘共苦、相互关怀。亲密感在危急情况下往往会发展为一种互相承担义务的感情，它是在共同完成任务的过程中建立起来的。如果一个人不能与他人分享快乐与痛苦，不能与他人进行思想情感的交流，不相互关心与帮助，就会陷入孤独寂寞的苦恼情境之中。

7. 成人中期：创造——停滞（25～60岁）

这是获得创造力感，避免自我专注阶段。这一阶段有两种发展的可能性，一种可能是向积极方面发展，个人除关怀家庭成员外，还会扩展到关心社会上其他人，关心下一代以至子孙万代的幸福。他们在工作上勇于创造，追求事业的成功，而不仅是满足个人需要。另一种可能性是向消极方面发展，即所谓自我专注，就是只顾自己以及自己家庭的幸福，而不顾他人的困难与痛苦，即使有创造，其目的也完全是为了自己的利益。

8. 成人后期：自我完善——悲观失望（60岁以上）

这是获得完美感，避免失望感阶段。如果前面七个阶段积极的成分多于消极的成分，就会在老年期汇集成完美感，回顾一生觉得这一辈子过得很有价值，生活得很有意义。相反，如果消极成分多于积极成分，就会产生失望感，感到自己的一生失去了许多机会，走错了方向，想要重新开始又感到为时已晚，痛不胜痛。于是产生了一种绝望的感觉，精神萎靡不振，马马虎虎混日子。

表1－2　埃里克森心理发展阶段表

期别	年龄	心理危机（发展关键）	发展顺利	发展障碍
婴儿期	0～1岁	对人信赖←→对人不信赖 (trust vs. mistrust)	对人信赖，有安全感。	与人交往，焦虑不安。
婴儿后期	2～3岁	活泼自主←→羞愧怀疑 (autonomy vs. shame and doubt)	能自我控制，行动有信心。	自我怀疑，行动畏首畏尾。
幼儿期	4～5岁	自信←→退缩内疚 (initiative vs. guilt)	有目的方向，能独立进取。	畏惧退缩，无自我价值感。
儿童期	6～11岁	勤奋进取←→自贬自卑 (industry vs. inferiority)	具有求学、做事、待人的基本能力。	缺乏生活基本能力，充满失败感。
青年期	12～18岁	自我统合←→角色混乱 (identity vs. confusion)	自我观念明确，追求方向肯定。	生活缺乏目标，时感彷徨迷失。
成人前期	18～25岁	友爱亲密←→孤独疏离 (intimacy vs. isolation)	成功的感情生活，奠定事业基础。	孤独寂寞，无法与人亲密相处。
成人中期	26～60岁	精力充沛←→颓废迟滞 (generativity vs. stagnation)	热爱家庭，栽培后进。	自我恣纵，不顾未来。
成人后期	60岁以上	完美无憾←→悲观绝望 (integrity vs. despair)	随心所欲，安享天年。	悔恨旧事，徒呼奈何。

四、大学生自我意识形成的信息来源

自我意识是人所特有的心理标志，它不是与生俱来的，而是后天获得的，是个体在社会环境中，在与他人的互动中逐渐形成的。一般而言，大学生对自己的认知可以通过以下四个方面逐渐形成。

（一）他人的反馈

通常，别人会对我们的品质、能力、性格等给予清晰的反馈，从而增强我们对自己的了解。当我们被老师告诫要更加大胆一些，更加主动，更加勤奋一些时，我们便会从反馈中得知：自己有些害羞，不够主动，学习不够勤奋。特别是当许多人的看法一致时，我们就会相信这种看法是正确的，从而确定自己是这样的人。激励对成长中的大学生是非常重要的，我们经常说："优秀的学生是夸出来的"。当否定性评价过多时，学生会产生"习得性无助"。这是由马丁·西格曼研究提出的，它是指对环境失去控制的一种信念，当一个人拥有这种信念时，他感到不能从环境中逃脱出来，便会放弃了脱离环境的努力。如有的大学生会说："无论我如何努力，我也不会成为受大家欢迎的人"。事实上，"习得性无助"是一种严重的自我意识障碍，它抑制了人改造与影响环境的能力，强化了顺从甚至屈从并转化为一种内在信念。"习得性无助"是后天形成的，特别容易受到环境的影响。尤其是当大学生来到一个陌生环境开始新的学习生活时，环境适应中的自我意识显示出巨大的张力，很多在中学时代有着骄人成绩的学生由于种种原因而认同了自己的平凡并不尝试改变时，就极易产生"习得性无助"。

（二）反射性评价

在生活中，那些与我们生活无关紧要的人有时并不会给予我们清晰明确的反馈，但我们可以从他们的态度与反应中来了解自己。符号互动学者库利提出"镜中我"（Looking-glass self），认为我们感知自己就像别人感知我们一样，镜子中的我或别人眼中的我就是我们感知的对象，我们常常依据别人如何对待我们来了解自己，这一过程称之为反射性评价。

当大学生在与同学、老师交往中感知到的"自我"，可得到一些反射性评价。如一个大学生在给我的信中提到："我感到非常孤独，宿舍的同学不喜欢我，常常是当我在宿舍外面听着里面在热烈地谈论一个问题而我进入宿舍时，谈话经常就中断了，大家的表情也显示出冷淡与不在乎，我不知道自己做错了什么，得不到大家的认同。这使我非常痛苦。在来自不同家庭背景的同学中，我的家境略好些，可这不是我的过错，我一直主动地想与同学相处好，甚至做了一系列努力都得不到大家的认同。在中学以前，我一直是非常受人欢迎的，我现在变得沉默了，因为不知道该如何做。"反射性评价对自我的形成也起着重要作用。

（三）依据自己的行为判断

贝姆（D. Bem）的自我知觉理论（Self-perception）认为：在内部线索微弱或模糊的情况下，人们常常依据外在行为来推断自己的特征如性格、态度、品质、爱好等。如当学生参加公益事业时，学生认为自己是一个高尚的人；但在大多数情况下，人们常常依据内部线索了解自己，如想法、情绪来了解自己，而且比外显行为更准确，因为行为易受外在压力的影响，更易伪装。

个体的行为既具有外显性更有内倾性，因而依据自己行为的判断为自我的确立提供了可靠的依据。

（四）社会比较

费斯廷格提出了著名的社会比较（Social comparison）理论认为：人们非常想准确地认识自我、评估自我，为此，在缺乏明确标准时，人们常常和自己相似的人做比较。

大学生正处于人生重要的发展时期，其人生目标、职业理想、生活态度等都在形成之中，社会比较为大学生提供了认识自我、了解自我和发展自我的重要标尺。社会比较也是每个个体认识自我不可或缺的方面。没有社会比较，就没有自我的进一步优化。当然，社会比较并不总是向着积极的方向，社会比较又分为向上比较、向下比较与相似比较。当个体的目的与动机不同时，采用的社会比较策略也不相同。例如自我保护与自我美化的动机促使学生与那些不如自己走运、成功和幸福的人相比；而自我成功动机强的人更倾向于向上比较，向着那些比自己更加成功的人比较，促使自己更加成功。

第二节 大学生自我意识的变化及特点

自我意识是隐藏在个体内心深处的心理结构，是个体意识发展的高级阶段，是人格的自我调控体系。个体自我意识的发展呈一种螺旋式上升的趋势，经历着分化—矛盾—统一—再分化—矛盾—统一的过程。每一次的统一之后，自我意识便向前发展一步。

一、大学生自我意识发展的规律

大学阶段是个体自我意识迅速发展和趋于完善的重要时期，大学生的自我意识正经历着一个特别明显分化和矛盾、统一的过程，推动着大学生个体自我意识迅速发展并趋向成熟。

（一）自我意识的分化

儿童的自我意识是一个尚未分化的整体，其意识内容主要停留在对自己外部行为和自己与周围关系的外部特征上。进入青年期，原来在儿童、少年时期统一不可分割的自我意识一分为二：一是理想自我，它是根据主观的自我和主观感受的社会现实所希望自己未来成为什么样的人而达成的自我状态。理想自我是处于观察者的地位，也就是“主体我”（I）。二是现实自我，它是指当前实际所达到的自我状态，即我现在是什么样的人。现实自我处于被观察者的地位，是理想自我所要观察的对象，也就是“客体我”（Me）。

自我意识的明显分化，使大学生主动、迅速地对自己内心世界和行为有了新的意识，开始意识到自己那些从来没有被注意到的“我”的许多方面和细节。在这一时期，大学生的自我沉思、自我分析、自我反省的时候明显增多；对自我新的认识、体验和控制而带来的种种激动、焦虑、喜悦和不安也显著增加；为自己应该怎样做、能怎样做、不应该怎样做等而开始认真地动脑筋，不像中学生那样随心所欲。此时如果个体的理想自我（主体我）和现实自我（客体我）能保持大致的平衡，也就是说，个体真正的能力、性格、欲望能如实地表现出来，个体便能以自己的本来面目出现在别人面前，既不用掩饰自己的努力，也不怕暴露自己的缺点，从而有利于发挥自己的实际能力，促进个体健康发展。

现实自我占优势的个体，往往表现出较强的虚荣心和自我陶醉感，特别在乎他人对自己的评价，期望事事处处得到他人的赞赏。他们担心暴露自己的缺点，常常炫耀自己的知识，追新猎奇，哗众取宠，以换取他人的赞赏。理想自我占优势的大学生，往往将“客体我”萎缩到实际能力之下，总认为自己事事处处不如人。他们往往自卑感较强，因为自己某方面的欠缺，如口才不好，身材不高，相貌一般，家境贫寒，能力不强而苦恼，甚至放弃应有的努力，形成自我怜悯或伤感的心理状态。

总之，自我意识的分化促进了大学生的思维和行为的主体性的形成，从而为客观地评价自己和他人，合理地调节自身的言行奠定了基础，这是自我意识开始走向成熟的标志。

（二）自我意识的矛盾

自我意识的分化，使青年开始意识到自己不曾注意的许多“我”的方面和细节，发现理想我与现实我的差距。另一方面，由于处于发展阶段，自我形象不能很快确立，自我概念不能明确地形成，因而自我冲突加剧，表现为内心冲突，甚至有很大的内心痛苦和强烈的不安感。归纳起来，当代大学生自我意识的矛盾冲突主要表现在以下几个方面：

1. 主观我与客观我之间的矛盾

自我有主观我与客观我之分，英语中的 I 与 Me 能很好地区分这一含义，前者是主观我，用来表示我是什么，我做什么；后者作宾语使用，表示怎样看待我，给我什么。主观我是一个人对社会情境作出的反应，是自我中积极主动的一面。主观自我与客观自我应该是统一的，这种统一是个人对客体的认识与个人愿望的统一，是个人与社会的统一，是“自我同一性”的形成，更是良好的自我意识的标志。但是，由于自我的结构是多种多样的，每个人所处的社会环境存在着很大的差异，主观我与客观我并不总是存在着统一。

大学生的主观我与客观我的矛盾相对突出。作为同龄人中能够接受高等教育的人，大学生对自我有较高的积极评价，但由于他们远离社会缺乏社会经验，在校园浓郁的学术与文化氛围中成长，对社会的了解缺乏切肤的实际与客观的目光。另一方面，社会上对当今大学生“重理论轻实践，重专业轻基础，重科学轻人文”的评价及“本科生不专，硕士不研，博士不博”的看法，特别是随着高等教育大众化进程的推进，适龄青年接受高等教育机会的增加，社会对大学生的评价更趋客观。大学生回归本位，身上光环的消失使他们产生失落感。

2. “理想我”与“现实我”的矛盾

这可以说是大学生自我意识矛盾最突出、最集中的表现。大学生对未来充满信心，抱负水平较高，成就欲望较强，但由于他们生活范围相对狭窄，社会交往比较单，缺乏社会阅历，对自我认识的参照点较少，因此，不能很好地将理想与现实结合起来，从而使“理想我”与“现实我”之间产生较大差距。这种差距在给大学生带来苦恼和不满的同时，也会激发大学生奋发进取，但如果这种矛盾与冲突过于强烈，不能及时加以调适，则会导致自我意识的分裂，从而带来一系列心理问题。

3. 独立意向与依附心理的冲突

大学生生理与心理的成熟使他们渴望独立，以独立的个体面对生活、学习与工作中遇到的问题。但由于长期的校园生活使他们应有的社会阅历与经验相对匮乏，当应激事件出现时，却又盼望亲人、老师、同学能够替自己分忧。另一方面，大学生心理上的独立与经济上的不独立也形成了明显的反差。在他们迫切希望摆脱约束、追求自立的同时，却又不可能真正摆脱家长、老师的支持和帮助。特别是对于某些独生子女来说，由于长期受到父母的溺爱，这种独立与依赖的矛盾就表现得非常突出。

应当指出的是，独立并非意味着独来独来，独立并非不需要任何人的帮助和指导，并非不需要依赖别人，而在于个人必须对自己的行为负有责任。“一个好汉三个帮”，即使是一个独立性很强的人，也有依靠别人的需要。不同的是，独立的人更多的是依靠自己的力量和努力去克服或解决自我的问题，而不是完全依靠他人的帮助或依赖于别人；独立的人能够权衡利弊、审时度势，能够勇敢作出决定并能够勇于承担自己的行为责任。

过分的依附使大学生缺乏对客观事情的判断能力与决断能力，显得优柔寡断，缺乏主见；而过分的独立又使部分学生陷入“不需要社会支持”及“凡事都要靠自己”，采取我行我素、孤傲自立的行为方式，但在遭遇挫折时又会出现不知如何寻求帮助的情况。事实上，任何心理成熟的独立的现代人，都需要他人的帮助，广泛的社会支持是个体心理健康不可或缺的。

4. 交往需要与自我闭锁的冲突

大学生迫切需要友谊，渴望理解，寻求归属和爱。他们有强烈的交往需要，希望能向知心朋友倾吐对人生和生活的看法，盼望能有人分担痛苦，分享欢乐；但同时他们又存在着自我闭锁的倾向，许多人往往不愿主动敞开自己的心扉，而把自己的心灵深藏起来，在公开场合很少发表个人的真实意见。他们在与他人交往时存有较强的戒备心理，总是有意无意地保持一定距离，正是这种交往需要与自我闭锁的矛盾冲突，使得不少大学生备受“孤独”的煎熬。

5. 自信心与自卑感的冲突

大学生刚刚考上大学时，受到老师、家长、亲朋好友的赞赏、同辈人的羡慕，故而优越感和自尊心都很强，对自己的能力、才华和未来都充满了自信。然而进入大学后，群英荟萃，许多大学生发现“山外有山”，尤其是当学习、文体、社交等方面显露出某些不足时，有些大学生就会陷入怀疑自己、否定自己的不良情绪中，于是产生自卑心理。在这些大学生的内心深处，自信心和自卑感常常处于冲突状态。

6. 理智与情感的冲突

随着身心的发展，大学生的认知水平不断提高，看待事物的眼光趋于客观和全面，会像成年人一样用比较理性的方式解决客观问题，比如安排自己的作息，平衡学习与工作的关系等等。然而面对主观问题时，他们仍会像青少年时期那样容易冲动行事，无法很好地控制自己的行为和情绪，如有的同学在失恋之后一蹶不振，有的同学终日沉迷网络游戏，等等。总的来说，大学生在处理问题时，还不能很好地处理理智和情感的冲突。

（三）自我意识的统一

由自我意识的分化带来的种种矛盾冲突是大学生自我意识发展中的正常现象，也是大学生迅速走向成熟的集中表现。自我意识矛盾冲突一方面会使学生感到焦虑苦恼、痛苦不安，可能影响到他们的心理发展和心理健康；另一方面也会促使他们设法解决矛盾，来实现“理想我”与“现实我”的统一。但是由于个人的社会背景、生活经验、智力水平、追求目标等方面的差异，自我意识的统一途径也有所不同，但总的来说其统一途径有三个方面：

一是努力改善现实自我，使之逐渐接近理想自我；

二是修正理想自我中某些不切实际的过高标准，并改善现实自我，使两者互相趋近；

三是放弃理想自我而迁就现实自我。按照心理学健康标准，无论哪种途径达到自我意识的统一，只要统一后的自我意识是完整的、协调的、充实的、有力的，就是积极和健康的统一，这种统一就有利于个体的心理健康和发展，有利于社会的文明与进步。

由于个人的社会背景、生活经验、智力水平、追求目标等方面的差异，大学生自我意识的分化、冲突、统一的途径不同，其结果也不同，统一的类型也不同。一般来说，我们把理想自我和现实自我的矛盾统一归纳为五种类型：

1. 积极型

不断完善现实自我，使之与符合社会发展要求的理想自我达到统一。这是有抱负、有志气的青年所采取的一种统一类型，它最典型地反映了青年人积极向上、努力进取的精神，是值得鼓励和提倡的。

2. 现实型

一方面不断完善现实自我，另一方面又根据现实自我的实际状况，修正理想自我，达到两者统一。在这里虽然理想自我也有朝着现实自我“靠拢”的修正，但出于较现实的考虑，仍不失为一种积极的统一。

3. 庸碌型

放弃理想自我，以迁就现实自我，达到统一。这是不思进取、安于现状、庸庸碌碌、得过且过的一种统一。例如，有的人原来有良好的理想自我，但在改善现实自我的过程中遇到挫折，便消极处世，作茧自缚，放弃理想自我，听凭自然发展。这是需要教育者促其前进的一类。

4. 虚假型

通过对现实自我的过高评价或虚妄的判断，获得与理想自我的统一。这类人往往狂妄自大，自命不凡，以主观臆想代替客观现实，沉浸于自我陶醉之中。这是需要教育者击其猛醒的一类。

5. 消极型

理想自我和现实自我在不符合社会发展要求的方向上的统一。这多为自甘堕落、执迷不悟的人所采取的一种统一类型。例如，有的人形成了与社会进步相悖的理想自我，只是由于种种主客观条件的束缚（如主观上的自尊心，客观上的道德舆论），现实自我才滞后于理想自我；一旦束缚被挣脱（如自尊心已挫伤，已无视道德舆论），便破罐破摔，使现实自我一下子滑向消极的理想自我，获得统一。这是有极大危害性的统一，应引起教育者高度警惕。虚假型和消极型的学生实际上都有不同程度的心理障碍，属于自我意识的变异状态。这类学生人数极少，但表现出来的心理与行为问题波及面较大，是高校学生思想政治教育和心理咨询引导的重点对象之一。

总之，青年中期是理想自我与现实自我矛盾突出的时期，也是使其趋向统一和转化的关键时期。过了青年中期，自我意识就逐渐趋于稳定，其变化发展就没有原来那样急剧了。一般来说，一年级大学生具有一定的依赖性和盲目性；二年级的大学生理想成分较多，容易想入非非；三年级以后就显得沉着稳定了，这表明，大学生的自我意识正处在矛盾、统一、转化并日趋稳定的阶段。教师应把握大学生的自我意识发展的各个重要环节，认识大学生自我意识发展的规律性，促使大学生的自我意识沿着正确健康的方向发展。

二、大学生自我意识发展的特点

大学生的自我意识在各方面的发展都达到了较为成熟的水平，其特点如下：

1. 自我意识开始分化，并且迅速发展，自我矛盾开始出现

进入大学以后，随着学习生活方式的改变和心理意识的发展，大学生的自我意识有了明显的变化，出现了理想自我和现实自我的分化并且迅速发展，导致现实和理想差距太大的矛盾冲突。大学生对自己的生活充满信心，对未来抱有幻想，而现实往往不像他们所想象的那样，于是就出现了理想自我和现实自我的矛盾。这种矛盾分化，使得大学生发生自我意识的改变，经过自我体验和自我调控，而表现出如激动、焦虑、喜悦与不安情绪。当理想自我占优势时，往往会将“客体我”降到实际能力以下，产生较强的自卑感，甚至放弃努力，形成自暴自弃或伤感的心理状态。相反，当“现实我”占优势时，往往表现出较强的虚荣心和自我陶醉，特别在乎别人对自己的评价，担心暴露自己的缺点，而作出过于傲慢、虚假的表现。

2. 自我意识矛盾日益突出，但调控能力相对较弱

由于自我意识的分化，“主体我”和“客体我”，“理想我”和“现实我”之间的种种矛盾开始出现，随着自我意识的进一步发展，这种矛盾也越来越突出。在这种矛盾心理的作用下，他们对自己的评价也常常是矛盾的，对自己的态度也是波动的，对自己的调控常常是不自觉、不果断的。他们忽而看到自己的这一面，忽而又看到自己的另一面；时而能客观地评价自己，时而又高估或低估自己；时而感到自己很成熟，时而感到自己很天真；时而对自己充满信心，时而又对自己不满。他们常常会问自己，“我聪明吗?”“我的性格如何?”“我有什么能力和特长?”“大家喜欢我吗?”等等。经过一段

时间的矛盾冲突和自我探究后，大学生的自我意识就会在新的水平和方向上趋于一致，达到暂时的自我统一。然而新的矛盾又会产生，还需要不断地自我调控和自我探究。但大学生的这种自我调控能力相对较弱，过多关注自己，过于看重自己，而对他人、集体、社会考虑较少等。

3. 自我意识的矛盾不断激化，出现混乱

大学生自我意识的混乱通常表现为两种类型：一种是过高的自我评价，另一种则是过低的自我评价。过高或过低的自我评价往往导致个体自我意识确立过程中的过分自负或过分自卑这两大心理缺陷。它们是妨碍良好自我意识形成的心理障碍。

（1）过低的自我评价。处于这种意识状态的大学生，在把理想我与现实我进行比较时，对理想我期望较高，又无法达到，对现实我不满意，又无法改进。他们在心理上的一个特征就是自我排斥。由于在成长过程中，理想我与现实我的距离过大所导致的自我矛盾冲突，他们往往会产生否定自己、拒绝接纳自我的心理倾向。这类大学生往往对自我过分怀疑，压抑自我的积极性，并可能引发严重的情感损伤和内心冲突。他们的心理体验常伴随较多的自卑感、盲目性、自信心丧失和情绪消沉、意志薄弱、孤僻、抑郁等现象，尤其是面对新的环境、挫折和重大生活事件时，常常会产生过激行为，酿成悲剧。近几年来发生的大学生自杀事件中相当一部分就是由此心理问题所导致。

（2）过高的自我评价。这是一种与过低自我评价相对立的自我意识状态。在这种自我概念的支配下，个体往往扩大现实的自我，形成错误的不切实际的理想自我，并认为理想我可以轻易实现。这种类型的大学生往往盲目乐观，以我为中心，自以为是，不易被周围环境和他人所接受与认可，容易引起别人的反感和不满。因此这类人极易遭受失败和内心冲突，产生严重的情感挫伤，导致苦闷、自卑、自我放弃，有时会引发过激行为和反社会行为。

4. 自我意识的矛盾转化不断进行，且渐趋稳定

在自我意识由“矛盾—统一—新矛盾—新统一”转化发展过程中，大学生自我意识不断发生重大变化，由刚进校的“依赖性”和“盲目性”，渐渐转变为“想入非非”，到毕业前就显得沉稳多了。正是由于这种矛盾转化，使得大学生自我意识发生了明显的飞跃，个体之间出现了不同的差异，自我意识也逐渐趋向成熟。

由此可见，大学阶段是大学生自我意识的“转折”时期，也是自我意识和自我矛盾表现最突出的阶段，对个体的人生观、价值观、世界观形成有着非常重要的意义。针对大学生自我意识的发展特点，采取相应的自我意识教育和培养，可以促进大学生走上全面发展和健康成长之路，因此要引导他们全面认识自我，积极认可自我，努力完善自我。

三、大学生自我意识常见的问题及调适

理想自我与现实自我的冲突是大学生自我意识发展过程中面临的主要矛盾。很多大学生能积极面对这些矛盾，并力求解决这些矛盾，从而实现理想自我与现实自我的统一。但有的大学生在自我意识发展中出现理想自我与现实自我的尖锐对立，造成自我意识在自我认识、自我体验和自我控制等方面的偏差，从而导致心理上的种种困惑和心理

健康问题。大学生自我意识方面常见的问题有以下几点：

（一）自我中心与从众心理

自我中心和从众心理是大学生中比较常见的两种相反的自我观念。前者过分关注自我，不考虑他人的需要和感受；而后者则往往忽视自己的想法，压抑自己的观点，丧失自我。

1. 自我中心

以自我为中心的人，往往想问题和做事都从“我”出发，不能进行客观的思考和分析，盛气凌人。他们常不能赢得别人的好感与信任，人际关系大多不和谐。

大学生要克服自我中心，首先要摆正自己的位置，既重视自己也不贬低他人，自觉地把自己和他人、集体结合起来，走出自己的小天地；其次要实事求是、恰如其分地评估自己，既不骄傲自大，也不妄自菲薄；最后要学会移情，多设身处地地从他人的角度思考问题，尊重他人的感受，关心他人。

2. 从众心理

从众则是一种普遍的心理现象，因为个体在群体中生活，会不知不觉地遵从群体压力，在知觉、判断、信仰以及行为上，放弃自己的主张，趋向于与群体中多数人一致。通常所说的“随大流”即是一种较为普遍性的从众行为。在大学校园里常见的从众现象有：学习从众、消费从众、恋爱从众、作弊从众、入党从众、择业从众等。从众心理人皆有之，但从众心理过强，凡事从众，就会导致独立性差，缺乏个体倾向性的世界观、人生观、价值观，自我意识薄弱，有碍于心理发展。

从众行为的过分普遍，反映了部分大学生自我意识弱化、独立性较差、缺乏独立人格的现象。大学生要努力培养与提高自己独立思考和明辨是非的能力，遇事和看待问题时，既要慎重考虑多数人的意见和做法，也要有自己的思考和分析。这样才能拥有一个真正属于自己的人生。

（二）自卑与自负

1. 自卑

自卑是指“投射自我”低于“现实自我”，导致自我评价偏低，自愧无能而丧失自信，并伴有自怨自艾、悲观失望等情绪体验的消极心理倾向。自卑常以一种消极防御的形式表现出来，如：嫉妒、猜疑、羞怯、孤僻、迁怒、自欺欺人、焦虑紧张、不安等。

2. 自负

自负是指“投射自我”高于“现实自我”，导致自我评价过高，过度自信，夸大个人的能力，不善于向他人学习。常常孤注一掷，盲目蛮干，结果常以失败告终。

自负与自卑产生于现实我与理想我的矛盾中，同属于自信的误区。一般来讲，现实我与理想我总是不一致的，二者之间总是有着距离，如何看待这二者的距离直接关系着自我体验。当对缩短距离充满信心时，正处于积极体验，也就是“自信”，认为自己可以努力提高“现实我”以实现“理想我”。自信是大学生较为普遍的优秀品质，但有些学生自信过度，自我感觉太好，骄傲、自大，听不进师长的教诲，听不进同龄人的意见，一意孤行，这种自我膨胀过度的自信是“自负”。自负的人缺乏自知之明，容易失败，也容易受伤。相反，有的学生在将现实我与理想我作比较中，体验到的是“失望”，认为现实我与理想我的差距太大，对自己缺乏信心，把目光总盯着自己的缺点、不足，从而逃避退缩，这就是“自卑”。自负与自卑都会影响大学生的心理发展和人格成熟，是不容忽视的自我意识偏差。

大学生首先应对自卑心理的危害有清醒的认识，有勇气和决心改变自己；其次客观、正确、自觉地认识自己，无条件接受自己，欣赏自己的所长，接纳自己所短，做到扬长避短；最后学会正确归因，进一步提高自己的能力，塑造良好的性格。

大学生要克服自负，首先要看到自己的不足，承认自己也需要不断完善；其次，要看到他人的长处，欣赏他人的独特性；再次，多与他人交往，以开放的心态尊重和认真对待来自他人的反馈意见。

（三）过分追求完美

过分追求完美是指过分苛求自己，自我期待过高，在不必要的小事和细节上投入时间和精力，从而造成紧张、焦虑等负性情绪体验。

其主要表现为：对自己持有过高的要求，期望自己完美无缺，却不顾自己的实际状况。不能容忍自己“不完美”的表现，对自己“不完美”的地方过分看重，甚至把人人都会出现的、人人都会遇到的问题都看成是自己“不完美”的表现。

过分追求完美者的自我改善途径和方法有：

1. 树立正确的认知观念

人不可能十全十美，每个人都有优缺点，也都会遇到成功和失败。一个人应该接纳自己并肯定自己的价值，不自以为是，也不妄自菲薄。

2. 建立合理的评价参照系和立足点

通过与不同对象的比较来进行自我评价，可以得到不同结论，从而激发人的积极性。人应该立足自己的长处，接受并尽力改进自己的短处。

3. 目标合理恰当

在充分了解自己的基础上对自己有恰当的目标和要求，目标要符合自己的实际能力，不苛求自己，不被他人的要求左右。

4. 接纳自己的不完美

尺有所短，寸有所长。每个人都是独特的，与众不同的，我们应该欣赏自己的独特性，不断自我激励。

（四）逆反心理

逆反心理是指人们为了维护自尊，而对对方的要求采取相反的态度和言行的一种心理状态。当自身需要得不到满足时，作为一种本能的反抗，把客观环境推向自己的对立面，进而把“自我存在”和“自我价值”相对扭曲，故意与外界对抗，表现出逆反心理。逆反心理一旦形成，就会产生消极的思维定势，与外界人为地对立和对抗。还具有偏激性，导致看问题不客观、不全面，还会导致主观虚无主义。这样的大学生如果不进行适当的自我调控，会形成对人对事多疑、偏执、冷漠、不合群等病态人格，会信念动摇、理想泯灭、意志衰退、工作消极、学习被动、生活萎靡等，进一步发展还可能向犯罪心理和病态心理转化。

因此，大学生们要努力学习各种知识，积极参加各种团体活动，开阔自己的视野。在学习、讨论、沟通和分享中，不断拓宽思路，克服偏执的思维习惯，形成更科学、更宽容的思维方式。要知道，通常从结果来看，解决一个实际问题用一个办法就已足够，但在问题未解决之前却存在着无数的可能性。如果我们的思想一旦被逆反心理控制住，那么我们的视野就会变得狭隘，它使我们无法进行正确的思维和判断，让思想仅仅是在“对着干”的轨道上盲目滑行。

第三节　塑造健全的自我意识

自我意识在人格形成和人格结构中占有极其重要的地位，人的认知、情感、意志、信念等都会受到自我意识的影响。自我意识的健全发展是个体全面发展的重要条件，是促进人的心理健康的有效途径。

一、良好自我意识的标准

什么是良好的自我意识呢？衡量自我意识是否健全不是很容易的事，但可以从以下几个方面来考虑：

第一，具有良好自我意识的人应该达到自我意识的积极统一。

第二，具有良好自我意识的人应该具有正确的自我认识，在自我认识的主动性、自觉性、准确性的基础上达到较高的水平；具有良好的自我体验，自我体验是丰富、积极、健康的；具有有效的自我调节，在自我调节的独立性、自觉性、坚持性、自制性的基础上达到较高水平。

第三，具有良好自我意识的人是自我认识、自我体验、自我调节协调一致，同时又与外界保持协调一致。

第四，具有良好自我意识的人是一个不仅自己能健康发展，而且能促进社会文明和进步的人。

对于大学生来说，良好的自我意识应当包括以下指标：

(1) 接受自己的生理状况，不自怨自艾；

(2) 对自己的心理素质有较清晰的认识，知道自己的长处和短处；

(3) 对自己所处的环境有较清晰的认识，包括家庭和学校环境；

(4) 对自己的经历有正确的评价；

(5) 对未来自我发展有较明确的目标；

(6) 对自己的需求有清楚的认识；

(7) 知道生活中什么是应该珍惜的，什么是应该抛弃的；

(8) 对妨碍自己达到目标的因素有较为清楚的认识；

(9) 对自己能够做到的事情有较为清楚的认识；

(10) 对自己的希望和能力的差距比较清楚;
(11) 能正确估计自己的社会角色;
(12) 对自己的情绪有较为清楚的认识;
(13) 明白自己能力的极限。

二、如何塑造健全的自我意识

怎样培养大学生具有良好的自我意识，使他们具有健康的自我概念、自我体验和自我实现的意向呢?这主要靠两个方面的工作:一方面，家庭、学校和社会要营造一个有利于大学生自我意识发展的环境;另一方面，大学生要加强自我意识的修养。

(一) 营造良好的社会环境

这是涉及大学生教育培养全方位性的工作，是涉及家庭、学校和整个社会教育思想、教育制度和教育方法改革的大问题，需要慎重地加以对待。

1. 提倡新现代化的思想观念

一个民族的思维模式和社会性格总是同民族的文化渊源密不可分。我国传统文化历来重视人际之间的伦常关系和道德规范，往往使学生形成一种传统的思维模式和拘谨的性格特征。有人对我国青年学生观念现代化做了调查，发现有 82.3% 的学生处于由传统观念向现代观念的过渡阶段，13.4% 的学生传统观念十分严重，只有 4.3% 的学生具有较为现代化的观念。

具有传统观念的学生对世界大局不关心，只关心本地区同自己密切相关的问题，但表达意见谨慎;他们缺乏接受新事物的心理倾向，对周围的人缺乏信任感;他们关心国家的改革开放，但缺乏参与的积极性与勇气。

上述这种传统观念下的表现显然同时代的要求，同培养社会主义现代化人才的要求不相符合。如果我们培养的大学生只能恪守传统，而没有自己的独立意识，缺乏参与竞争的精神，他们如何能在现代社会的竞争中坚定自信，克服困难，迎接挑战?他们又如何能在未来的事业中独立思考，开拓进取，作出新的发明和创造?

2. 改革传统的教育体制

由于受到传统思想的束缚，我国的大学生在集体主义、依从性等性格特征方面显著高于欧美人，而在独立性方面则明显不如欧美人。根据教育部等单位所做的一项调查表明，有 65.5% 的学生经常会对老师和课本的说法表示怀疑，但公开质疑的人却很少;即使有人提出质疑，公开表示赞同的人也会很少，甚至有 16.5% 的同学认为，如果质疑，“大多数同学会予以非议”。随着年龄的增长，这种思维定势和对权威的服从会日益增强，这种状况显然不利于大学生自我意识的健康发展。只有当学习变成主动探索，大学生才能在学习过程中不断自我发现、自我完善和自我实现。

3. 在家庭和学校中营造良好的人际关系氛围

有什么样的人际关系氛围，就会培养出什么样的自我意识。根据一项对全国 50 所大学 1580 名学生的家庭教养方式所做的调查发现，我国大学生家庭的教养方式具有高拒绝否认和高惩罚的严厉特征，容易引发子女的高焦虑、自卑、敌对、不能正确认识自己等心理障碍，不利于大学生心理健康发展。因此，在处理亲子关系和师生关系时，都要讲民主，反对家长制的教育方式；要建立相互关心、相互尊重、相互信任、相互帮助的人际关系，使大学生能从日常的人际关系中感受到人性的温暖，获得爱的体验；使大学生热爱生活、关心他人，形成健康的自我意识。

（二）加强自我意识的培养

为了帮助大学生能更好地完善自我，超越自我，健康成长，应让他们学会积极主动地了解自己，调整自我拒绝、自我否定、自以为是、自我中心等自我意识发展缺陷，形成正确的自我概念，培养健康的自我意识，使自我评价更加客观，自我体验更加积极，自我控制更加有力。

1. 正确地认识自我

正确认识自我，就是要全面地了解自我，其中特别重要的是要了解自己的长处和短处，把握自己与群体的关系，自己在社会生活中所处的位置，对自我作出恰如其分的评价。

正确认识自我是建立健全自我意识的基础，有利于调适现在的我和构建未来的我。德国著名作家约翰·保罗曾说："一个人真正伟大之处，就在于他能够认识自己。"如果一个人能对自己有一个全面、正确的认识和评价，就能够扬长避短，取长补短，根据自己的实际情况，选择相应的目标为之努力奋斗。要做到正确认识自我，有以下几种方法。

（1）在经常的自省中认识自我。孔子曰："吾日三省吾身"。要引导大学生学会自省，经常检查自己行为和动机正确与否，行为过程中有什么不足，结果如何，有哪些收获和缺憾，从中发现长短得失，以便他们有的放矢地进行自我调整。

（2）通过他人的认识来认识自我。个体与社会、与他人有着密切的联系，个体要超出自身来认识自我，必须通过认识他人、认识外界来进行。所以，大学生应该积极地投身于认识世界、改造世界的社会实践，在其中不断丰富自己对自然、社会、他人的认识，并在此基础上进一步认识自我。深刻的自我认识是以深刻地认识和理解他人、社会为前提的。

（3）在他人的评价中认识自我。心理学家认为，当一个人的自我评价与别人对他的客观评价有较大程度的一致性时，表明他的自我意识较为成熟。了解他人对自己的看法，常有助于发现自己忽视的问题。唐太宗有句名言："以镜为鉴，可以整衣冠；以人为鉴，可以知得失。"个体可以通过他人对自己的态度、期望、评价来进一步认识自己。当然，大学生不能简单地接受他人的评价，评价者的特点（是否学有专长，是否值得信任，是集体评价还是个人评价）、评价的特点（例行公事还是私人性质、与自我评价的差距大小、他人评价的一致性、评价是肯定还是否定）都会影响到大学生对他人评价的接受。因此，值得注意的是，对别人的评价应有一个正确的态度，不因过高的评价而飘飘然，也不为过低的评价而失去信心。

（4）在与人的比较中认识自我。有比较才有鉴别。人们在缺乏客观评价标准的情况下，可以通过与他人的比较来评价自己。与周围的普通人比较，能认识自己的实际水平及在群体中的地位；而与杰出人物比较，则能找出自己的差距和努力方向。与他人比较，最重要的是要选定恰当的而不是盲目的参照系。同时还要学会用发展的眼光、辩证的方法去看待自己和他人，比较的视野越广阔，方法越科学，自我的位置就定得越恰当。恰当地与他人比较而正确地评估自己的人，就能做到既不妄自尊大，也不妄自菲薄，从而能合乎实际地确定自己的奋斗目标和行动计划。

(5) 通过自我比较来认识自我。人们不仅可以通过与他人比较来认识自我，还可以通过把目前的"自我"与过去或将来的"自我"相比较来进一步认识自我。心理学家曾提出"自尊=成就/抱负"，这说明个体的自我评价不仅取决于他的成就，而且取决于他的抱负水平，取决于两者之间的比较。过去的成就水平越高，个体越容易积极地评价自己；而指向未来的抱负水平越高，个体越不容易满足，越难以对自己作出肯定的评价。所以，教育者在培养大学生正确的自我意识的过程中，一方面要鼓励学生超越自我，不满足现有的成绩；另一方面也应该引导学生达到自己能达到的目标，不要一味跟自己过不去。

(6) 以活动的成果来认识自我。活动成果的价值有时直接标志着自身的价值。社会衡量一个人的价值主要是通过活动成果认定的。理想的活动成果可以使个体进一步认识自我的能力，发现自我的价值，从而进一步开发潜能、激发自信。

2. 积极地悦纳自我

心理研究表明，心理健康者更多地表现出对自我的接受和认可，而心理障碍者则明显表现出对自我的不满和排斥。有些大学生对自己的容貌、性格、才能、家庭等某一方面或几方面不满，而又无力改变，便产生自我排斥的心理。这是心理幼稚的一种表现。人总要对自己有所肯定又有所否定，并且在自我意识的发展中建立起二者的动态平衡。否则，对自己不满过于强烈，就会加剧心理矛盾，产生持续紧张的心理，这样不仅会使个体感到活得很累，还可能引发心理问题，严重的可能出现悲剧。如某校有位中文系男生，学习成绩中上，容貌俊秀，深受父母和姐姐的宠爱，但他总是责怪自己太平庸，厌恶自己，最后跳楼自杀身亡。悦纳自我是增进健康的自我意识的关键和核心。

要学生积极地悦纳自我，教育者首先要引导他们积极地评价自己。这是促使他们产生自尊感、克服自卑感的关键。其次是在教育的过程中要处处保护学生的自尊心，即使在批评学生时，也要尊重学生的人格。

此外，就学生自身而言，需要强化四个理念：一是坚信"只要真正付出努力，同等条件下，别人行，我也一定能行"，以此来增强自信。而强烈的自信和理智的努力则能激发个体的潜能，促进成功。成功后的愉悦又可以使个体进一步增添自信，形成良性循环。二是不忘"尺有所短，寸有所长"，恰当地认识自己，而不是苛求自己。三是懂得"失之东隅，收之桑榆"，正视自己的短处，既努力扬长也注意补短。一个人在某些方面自觉不足，如果通过积极的努力来补偿，以最大的决心和最顽强的毅力去克服这些缺陷，往往最终能取得成功。华罗庚以"勤能补拙"为良训成为数学家就是例证。四是记住"失败是成功之母"，正确地对待成功和失败，成功和失败是相辅相成的，成功的果实，只能在艰辛的努力中逐渐成熟。

3. 科学地塑造自我

大学生情感丰富，社会磨炼不足，加上人生观和价值观没有完全确立，很容易受到各种社会思潮与其他外部环境的影响，对待问题容易偏激和情绪化，对自己的长处和短处往往估计不足。顺境时，容易自视过高，遇到挫折时，又容易走到另一个极端，自卑自弃。有时充满希望，有时又极度烦恼。尤其是毕业生，要作出一生中重大的社会选择：进什么单位？从事什么工作？常面临“理想的我”和“现实的我”，“自我肯定”与“自我否定”等矛盾，常常表现出心理的不平衡，情绪体验较强烈，易振奋，也易波动。大学阶段不仅是人才的准备阶段，也是人生的转折时期。这个时期的大学生尤其需要注意塑造自我，为在日后的社会竞争中取得成功打下良好的基础。科学地塑造自我，需要做到以下几点：

首先要确立明确的行动目标。人的行为特点是有目的的，个体的行为是否有目的性，结果是不一样的。一般地说，有目标指向的行为较无目标指向的行为成就大得多。因为正确的目标能够诱发人的动机，强化人的行为，并促使其指向预定的方向。例如有的同学能够抵御种种诱惑，刻苦攻读，学业优秀，是因为他把学习成绩与自己未来的发展联系起来了。确立正确的自我目标，关键是要按照社会的需要和个人的特点来进行设计，做一个“自如的我，独特的我，最好的我，社会欢迎的我”。所谓“做一个自如的我”，是指不要给自己提出力所不能及的过高要求，使自己总是陷入自责、自怨、自恨的境地，而是给自己设计只要付出相当的努力就能达到的目标，从而能够在坦然面对自己的客观存在的前提下，不忘积极地生活；所谓“做一个独特的我”，指不要一味地追求时尚，在刻意模仿中失去自我，而是在接受自我的过程中，扬长避短，得以自在地生活；所谓“做一个最好的我”，指立足于现实，选择适合自己的人生道路，尽最大努力，达到最佳水平，充分实现自己的人生价值，能够满意地生活；所谓“做一个社会欢迎的我”，是指要有正确的价值取向，把自我实现的蓝图与祖国的富强、人类的文明结合起来，努力为社会作出自己最大的贡献，真正充实地生活。

其次要培养坚强的自控能力。在实现人生目标的旅途上，既有各种本能欲望的干扰，又有各种外界诱惑的侵袭。本能的欲望常令人失去理智，如贪图安逸、追求物欲等。名利和物质的诱惑，容易使人偏离正确的前进轨道，丧失奋进的斗志，放弃对远大目标的追求，甚至把青年学生引向堕落。一个人要想成就一番事业，就必须能够抵制诱惑，主宰自己的行动，这就需要有较强的自我控制能力，以保证理智地约束自己的情感，把握自己的行为。

自我控制的动力来源，在于从根本利益和长远利益上去看问题。有些诱惑之所以对个体很有吸引力，就是因为它充分地显示了表面的、暂时的利益。比如，在学习紧张的时候，看一场精彩的球赛可能比枯燥的学习更有吸引力，因为它能使人度过一个更愉快的夜晚。类似的种种诱惑，每天都可能存在，如果不能抵御，作为学生，最终可能在考场上难以过关，在就业竞争中处于不利地位。如果能想到自己的根本利益和长远目标，就会有控制自己的动力，得以抵御表面的、暂时的利益诱惑。

个体在决定做某一件事的时候，常会产生各种对立动机的内部斗争，主要是高尚的动机（义务感、责任感、道德感等）跟低级的动机（满足个人的某种欲望）之间的斗争。这种斗争的结局，可以看出他自制力的高低。要检验一个人自制能力的强弱，可以看他的行为主要是臣服于本能的欲望或偶然的冲动、情感的驱使，选择“只要做”的事情，还是受理智的制约，大多选择“应该做”的事情。在自我意识未能达到高度统一时，个体觉得“应该做”的事情与感到“我要做”的事情往往是不一致或者是有差别的。如果要有较强的自制力，那么就要注意“应当做”的事情，善于强迫自己去做应当做的事情，克服妨碍“我要做”的愿望和动机（如恐惧、懒惰、过分的自爱、不良的习癖等），从而自主地塑造自己。

最后要塑造健全的人格。人格，也称个性，“是一个人在与其环境相互作用过程中所表现出来的独特的思维模式、行为方式和情感反应的特征”，“它组织着人的经验并形成人的行为和对环境的反应”。因而，人格不仅是人的心理面貌的集中反映，而且是人心理行为的基础。它在很大程度上决定了人对外界的刺激作出怎样的反应，包括反应的方向、形式和程度等，因而会直接影响人的身心健康、活动效果、潜能开发以及社会适应情况，进而也将影响一个人包括生理、心理和社会文化素质在内的综合素质的发展。

美国一间黑人教堂的墙上，刻着这样一句话：“在这个世界上，你是独一无二的一个。生下来你是什么，这是上帝给你的礼物；你将成为什么，这是你给上帝的礼物。”上帝给你的礼物我们无法选择，但你给上帝的礼物——你将成为什么样的人，主动权在你自己，那就是：认识自我，悦纳自我，激励自我，控制自我，完善自我，超越自我。

复习思考题

1. 什么是自我意识？

2. 大学生自我意识常见的问题是什么，如何调适？

3. 大学生如何塑造健全的自我意识？

4. 结合自身的实际情况，谈谈你是如何看待“理想自我”与“现实自我”之间的关系的。

表 1－3　　心理魔镜——自我和谐量表

下面是一些有关个人对自己看法的陈述。选择时，请你看清每句话的意思，然后圈选一个数字来表示这句话与你现在对自己的看法的符合程度（1 代表该句话完全不符合你的情况；2 代表比较不符合你的情况；3 代表不确定；4 代表比较符合你的情况；5 代表完全符合你的情况）。每个人对自己的看法都有其独特性，因此答案是没有对错的，你只要如实回答就行了。	
1. 我周围的人往往觉得我对自己的看法有些矛盾	
2. 有时我会对自己在某方面的表现不满意	
3. 每当遇到困难，我总是首先分析造成困难的原因	
4. 我很难恰当表达我对别人的情感反应	
5. 我对很多事情都有自己的观点，但我并不要求别人也与我一样	
6. 我一旦形成对事物的看法，就不会再改变	
7. 我经常对自己的行为不满意	

续表

8. 尽管有时得做一些不愿意的事，但我基本上是按自己意愿办事的	
9. 一件事好是好，不好是不好，没有什么可含糊的	
10. 如果我在某件事上不顺利，我就往往会怀疑自己的能力	
11. 我至少有几个知心朋友	
12. 我觉得我所做得很多事情都是不该做的	
13. 不论别人怎么说，我的观点决不改变	
14. 别人常常会误解我对他们的好意	
15. 很多情况下我不得不对自己的能力表示怀疑	
16. 我朋友中有些是与我截然不同的人，这并不影响我们的关系	
17. 与朋友交往过多容易暴露自己的隐私	
18. 我很了解自己对周围人的情感	
19. 我觉得自己目前的处境与我的要求相距太远	
20. 我很少去想自己所做的事是否应该	
21. 我所遇到的很多问题都无法自己解决	
22. 我很清楚自己是什么样的人	
23. 我很能自如的表达我所要表达的意思	
24. 如果有足够的证据，我也可以改变自己的观点	
25. 我很少考虑自己是一个什么样的人	
26. 把心里话告诉别人不仅得不到帮助，还可能招致麻烦	
27. 在遇到问题时，我总觉得别人都离我很远	
28. 我觉得很难发挥出自己应有的水平	
29. 我很担心自己的所作所为会引起别人的误解	
30. 如果我发现自己某些方面表现不佳，总希望尽快弥补	
31. 每个人都在忙自己的事，很难与他们沟通	
32. 我认为能力再强的人也可能遇上难题	
33. 我经常感到自己是孤独无援的	
34. 一旦遇到麻烦，无论怎样做都无济于事	
35. 我总能清楚地了解自己的感受	

评分说明

各分量表的得分为其包含的项目分直接相加，三个分量表包含的项目为：

1. 自我与经验的不和谐：

1，4，7，10，12，14，15，17，19，21，23，27，28，29，31，33

2. 自我的灵活性：

2，3，5，8，11，16，18，22，24，30，32，35

3. 自我的刻板性：

6，9，13，20，25，26，34

将自我的灵活性反向计分，即选1得5分，选2得4分，选3得3分，选4得2分，选5得1分，再与其他两个分数相加。得分越高自我和谐度越低。在大学生中，低于74分为低分组，75～102为中间组，103以上为高分组。

课堂互动

1. 我是谁？

活动目的：强化自我认识，促进自我接纳。

活动方法：

（1）写出20句“我是怎样的人”，要求尽量选择一些能反映个人风格的语句，避免出现类似“我是一个男生”这样的句子。

（2）将陈述的20项内容作下列归类：

A. 身体状况（你的体貌特征，如年龄、身高、体形、是否健康等）。

B. 情绪状况（你常持有的情绪情感，如：乐观开朗、振奋人心、烦恼沮丧等）。

C. 才智状况（你的智力、能力情况：聪明、灵活、迟钝、能干等）。

D. 社会关系状况（与他人的关系、如何和别人应对进退、对他人常持有的态度原则，如：乐于助人的、爱交朋友的、坦诚的、孤独的等等）。

E. 其他

分类是为了了解自己对自己各方面的关注和了解程度，某一类项目多，说明你对这方面关注和了解多；某一类项目少或没有，说明你对这方面关注和了解少或根本就没关注、不了解。健全的自我意识应能较为全面地关注和了解自己。

（3）评估你对自己的陈述是积极的还是消极的。在你列出的每句话的后面加上正号（+）或负号（-）。正号表示“这句话表达了你对自己肯定满意的态度”，负号的意义则相反，表示“这句话表达了你对自己不满意、否定的态度”。看看你的正号与负号的数量各是多少。如果你正号的数量大于负号的，说明你的自我接纳状况良好。相反，你的负号将近一半甚至超过一半，这显示你不能很好地接纳自己，你的自尊程度较低，这时你需要内省一番，寻找问题的根源，比如是否过低地评价了自己？是什么原因使你成为这样？有没有改善的可能？

（4）分组交流。将团体成员分成4～6人的小组，在组内进行交流。交流对自己的认识，以及对活动的感受。

（5）团体内分享。每组派一名代表在团体内进行小组情况交流或个人体会的发言，供大家分享。

2. 寻找自我

请大家填写下表，写一写各项条目中现实自我是怎样的，理想中的自我又是怎样的。如果这两个“我”之间存在差距，如何缩小差距实现理想？或者如何接受差距呢？

我的	现实自我	理想自我	可实现的——请写三条实现的具体措施	不可实现的——请写出如何接纳
性别				
身高				
体重				
文化程度				
家庭经济				
相貌				
性格特点（三点）				
人际关系				
情绪稳定性				
心境				
身体健康状况				
个人收入				
兴趣爱好				
恋爱状况				
学习成绩				
理想抱负				

（1）填完上面的表，你有什么感受？

（2）有一句话是这样说的，“有勇气改变可以改变的事情，有度量接受不可改变的事情，有智慧来分辨两者的不同”。对着上面的表格，想想这句话，大家又有什么感受？

第二章

大学生人际关系

本章学习重点

1. 人际交往的相关理论
2. 大学生人际交往中常见的心理问题
3. 大学生建立和谐人际关系的途径和方法

先行案例

天堂与地狱的区别

一个人不知道天堂与地狱的区别，于是他去找上帝，上帝先带他去了地狱，他看到所有人都是面黄肌瘦，但面前都是美食，每个人手里都拿着一双长长的筷子，很多人都努力地想去吃东西，但筷子太长了，美食永远吃不进自己嘴里。上帝又带他去了天堂，结果天堂里的人用着同样的筷子，吃着同样的食物，个个却红光满面，欢声笑语，虽然他们也用长筷子吃饭，但他们是两个人相互喂饭，即吃饱了肚子，也其乐无穷。

这个故事包含了人际交往方面的什么寓意呢？

人际交往的重要性：积极的人际关系 $1+1>2$。良好的人际关系，可以使人们更好地生活；事业成功、生活幸福是所有人的奋斗目标。当然，每个人的价值观不同，对于成功和幸福的理解也不相同；但是有一点是共同的，那就是取得成功、获得幸福的基本条件首先是和谐的人际关系。

那么，什么是人际关系呢？

第一节　人际关系的基本理论

一、人际关系概述

（一）人际关系的含义及其影响因素

1. 人际关系的含义

人际关系又称人际交往，是人们在交往中心理上的直接关系或距离，它反映了寻求满足其社会需求的心理状态。从动态讲，人际关系是指人与人之间一切直接或间接的相互作用，但都超不出信息沟通与物质交换的范围；从静态讲，是指人与人之间通过动态的相互作用形成的情感联系。

2. 人际关系的影响因素

图 2-1 人际关系影响因素

（1）表层因素

第一，空间距离。空间距离是影响人际交往的重要因素。人员在空间位置上越接近，越容易形成彼此间的亲密关系，正所谓，远亲不如近邻。空间距离的接近使双方相互交往、相互接触的频率不断增加，彼此间更容易熟悉。

第二，交往频率。双方来往越密切，彼此之间更加熟悉，关系也就越近。

第三，仪表风度。研究发现，在其他条件都相等的情况下，得体的仪表更能突显个人魅力，更受人喜爱。

（2）深层因素

第一，个性品质。真诚：人们喜欢以真心待人的人，不喜欢富有心机、欺骗、算计别人的人；温暖：一个亲切、温和、面带微笑的人通常比一个冷淡、漠然、面无表情的人更让人乐于亲近；能力：人通常喜欢跟聪明、有能力、有智慧的人，主要原因是因为跟有能力的人在一起，对我们比较有利。他们可能帮我们解决问题，想出新点子，让生活更有趣、更容易等。

其他令人愉快人格特质：拥有开朗、心地善良、不自私、关怀体贴等特质的人也较令人喜爱。

第二，特点相似。彼此之间态度、价值观，以及人格特质的相似性，使得彼此有共同语言，更容易产生共鸣。

第三，特点互补。需求上的互补，即一方所需要的，正另一方所能提供的；或一方所缺少的，正是另一方所具备的。这都可能导致彼此间的吸引和倾慕，这样关系会更加稳定长久。

（二）人际关系的重要性

1. 人际关系促进自我认识的深化

我们的人际交往活动中，有时候两方面的评价会有一定的差距，不少人会因此而产生烦恼。这就要求我们要善于调节两方面的评价，全面提高自己的综合素质。正确的自我认识，有助于我们找到自己的社会位置，扮演好自己的社会角色。因此，人际关系是

个体认识自我、完善自我的重要手段

2. 人际关系促进社会化进程

人际关系是社会发展的必然产物，也是社会发展的基本前提。人际交往与我们密不可离，是我们生活的一部分，贯穿生命的始终。没有人际交往过程中所形成的各种各样的网络关系，以及人们所担当的各种各样的社会角色，社会就不成其为社会，发展也无从谈起。因此，人际交往是一个集体成长和社会发展的需要。

3. 人际关系是实现人生价值的桥梁

人生的意义在于奉献，人际交往是我们奉献的桥梁。人际关系是交流信息、获取知识的重要途径，良好的人际交往，能让我们掌握更多社会的信息，知道人民的生活和需要，保持和人民大众的血肉联系，才能更好地为人民服务。

（三）人际关系的重要意义

人的成长、发展、成功、幸福都与人际关系密切相关。没有人与人之间的关系，就没有生活的基础。对任何人而言，正常的人际交往和良好的人际关系都是其心理正常发展、个性保持健康和生活具有幸福感的必要前提。

1. 人际关系与人格发展

心理学的研究结果表明，儿童与其照看者之间通过积极的交往形成的稳定的亲密关系，是其心理乃至身体正常发展不可缺少的条件。与此同时，如果儿童缺乏与成人的正常交往，以及由此建立起来的亲密关系，不仅性格发展会出现问题，连智力也会出现明显障碍。

人际关系是个性发展与人格健全的必经之路。个体只有通过与其他个体发生联系，才有可能学习社会知识、技能与文化，才能取得社会生活的资格。离开社会的交往环境，离开与他人的合作，个体是无法成为一个合格的社会人的。狼孩由于失去了与他人交往的最佳时期，失去了其作为“人”的成长的环境，因而即使后来被发现，也已经很难成为一个正常的“人”了。“物以类聚，人以群分”，人有交往的需要，有合群的倾向。人生在世，就必须与他人、社会交流信息、沟通情感。当在困难时，他人一句温暖的话语，一个真诚的关怀，会令你倍感亲切、慰藉；当在成功时，与他人分享你的快乐与喜悦亦会令你开心、畅快。

2. 人际关系与心理健康

新精神分析学派的霍妮认为，神经症是人际关系紊乱的表现。人类的心理病态，主要是由于人际关系失调而来的。也就是说，人际关系紧张的人，不但事业会受阻，而且心情不好，陷入极大的痛苦之中。

研究表明，如果一个人长期缺乏与别人的积极交往，缺乏稳定良好的人际关系，那么这个人往往会有明显的性格缺陷。在心理健康教育实践中，我们也注意到，绝大多数大学生的心理危机，常与缺乏正常人际交往和良好人际关系相联系。在同宿舍里，同伴之间的心理交往状况，往往决定了一个大学生是否对大学生活感到满意。那些生活在没有形成友好、合作、融洽的人际关系的宿舍中的大学生，常常表现出压抑、敏感、自我防卫、难于合作的特点，情绪的满意程度低。在融洽的宿舍里生活的大学生，则较多地表现出欢乐、注重学习与成就、乐于与人交往和帮助别人。可见，人的心态与性格状况，直接受到与别人交往和关系状况的影响。

心理学家曾从不同角度做过大量研究，结果表明：健康的个性总是与健康的人际交往相伴随的。心理健康水平越高，与别人的交往就越积极，越符合社会的期望，与别人的关系也越深刻。心理学家奥尔波特发现，个性成熟的人，都同别人有良好的交往与融洽的关系，他们可以很好地理解别人，容忍别人的不足和缺陷，能够对别人表示同情，具有给人以温暖、关怀、亲密和爱的能力。人本主义心理学家亚伯拉罕·马斯洛发现高水平的“自我实现者”，对别人有更强烈、更深刻的友谊与更崇高的爱。

有的研究结果还表明，那些高心理健康水平的优秀者，往往来自于人际关系良好的家庭，这也从一个侧面提供了人际交往状况影响个体心理健康的佐证。

3. 人际关系与成才

大学时期是走向成人的关键时期，大学期间也是面临各种各样复杂人际关系的时期，大学生在这一段时期的交往经验将会对其今后的成长产生重要影响。

21 世纪是人才竞争的时代，但对于一个事业成功的佼佼者来说，他若想在人才竞争中脱颖而出，靠的不仅仅是出众的才华，而且更在于有良好的适应社会生活的能力和良好的人际协调能力。在科技日新月异的时代，知识的更新换代极为频繁，每个人都需要不断地进行知识的补充与更新。但是，单个人的能力是有限的，仅靠书本上的知识很难适应社会发展的实际需要，而积极的人际沟通与交往，是获取新知识的有效途径。“独学而无友，则孤陋而寡闻”，青年大学生思想活跃、成就动机强，但是，由于社会经验的不足，知识的局限，看问题时难免会出现偏差。因此，大学生彼此间的畅所欲言，互通有无，将会使他们在思想碰撞中产生新的火花，增长他们对事业、人生、成功的积极看法。纵观科学发展史，不难发现：科学家间的彼此合作，很有可能出现科学的奇迹。控制论之父维纳，在建立控制论早期，曾组织过一个科学方法讨论班，参加的人有数学家、物理学家、工程师、医生等。他们分别从不同角度对新理论进行发难、质疑、补充、完善，结果使原来许多问题得以澄清。在现代社会，各门学科间的相互渗透越来越强，单靠一门学科的知识很难有大的成就。对于大学生来说，应该学会与不同学科人才进行交流，从而在心灵上相互沟通，行为上相互协调，共同促进，共同提高。

（四）人际关系建立的一般过程

勒温格（G·Levinger）等人认为人际关系的发展有三个阶段：第一，单向注意阶段，双方没有互动；第二，是表面接触阶段，双方有初步的、浅层的互动，但是还没有相互卷入，也就是说没有走进彼此的私我领域，一般的泛泛之交就停留在这一阶段；第三是相互卷入（mutuality）阶段，双方向对方开放自我，分享信息和感情，这是友谊发展的阶段。

阿特曼（I·Altman）等人提出了社会渗透理论（Social Penetration Theory）来解释关系发展的过程。他们认为人际交往主要有两个维度：一是交往的广度，即交往或交换的范围；二是交往的深度，即交往的亲密水平。关系发展的过程是由较窄范围内的表层交往，向较广范围的密切交往发展。人们根据对交换成本和回报的计算来决定是否增加

图 2-2　勒温格人际关系建立的一般过程

对关系的投入。阿特曼等认为，良好的人际关系的发展，一般经过四个阶段：定向阶段、情感探索阶段、情感交流阶段、稳定交往阶段。

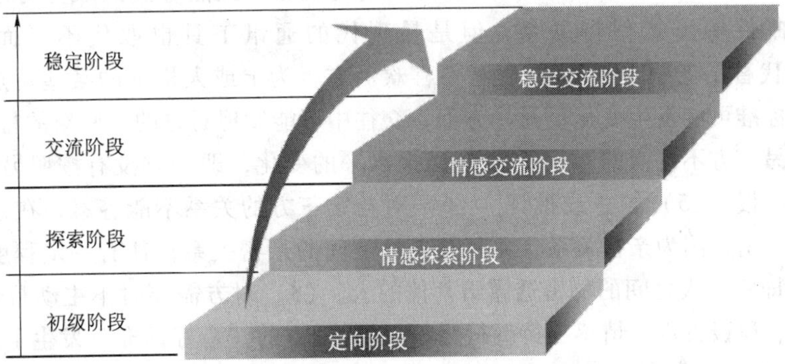

图 2-3　阿特曼人际关系建立的一般过程

（1）定向阶段。该阶段包括对交往对象的注意、选择和初步的交流等。在人际交往中，人们对交往的对象具有很高的选择性。进入一个交往场合时，人们往往会选择性地注意某些人，而对另外一些人视而不见，或者只是礼貌性地打个招呼。对于注意到的对象，人们会进行初步的沟通，谈谈无关紧要的话题，这些活动，就是定向阶段的任务。在这个阶段，人们只有很表层的自我表露，例如谈谈自己的职业、工作、对最近发生的新闻事件的看法等等。

（2）情感探索阶段。如果在定向阶段双方有好感，产生了继续交往的兴趣，那么就可能有进一步的自我表露，例如，工作中的体验、感受等，并开始探索在哪些方面双方可以进行更深的交往。本阶段交往双方开始思考并寻求共同点，包括兴趣、爱好、话题等等。随着交往次数的增多，发现可以建立情感联系的方面越多，交往就会持续下去。这时双方有一定程度的情感卷入，但是还不会涉及私密性的领域。双方的交往还会受到角色规范、社会礼仪等方面的制约。

（3）情感交流阶段。如果在情感探索阶段双方能够谈得来，建立了基本的信任感，就可能发展到情感交流的阶段，彼此有比较深的情感卷入，谈论一些相对私人性的问题，例如相互诉说工作、生活中的烦恼，讨论家庭中的情况等。这时，双方的关系已经超越了正式规范的限制，比较放松，比较自由自在，如果有不同意见也能够坦率相告，没有多少拘束。此时，交往的双方已有了基本的信任和感情，交往的广度和深度继续发展，能真诚地为对方着想，既善于赞美对方的优点也敢于批评对方的过错。通过双方的信息反馈，感情会逐步加深。

（4）稳定交往阶段。情感交流如果能够在一段时间内顺利进行，人们就有可能进入更加密切的阶段，双方成为亲密朋友，可以分享各自的生活空间、情感、财物等，自我表露更深更广，相互关心也更多。这时，交往的双方能够包容对方的缺点，在心理上有同一性或相容性。互相认识全面而深刻，允许对方进入自己的私密领域，双方有很高的信任感和安全感。一般来说，能够达到这种境界的关系相当少，这也就是人们常说的"人生得一知己足矣，千古知音最难觅"。

另外，还有一些研究讨论了关系退化的原因，综合起来，导致关系的亲密程度减弱的原因主要有：

（1）空间上的分离。交往的一方迁徙到别的地方，虽然分离的双方可以通过书信、电话、电子邮件等形式保持联系，但是最现代的通讯工具也取代不了面对面交往。（2）新朋友代替了老朋友。（3）逐渐不喜欢对方行为上或人格上的某些特点。一方面，个人的喜好标准可能发生变化；另一方面，交往中可能发现对方的一些新的特点，而这些特点恰恰是另一方不喜欢的。（4）交换回报水平的变化，即一方没有按照另一方所期望的水平给予回报。（5）妒忌或批评。（6）对与第三方的关系不能容忍，在亲密关系中，这一点比较突出，因为亲密关系，尤其是异性之间的亲密关系往往有一定程度的排他性。（7）泄密，即将两人之间的秘密透露给其他的人。（8）对方需要时不主动帮忙。（9）没表现出信任、积极肯定、情感支持等行为。（10）一方的"喜好标准"发生了改变。

（五）人际交往过程中的心理效应

1. 首因效应

在人际交往活动中，人与人第一次交往中给人留下的印象，在对方的头脑中形成并占据着主导地位，这种效应即为首因效应。我们常说的"给人留下一个好印象"，一般就是指的第一印象，这里就存在着首因效应的作用。因此，在交友、招聘、求职等社交活动中，我们可以利用这种效应，展示给人一种极好的形象，为以后的交流打下良好的基础。当然，这在社交活动中只是一种暂时的行为，更深层次的交往还需要靠自身的完善，靠提高谈吐、举止、修养、礼节等各方面的素质，不然则会导致另外一种效应的负面影响，那就是近因效应。要做到这一点，首先，要注重仪表风度，一般情况下人们都愿意同衣着干净整齐、落落大方的人接触和交往。其次，要注意言谈举止，言辞幽默，侃侃而谈，不卑不亢，举止优雅，定会给人留下难以忘怀的印象。首因效应在人们的交往中起着非常微妙的作用，只要能准确地把握它，定能给自己的事业开创良好的人际关系氛围。

2. 近因效应

所谓近因效应，与首因效应相反，是指在多种刺激一次出现的时候，印象的形成主要取决于后来出现的刺激，即交往过程中，我们对他人最近、最新的认识占了主体地位，掩盖了以往形成的对他人的评价，因此，也称为“新颖效应”。多年不见的朋友，在自己的脑海中的印象最深的，其实就是临别时的情景；一个朋友总是让你生气，可是谈起生气原因，大概只能说上两三条，这也是一种近因效应的表现。在人际交往中，这两种现象很常见。一般而言，熟人之间的交往近因效应会发挥较大的作用，因此我们平时应该注意给人留下良好的最近印象。

首因效应和近因效应不是根本对立的，它是一个问题的两个方面。一般说来，在对陌生人的认知中，首因效应比较明显，而对熟悉的或久别重逢的人的认知中，近因效应更为明显。因此，在识人的过程中，既要注意第一印象，又要注意一贯表现。更要用发展眼光看人，这样才能比较全面地认识、评价人，为协调各种人际关系提供一个科学地认识基础。

3. 光环效应

光环效应又称晕轮效应，是指在交往的过程中，我们往往会从对方的某个优点而泛化到其他有关的方面，由不全面的信息而形成完整的印象。晕轮效应是在人际交往作用过程中形成的一种夸大的社会认知，一个人如果被标明是好的，他就被一种积极肯定的光环笼罩，并被赋予更多的好的品质；相反地，如果一个人被标定是坏的，他就被评定更多的坏品质。如某老师认为学生的某方面表现突出，印象深刻，由此认定该学生在其他方面也表现突出，从而产生以点概面的现象。中国的俗语中“情人眼里出西施”，就是一种光环效应。在日常生活中，常见的晕轮效应有两种。其一，以俊遮丑；其二，以丑遮俊。不管哪一种情况，都是把他人某个方面的表现看重了。要预防和纠正晕轮效应，关键就是自己对自己的心理素质、特点要有个透彻的了解，进而有意识地去防止容易产生晕轮的效应的各种可能。

晕轮效应对于我们的人际认知和人际交往有一定的启示。在人际关系中，一旦形成了某一点好的印象后，就要善于运用晕轮效应，弥补自己其他方面的不足。在看待他人，评价和使用他人时，要尽量避免一好百好，一坏百坏。

4. 投射效应

投射效应是指在人际交往的过程中，将自己的特点归因到其他人身上的倾向，认为自己具有某种特性，他人也一定会有与自己相同的特性，把自己的感情、意志、特性投射到他人身上并强加于人的一种认知现象。比如，一个心地善良的人会以为别人都是善良的；一个经常算计别人的人就会觉得别人也在算计他等等。

5. 刻板效应

刻板效应，又称定型效应，是指人们用刻印在自己头脑中的关于某一类人的固定印象，以此固定印象作为判断和评价人依据的心理现象。它是社会上对于某一类事物或人物的一种比较固定、概括而笼统的看法，常常是一种偏见。人们不仅对接触过的人会产生刻板印象，还会根据一些不是十分真实的间接资料对未接触过的人产生刻板印象。例如：我们一般认为山东人为人豪爽正直，吃苦耐劳，江浙人聪明伶俐，随机应变；教师文质彬彬，商人唯利是图；老年人眼中的青年人嘴上无毛，办事不牢；年轻人眼中的老年人不思进取。诸如此类看法都是类化的看法，它在某些人脑中已成为刻板、固定的印象。在实际与人交往时，如果我们不分时间、地点、条件而把这些看法套在某人身上，就可能出现识人的偏差。但是，有些具有一定根据的刻板印象，能为我们在交往中识别人提供一个大概的方向。

我们并不反对一般意义上的分类，而是反对模式化的简单归类，尤其反对僵化地看待某一类人的缺点。要纠正这种偏见，关键是要学习新知识，不断扩大视野，开阔思路，更新观念，以逐步清除刻板印象的影响。

（六）人际关系的原则

1. 交互原则

从心理学上讲，每个人都是天生的自我中心者，个体都希望别人能承认自己的价值，支持自己，接纳自己，喜欢自己。由于这种寻求自我价值被确认和追求情绪安全感的倾向，在社会交往中，人们更重视自己的自我表现，注意吸引别人的注意，希望别人能接纳自己，喜欢自己。阿伦森的研究表明，人际关系的基础是人与人之间的相互重视、相互支持。对于真心接纳我们，喜欢我们的人，我们也更愿意接纳对方，愿意同他们交往并建立和维持关系。

福阿夫妇（1975 年）研究表明，任何人都有着保护自己心理平衡的稳定倾向，都要求自身同他人的关系保持某种适当性、合理性，并依此对自己与他人的行为得以解释。这样，当别人对我们表示出友好，表示接纳和支持时，我们也感到应该对别人报以相应的友好，这种“应该”的意识会使我们产生一种心理压力，要求我们接纳别人，否则我们的行为就显得不合理。与此同时，如果我们的友好的行动别人接纳后，我们也希望别人作出相应的回应；如果别人的行动偏离了我们的期望，我们会认为别人不通情理，从而产生一种不愉快的情绪体验，对对方产生心理排斥。同样，对于排斥、拒绝我们的人，其排斥与拒绝对我们是一种否定，因此我们必须报之以排斥与否定才是合理的、适当的，否则难以达到心理平衡。可见，我国古人所讲的“爱人者，人恒爱之”，“己所不欲，勿施于人”是有其心理学基础的。

2. 功利原则

心理学家霍曼斯（1961 年）提出，人与人之间的交往本质上是一个社会交换过程，人们希望交换对自己来说是值得的，希望在交换过程中至少得等于失，不值得的交换行为是没有理由去实施的，不值得交换的关系也没有理由维持，所以人们的一切交往行动及一切人际关系的建立与维持都是根据一定的价值观进行选择的结果。对于那些对自己来说值得的，或得大于失的人际关系，人们倾向于建立和保持；对自己来说不值得，或失大于得的，人们就倾向于逃避、疏远或终止。

我国心理学家研究发现，由于人们的价值观倾向不同，人际交往中存在着不同的社会交换机制。对重内在情感价值的人而言，他们在人际交往中个人情感卷入更多，因而有明显的重情谊、轻物质的倾向，与别人的交换倾向于增值交换过程。他们在人际交往中感到欠别人的情分，因此在回报时，往往也超出别人的期望。这种过程的循环往复，就导致了交往双方都感到得大于失。与此同时，对重外在物质利益的人而言，他们在人际交往中重物质利益多于个人情感的卷入，因此倾向于用物质来衡量自己的得失，在人际交往中处于减值交换。

3. 自我价值保护

自我价值保护（Self-value）指个人对自身价值的意识与评判。每一个人为了保持自我价值的确立，在心理活动的各个方面都会有一种防止自我价值遭到否定的自我支持倾向。

人在任何时期的自我价值感，都是既有的一切自我支持信息的总和。自我价值支持的变化无非来自两方面：一是，符合人们意愿，自我支持力量的增加；另一方面，与人们的期望相反，使人们面临自我价值威胁，因而必须进行自我价值保护的消极变化，即自我价值支持力量的失去或自我面临新的攻击。

特别是当我们面临肯定的人转向否定时，我们面临两种选择：一是承认别人转变的合理性，否定我们自己，贬低自我价值；二是进行自我价值保护，尽可能维护自我价值的不变，降低所失去的自我价值对自己的重要性。许多研究表明，自我价值的否定是非常痛苦的，因此当面临自我价值威胁时的优先反应不是否定自身，而是尽可能保护自己。

4. 情境控制原则

情境控制是指人都需要达到对所处环境的自我控制。因此，我们要想别人从心灵深处接纳，就必须保证别人在同我们共处的时候能够真正实现对情境的自我控制，保持表现自己的自由。如果我们增加了人们对达到情境自我控制的困难，或者与人们对情境控制的不对等，使别人的自我表现受到限制，而不得不保持一定水平的自我控制。

当人们处于平等、自由的人际情境中，才能够达到真正的自我控制，获得充分的安全感。比如，我们新入学时，由于对周围环境和人都缺乏了解，因而一段时间处于高度紧张的自我防卫状态，直到我们真正对环境熟悉了，才能够真正放松、真正适应。再如“非典”期间，由于人们对“非典”的认识还不明确，因而会感到恐慌、不安，主要原因是对周围环境控制能力的减弱。

二、人际关系基本理论

人际关系理论是社会心理学家根据社会交往的规律，总结出的关于如何搞好人际关系的理论，对于我们有一定的启发意义。下面主要介绍社会交换理论、自我表露理论以及人际关系分析 PAC 理论。

（一）社会交换理论

社会交换理论主要是采用了强化心理学原理和经济学原理，认为人际交往是一个社会交换的过程，人们之间的所有活动都是交换，是一种准经济交易：当你与他人交往时，你希望获取一定的利益作为回报，也准备给予他人某种东西，他人也是如此。这种理论假定交换中的个体都是自利的（self-interested）：人们试图使自己的收益最大化，并使自己的成本最小化，从而确保交换结果是一个正的净收益。在这里，交换的东西是非常广泛的，可以是物质的，也可以是“社会”性的，包括信息、金钱、地位、情感和物品等。

交换关系中的每个个体都会评估自己和他人在贡献和收益两方面的相对大小。如果他们觉得自己的投入获得了大致相等的回报，他们就会认为这种社会关系是公平的。有学者指出，公平性的关系是比较稳定和愉快的关系，当关系中存在不公平时，双方都有可能产生不舒服，产生恢复公平的动机。一些学者还讨论了权利对于交换结果的公平性的影响，他们认为，在其他条件相同条件下，权力较大的人在社会交换中收益更多。需要注意的是，在实际生活中，人际交往是在特定的社会交换结构中展开的，关系的发展必然受到这种结构的制约。

（二）自我表露理论

广义地来说，社会交换过程也包含情感的交流，而情感交流是与自我表露分不开的。所谓自我表露就是我们常说的“敞开心扉”，即把有关自我的信息、自己内心的思想和情感暴露给对方。良好的人际关系是在交往双方的自我表露逐渐增加的过程中发展起来的。

自我表露（self-disclosure）可以增加他人对你的喜欢。自我表露本身具有很强的象征性，它给对方一个强有力的信号：你对他（她）相当信任，愿意有进一步的交往。而且，对他人的自我表露可以引发他人做自我表露，由此可以增进相互理解，相互信任。

Briggs 认为自我表露对他人的益处包括：一是他们知道彼此相似与不同点在何处，还能了解相似与不同的程度；二是准确地向他人表露自我，是健康人格的体现；三是自我表露增强了自我觉察的能力；四是分享体验帮助个体发现这不是他们唯一存在的问题；五是自我表露可以从他人获得反馈，减少不必要的行为。

当然，自我表露也必须注意分寸，过分的表露会让人不舒服。一般来说，表露的范围和深度是随着关系的发展而逐步增加的，对于不同的关系对象，在不同的发展阶段，自我表露的广度和深度明显不同。在非常亲密的朋友中，自我表露往往十分深入，达到所谓无话不说的地步。但是，需要注意的是，无论关系多么亲密，人们都可能存在不愿意暴露的领域，这就是所谓的“隐私”问题。前几年，隐私曾经成为中国社会的一个热门话题，不少人对它还有一些误解与偏见，需要加以澄清。Briggs 也认为自我表露也存在风险，主要包括：最实质的风险包括来自不同目标人的攻击、嘲笑、拒绝与不关心等；自我表露的个人可能会受到听者的伤害；不适当的自我表露，可能会引起他人的退缩或拒绝，对不适宜的人或在不适当的时间过分表露的人，被认为是社会化不良的标志。

在人际交往中，个人往往将部分隐私袒露给自己信任的亲友。除了隐私需要，人还有沟通的需求，需要向“知己”说一些知心话。亲密关系本身也要求人们坦诚相待。但是，这并不意味着关系亲密的人之间就不应该有任何隐私。只有隐私需求和沟通需求之间保持适度的平衡，亲密关系才能正常发展。

（三）人际关系分析（PAC）理论

人际交往分析理论是由加拿大柏恩博士于 1964 年提出的，这一理论用以说明在人际交往过程中角色认知对交往类型的影响。人际关系分析理论又叫 PAC 理论，他认为，每个人的个性中都包括三种成分，就好像一个人身上的三个小我：父母、成人与孩童。

父母（Parent，简称 P）身份以权威和优越感为标志。通常表现为统治人、训斥人等权威式的作风。这种状态学自父母与其他权威人物。当一个人的人格结构中 P 成分占优势时，他的行为表现为：凭主观印象办事，独断专行，滥用权威。这种人讲起话来总是："你应该……""你不能……""你必须……"。

成人（Adult，简称 A）身份表现了客观与理智。其行为表现为：待人接物冷静，慎思明断，对自己负责，对他人尊重。其语言特征："我个人认为……""我的想法是……"

孩童（Child，简称 C）身份像婴儿的冲动，表现为服从和任人摆布，喜怒无常，感情用事，一会儿天真可爱，一会儿乱发脾气，让人讨厌。他的表现都是即兴的：不负责任，追求享乐，玩世不恭，遇事无主见，逃避退缩，自我中心，不管他人。这种人讲起话来总是"我是……""我想……""我不知道……""我不管……"等等。

PAC 理论认为，父母状态和儿童状态对客观世界的感受和反应往往并不一致，而成人状态的思考和反应则具有统一性和一贯性。因此，理想的相互作用是"成人刺激"和"成人反应"。以上三种心理状态，汇合为人的个性而且蕴藏在人的潜意识中，在一定条件下会不自觉地表现出来。

在 P、A、C 三种成分中，P、C 具有盲目性、被动性与两面性。而 A 具有自觉性、客观性与探索性，致力于弄清事物真相、事物间的关系与变化规律，能够站在别人的角度审视自己，具有反省能力。根据 PAC 理论，不同的心态可以构成不同的交往组合。当交往双方的相互作用构成一种平行关系时，交往就是可持续的，对话可无限制地继续下去。这种交往有六种具体形式：P－P、A－A、C－C、C－P、A－P、C－A。在这六种交往形式中，P－P 双方都自以为是，这不顺眼，那也不好，双方谈得很投机，但都在指责别人。这样的两个人，一直在一起交往，久而久之，会互相助长偏激苛求的性格。C－C 交往则有些同流合污的味道，两人一拍即合，但都不负责任。C－P、A－P、C－A，均属于互补型的交往，我期望对方的，刚好是对方回应的。这种交往因为互补，所以能够持续，但却潜藏着不平等与依赖，长此以往，也不利于交往双方的发展。只有 A－A 交往是最健康的，大家都本着负责与尊重的原则，力图合情合理地解决问题，因此，A－A 交往是最成功的。

第二节 大学生人际交往中常见的心理问题

一、大学生人际关系

人际交往的成功与失败，往往体现着心理健康水平的状况以及社会适应能力的高低。人与人之间的交往具有信息交流、人际关系协调、情感沟通等多功能性，大学生成功的人际交往是大学生加速社会化进程，促进人格健全发展的重要途径，也是确保心理健康的重要条件。成功的人际交往不仅满足了大学生基本的心理需求，而且有助于减少孤独、寂寞、空虚、恐惧，提高大学生的抗挫折能力和适应社会的能力。人际关系是否和谐可以作为判断大学生心理健康的一个标准，因此，人际关系在大学生心理健康方面起着举足轻重的作用。

（一）大学生人际关系的分类

按照交往的范围可分为三类，即个体与个体之间，如同学关系、朋友关系、师生关系和亲子关系；个体与群体之间的关系，个体与家庭，学生与班级之间的关系；群体与群体之间的关系，如班级与班级之间。

按照社会学的分类，人际关系则分为血缘关系、地缘关系与业缘关系。血缘关系指父母与子女的关系，兄弟姐妹之间的关系及由此衍生出的亲戚关系。目前家庭教养方式与大学生的相关研究得到充分重视，家庭中的人际关系显得相当重要。

地缘关系指居住在共同的地区而产生的人际关系，如同乡关系、邻里关系等，这种关系因共同的乡土观念、相似生活方式、相同的语言文化带来更多的心理相容性，特别是大学新生初次离家求学，老乡在一定程度上起着心理稳定剂的作用，非正式群体中的老乡始终活跃于校园。

业缘关系是指由共同的事业、爱好而结成的关系，如师生关系、师徒关系等。大学里的师生关系也有别于中学，师生关系以平等的身份，以学术为纽带而建立的关系看似疏淡实则志同道合。

（二）大学生人际关系的主要类型

1. 师生关系

老师与学生，是大学校园里两大基本群体。老师是学生人际交往的重要对象，师生关系是学生人际关系的重要内容。师生关系如何，直接影响到学生健康地学习成长，并在很大程度上决定了学校能不能对学生的身心施加符合社会要求的影响。

教师是大学生人际交往的重要对象。教师是知识的传授者，是大学生人格模仿的对象。与教师的交往也是大学生知识需求和获取的重要途径，教师与学生的平等交往也是师生共同成长的前提；与此同时，师生关系又是一种业缘关系，师生之间心理距离小，心理相容度高，教师对学生充满爱护与关爱，学生对教师尊敬与敬仰，师生关系是一种纯洁而无私的人际关系。然而，由于大学授课的流动性与课堂的扩展，师生之间缺乏直接的沟通与必要的情感交流，师生信息的对流与沟通明显不足，因而师生关系虽然是大学生的主要人际关系，却依旧需要进一步加强。

2. 同学关系

同学是大学生人际交往的基本关系，也是大学生人际交往的主要对象。大学校园里的同学关系总的说是和谐、友好的，同学之间的关系有亲情化、家庭化的趋势，即在日常生活、学习中创造一种如同亲属一般和谐稳固的同学关系。

大学生与同学间的交往最普遍，也最微妙与复杂。一方面，大学生年龄相仿，经历相同，兴趣爱好相近，又共同生活在一个集体，学习相同的专业，沟通与交往容易；另一方面，大学生来自不同地域，不同家庭背景，生活习惯、个性气质差异大，再加上大学生空间距离小，交往密度高而自我空间相对狭小，而对人际交往的期望较高，一旦得不到满足，容易采取消极退避的态度。

大学同学间关系比较频繁的场合有三个方面：即班级内的同学关系、宿舍关系与老乡、社团等关系。班级同学交往以学习与班级活动为主；而宿舍同学关系以情感交往与生活交往为主；老乡关系以情感交往为主；社团关系以兴趣与工作交往为主。

人际交往是大学生活的基本内容之一。同学之间、师生之间、老乡之间、室友之间、个人与班级以及和学校之间等错综复杂的社会交往，构成了大学生人际交往的网络系统。

大学生处于一种渴求交往、渴求理解的心理发展时期，良好的人际关系，是心理正常发展、个性保持健康和具有安全感、归属感、幸福感的必然要求。

（三）大学生人际关系的特点

大学生人际关系呈多元性与开放性的特点。大学生渴望友谊，渴望结交更多的朋友，交流更多的信息，接受更多的新思想。大学生的人际关系不管是哪一种类型，都具有如下几个特点：

1. 喜欢与人交往，渴求友谊

交往是人的心理需要之一，健康正常的交往如能得到满足，就会形成一种向心力，对工作、学习起到促进作用；如果得不到满足，就会产生空虚感和烦恼，甚至会影响个性的健康发展。很多大学生远离故土和亲人，离开老朋友，容易产生失落感、孤独感，渴求得到周围同学的关心体贴、爱护、信任和理解。特别是那些年龄小，独立生活能力差的学生尤其渴望结交朋友。

2. 希望与异性交往

青年大学生正处于性心理成熟时期，希望了解异性，得到异性的理解、尊重和爱慕。正确引导大学生与异性的交往，就会有利于他们个性的全面发展和培养健康的性心理，加深对异性的理解和尊重，使自己更加自尊、自爱、自重，增强用理智控制情绪、情感欲望的能力。

3. 希望与社会交往，扩大交往面

随着社会开放和物质文化生活水平的提高，大学生们对精神生活有着更高更迫切的要求，学生渴望走出校园，在与社会人群的交往中满足这方面的需要。这应该说是一种积极的社会心理倾向，它是学生走向社会，开阔视野的原动力之一。但是如果管理不好，就会对校园的组织纪律和正常的生活秩序有一定的影响。

在当今市场经济的条件下，大学生的交往观念又出现了新的变化：

1. 强化了交际的信息和竞争观念

市场经济的发展使封闭、半封闭的自然经济和产品经济解体，“鸡犬之声相闻，老死不相往来”以及因循守旧、安步当车等传统观念和行为习惯被代之以信息观念和竞争意识。在某种意义上说，信息是商品的生命，竞争的力度来源于多、新、快、准、全的信息。这种适应市场经济发展的信息、竞争观念必然渗透、延伸到校园人际关系之中。因为在信息革命的时代，每一个人几乎都是一个信息载体。人们只有在与他人的广泛交往中，才能捕捉、筛选对自己工作、学习与交往有价值的新信息，更新自己的知识贮存，打破自己的思维定势，变革陈旧的思想观念，改变过时的行为规范，在实践中完善、再造自己，提高与他人竞争的能力。也就是说，大学生交际的出发点和归宿点，已经由"聊天闲谈"，"访友叙旧"，逐渐向获取信息、更新知识、提高竞争能力等较高的层次发展。

2. 强化了交际的平等、民主观念

市场经济的发展，使青年大学生不但要求政治上平等、民主，而且要求交际中平等、民主。大学生交际的平等、民主观念，使交际双方冲破等级观念的羁绊和心理障碍，使交际方式的单向"辐射"转变为双向"交流"，那种"我是老师你是学生，我说话你得听"的交际方式正逐渐为人们所摒弃。

3. 强化了交际的时效观念

随着市场经济的发展，"时间就是金钱，效率就是生命"的时效观已经被越来越多的人所接受并成为行为准则。这种时效观，反映到大学生人际关系中，必然要求提高交际时间的利用率和高效能。其主要表现形式是：网上交流、电子信件、电话、明信片等沟通形式明显增多，改变了事无巨细、非见面再谈的传统习惯；预约、践约的风气逐渐形成，避免了因对方不在或无暇顾及而造成时间的浪费；注意长话短说，开门见山，尽量避免东拉西扯，没完没了的空谈等等。

4. 强化了交往的价值观念

市场经济的发展，促使人们用价值的观点来衡量、审视一切社会活动，也强化了大学生交际的价值观念。过去，大学生交际的主要对象是体现"血缘"、"地缘"、"业缘"关系的亲属、同乡、同事以及好友，并以情感上的交流、心理上的共容为满足，较少考虑交际的价值。现在，从交际的对象、内容、范围以及样式上，出现了注意价值的趋向，追求实惠。"在家靠父母，出门靠朋友"，"多一个朋友就多一个路子"，在市场经济的大背景下，这种观念必然要影响青年学生。现代社会心理学也认为，人际关系是一种资源。人的成功 20% 在于智力，80% 在于人际交往的能力。

（四）大学生人际关系的作用

每一个生活在社会中的人都要和其他人发生各种各样的相互关系，这种关系不仅对人们的心理状态有很大影响，而且对人们的群体凝聚力有重大作用。

首先，人际关系影响大学生之间的群体凝聚力和学习效率。人际关系是群体内聚力的基础，而内聚力是提高学生的学习效率的前提条件。友爱、和谐的人际关系会使人感到温暖、安全、愉快，从而激发积极性和创造性。冷漠、排斥、敌意的人际关系使人产生压抑、焦虑、烦恼的情绪体会，从而阻碍人的潜能的发挥。有人统计，不良的情绪使脑力工作者的学习效率降低 70% 。

其次，人际关系影响个体的个性发展。个体在自我发展和自我完善的过程中，不仅受自然环境的影响，而且还受人际环境的影响。研究表明，融洽的人际关系对个体具有以下益处：给个体以稳定感和归属感，使个体提高宽容和理解的能力；给个体以学习社交技巧的机会，使个体获得社交的经验；给个体以培养社会洞察力的机会，发展对集体的忠诚心。

最后，人际关系影响青年学生的身心健康。长期处于恶劣的人际环境中会导致各种身心疾病，如神经衰弱、高血压、偏头痛和溃疡病等等。

二、大学生人际关系中常见的心理问题

（一）大学生人际关系中的心理缺陷

在人际交往中，个体的情绪反应应该是适度的，与引起情绪的原因及情景相吻合，并随着客观情况的变化而变化。情绪反应过于强烈或过分冷漠都会让人感到难以接受。大学生情感丰富、心境易变，有时对人对事过于敏感，容易凭一时好恶改变对一个人的看法，使得人际交往缺乏稳定性，产生各种障碍。此外，羞怯、嫉妒、自卑等都是导致人际交往障碍的不良因素。

1. 自卑

指由于一些条件的限制和认识上的偏差，认为自己在某个方面或某几个方面都不如别人，而产生的轻视自己、失去信心、畏缩的一种情绪体验。这是个体感受到自我价值被贬低的体验。这种贬低或否定可能来自当事人自己，也可能来自外界评价，但更多时候是两者兼而有之。有的大学生因为自卑而对自己持否定态度，交往起来比较吃力，害怕说错话，担心丢面子，长此以往，严重者容易产生社交恐惧症，使人际关系出现障碍。

2. 嫉妒

指一个人由于嫉贤妒能，对才能、名誉、地位等比自己强的人所产生的不愉快、羞愧、愤怒和怨恨等个体情绪体验。有时候它对人的成长也有积极影响，但更多的时候是消极影响。大学生在人际交往过程中，嫉妒心理一旦产生，就很难再以一颗平常心去处理与周围同学的关系，往往带有浓厚的感情色彩。把这种感情色彩带到人际交往中去就会产生一种不和谐的感受，从而使交往过程中的个体处于尴尬的境地，正常的人际交往难以持续，出现障碍。

3. 羞怯

羞怯心理又称社交焦虑，指在面对新环境的交往活动时，因为害怕或胆怯而产生的一种心理不适反应。带着这种心理去进行人际交往，就会产生莫名的紧张和不安的感觉，在交往过程中感到无所适从，从而使得自己在交往过程中处于尴尬的境地，正常的人际交往难以持续，出现障碍。羞怯按产生原因分为：气质性的羞怯（天生），认知性羞怯（过分注意自我），创伤性羞怯（挫折经历）。羞怯心理的产生，一是由于青春期生理变化引起的感应性反应。青年大学生正处于生理、心理发育最旺盛的时期，激素分泌较多，外界刺激时会使体内的平衡被打破，变得紧张起来，出现冒汗、脸红、心慌等感应性反应。二是自卑等心理的影响。具有羞怯心理的大学生羞于与他人交往，特别是不敢与陌生人交往，是因为对自己的信心不足，害怕出错。三是成长中的环境影响。如果在童年、少年期交往中曾经受到过他人的训斥、嘲笑或戏弄，其阴影会造成相当久远

的影响，以后进入类似环境或新环境就会出现胆怯。

4. 猜疑

所谓猜疑心理是一种由主观推测而产生的不信任的复杂情绪体验。人们在交往过程中大都免不了猜疑，只是程度不一。猜疑心重的人往往整天疑心重重，或是无中生有，总以为别人在议论自己，瞧不起自己，算计自己。认为人人都不可信，人人不可交。

猜疑心理产生的原因主要有：

（1）错误的思维

美国的一位心理医生在他的《美好的心境》一书中写道："多疑所引起的抑郁情绪均起因于错误的思想。"猜疑一般总是以某一假想目标为出发点进行封闭性思考的。这种思考从假想目标开始，最后又回到假想目标。最典型的例子莫过于《列子·说符》中的一则寓言：有一位樵夫上山砍柴丢了斧子，但他怀疑是邻居的儿子偷的，于是从这个假想目标出发，形成一种消极的思维定势。他观察邻居儿子的言行举止、神色仪表，无一不是偷斧的样子。其实，斧子是樵夫自己将它丢在山上了。

（2）个性中缺乏自信

心胸狭窄、缺乏自信容易产生疑心。一个不自信的人，看到别人在谈话，就以为在议论自己。某大学有个学生，许多人曾当面说他年底一定能担任学生会职务，结果竞选没有上，感到很意外，想起有一名同学曾同自己合不来，便猜疑是他从中搞了鬼，讲了他的坏话。没有竞选上学生会干部，就猜疑别人从中捣鬼，多半是因为他对自己的言行不够自信，才怕别人拨弄是非。

（3）听信流言蜚语

听信谣言，也会产生猜疑心理。当个人没有达到预想目标产生失败时，有些别有用心的人不是帮你客观分析原因，而是造谣中伤别人。受失败的情绪干扰，又听信谣言，就更容易产生猜疑心理。

5. 孤独

指因缺乏人际交往而产生的寂寞感与失落感，宁可独处也不与别人交往所产生的一种心理。粗略地去考察人的孤独感，大致可分为两类，外在的孤独和内在的孤独。

边疆哨所的军人，驻守孤岛的士兵，长期工作在高山气象观测站的科技干部，他们远离亲人朋友，在工作之余没有与更多的人相互交往的机会，没有丰富多彩的精神生活，不免有时感到孤独。但是他们虽然远离城市和亲人，从事的却是与人民幸福息息相关的崇高事业，虽然"孤独"却意义非凡。内在的孤独则是一种最深层次上的心理体验。这种孤独就是身处人群之中，但内心世界却与生活格格不入。它常常是朦胧的，不可名状，是十分有害的。人是社会化的高等动物，与其他一切动物根本的区别，就是人过社会化的生活。因此，人的一切包括思想、学识、才能等，只有在社会生活中才存在，离开了社会生活与人际交往，人的本性与人格都不能保持完整和健康。

德国青年心理学家斯普兰格，在他的著作《青年心理》一书中，曾生动地写道："没有谁比青年从他们的孤独小房里，更加用充满憧憬的目光眺望窗外世界的了；没有谁比青年从他们深沉的寂寞中，更加渴望接触和理解外界世界的了；没有谁比青年更加向远方世界大声呼唤的了。"我们青年大学生也是这样，渴望摆脱心理上的孤独寂寞感，寻求友谊和温暖；渴望得到他人的理解、关心、爱护、体贴和帮助；渴望作为一个人格独立的人，被社会所承认和尊重。

那么，是什么原因使一些大学生产生孤独寂寞感呢？这主要是由青年期的心理特点所决定。青年正处在人的生命发展全程中的半成熟时期，他们刚刚走过天真无邪、无忧无虑的童年时期，童心未泯，似懂非懂，世界观和人生观也刚刚建立和逐渐巩固，处在像是孩子又不是孩子，像是成年人又不是成年人的发展阶段。青年人往往自以为很成熟了，但社会和成年人却仍旧把他们看做是孩子。这样，青年们委屈地感到自己不被社会和成人所了解，因而常常有莫名其妙的孤独感。

另外，深度内向型性格的大学生也容易产生孤独感。这是因为他们的自我中心观念比较重，他们往往对外界事物和周围人群，表现得淡漠寡趣，难于合群；思想方法比较趋向于抽象、紊乱，行动上经常终日忙忙碌碌，显得紧张而又急迫；他们的内心深处有比较强烈的抗拒感，喜欢把自己封闭在一个狭小的内心世界的小天地里，因而十分孤寂。

（二）大学生人际关系心理障碍的行为表现

1. 不敢交往

与人交往时显得特别紧张，心跳气喘，面红耳赤，两眼不敢正视对方，与人交谈时显得语无伦次，词不达意，尤其恐惧人多场合。

2. 不愿交往

认为自己不如别人，怕别人瞧不起自己，遇事总是回避退让，整日郁郁寡欢，缺乏交往的愿望和兴趣，自我封闭。孤芳自赏或性格乖僻，但又特别敏感，心理承受力差，经不起刺激，独来独往。

3. 不善交往

不善于了解交往的一些知识、技巧，在交往中显得过于生硬、书生气太足，不注意交往中的“第一印象”，在劝说、批评、拒绝他人时不讲究艺术等，影响了进一步的交往。

4. 不易交往

不轻易相信别人，不轻易流露自己的真实思想，很难与人推心置腹，对人怀有很深的戒备心理。

5. 不利交往

不注意交往的原则，开玩笑不注意场合，不懂得给人留面子；出言粗鲁伤了对方的自尊心；或不懂得尊重对方的风俗习惯；或不懂装懂，夸夸其谈。

6. 不懂交往

不懂得交往在于平时不懂得交往的积累，往往是一旦自己有事求人时才去“临时抱佛脚”。

（三）大学生人际关系心理障碍的调适

在大学生人际交往中，总是伴随着种种心理因素，其中有些对人际交往是起积极促进作用的，如对自我和他人的正确认知，开朗乐观的性格，宽容大度的胸怀等；有些对人际交往是起阻碍作用的，如羞怯、猜疑、孤独心理等。下面我们将讨论在人际交往时如何自觉消除这些心理障碍。

1. 自卑心理的调适

要克服自卑的心理我们必须做到以下几点：

（1）从思想上树立“天生我材必有用”的信念；

（2）调节自己交往时的情绪（如说我能行）；

（3）树立信心，马上行动。

2. 嫉妒心理的调适

大学生在人际交往过程中，嫉妒心理一旦产生，就很难再以一颗平常心去处理与周围同学的关系，往往带有浓厚的感情色彩。我们可以从以下几个方面做到对嫉妒心理的积极调适：

（1）加强思想修养，树立正确人生观；

（2）解放狭隘的自我，宽以待人；

（3）克服性格上的弱点树立信心，马上行动；

（4）正确评价自己，增强竞争意识。

3. 羞怯心理的消除

羞怯心理是害羞和胆怯的统称。胆怯必定害羞，害羞加剧胆怯。几乎所有的人都有过某种程度的羞涩和胆怯，不过有些人表现得特别严重。羞怯心理影响大学生的正常交往和心理健康，阻碍更好地适应社会环境，不利于发展自己的聪明才智。

如何克服羞怯心理呢？主要有以下几种方法：

（1）培养交往的自信心。自信心表现在各个方面，如果总认为自己缺乏交往能力，口才没有别人好，气质风度比别人差，见世面比别人少，在集体活动中，就会畏畏缩缩，讲话办事瞻前顾后，学习讨论羞于开口，使自身的能力得不到有效的发挥，影响同学间的正常交往。因此，要培养交往的自信心，要看到自己的长处，而不必为自己的某些短处而自惭形秽，相信自己身上总有吸引别人之处，从而摆脱与他人交往的自卑阴影。

（2）努力丰富自身的知识。艺高人胆大，有了丰富的知识储备，娴熟的交往技巧，在交往中自然就会应对自如。知识可以丰富人的底蕴，增加人的风度，提高人的气质，也是克服羞怯心理的良药。要勤奋学习，努力拓宽知识面，掌握一些社交知识和技巧，通过知识的积累，增强交往的勇气。

（3）增强和锻炼交往能力。大学生身处校园，要努力增加表现自己的机会，多与他人交往，使自己的交往能力得到进一步的发展。要为自己多创造一些交往的机会，在各种场合下鼓励自己大胆讲话，勇于发言。

4. 猜疑心理的调适

“猜疑是人际关系和谐的蛀虫”，事实表明，猜疑是破坏人际关系，影响人际正常交往的一个重要因素。猜疑有时甚至还会造成人际关系严重冲突。那么，怎样去克服它呢？

（1）首先需要培养理智，切忌感情用事。当出现猜疑念头后，要督促自己去寻找证据。比如，你在猜疑别人是否议论你时，应先回忆，在最近的一段时间内，自己是否引起过什么事端，是否有人在近期与你发生过争执等。如果疑点很多，证据实在、确凿，你应以诚恳的态度，鼓足勇气找对方坦率交换意见。如果证据不足，主观推测，演绎过多，甚至带有很强的想象色彩，你就该尽快否定自己的猜疑，用暗示法提醒自己不要想得过多，别把人想得过坏等等。

（2）学会知人知己，以防止猜疑心的出现。猜疑心有时是在相互不了解的情况下产生的。如果一个人能够在短时间内认真观察他人、了解他人，把握其性格特征、处世方法等，你就不会无端地去怀疑他人。比如当你知道某人为人正直、诚恳，极端厌恶说别人坏话时，你就不会怀疑他在你背后捣鬼。当你能正确估计出自己在周围社会关系中的地位，以及留给别人的印象后，也不会随便猜疑别人是否跟自己过意不去。

（3）运用“自我开脱法”。即一旦产生猜疑心时，就暗示自己：人生在世，何能不受他人议论！走自己的路，让他人去说吧！使自己从中得到解脱。

此外，还要注意不听信流言，对小道消息或通过不正当渠道传来的、似是而非的信息，只能抱着参考的态度听，不能以此作为判断依据。一定要避免偏听偏信，才不会引起误会和猜疑。

5. 孤独心理的引导

青年时期是结交朋友，又是容易产生与世界隔绝的孤独心理的时期。大学生虽然生活在多姿多彩的校园中，不免有时也会产生孤独与寂寞之感。新同学来到学校，人生地不熟，如果没有人同他交流思想感情，没有人理解体贴他们，就会产生孤独寂寞心理。性格内向不善交流的同学在学习、生活中出现不顺心的时候，也会出现孤独寂寞。

心理上的孤独并不等于一个人独处，它是人的一种情绪体验。而独处是一种离开他人的客体状态，不是一种主观体验。心理学家认为，真正的孤独，往往产生于那些虽有表面接触，但没有情感和思想交流的人们。事实上，不管你是置身于人群，还是独居一室，只要你对周围的一切缺乏了解，和你身外的世界无法沟通，你就会产生孤独感。

那么有什么办法可以积极引导孤独的心理呢？我们的建议是：

（1）建立自信心，相信自己是有价值的人，愿意从事帮助他人也有利于自己的事。让人在你的所作所为中了解你、尊重你。

（2）多参与集体活动，为参与而参与，不必希望立即获得回报。参与集体活动的主要价值，在于学习社会能力，并寻找机会让别人认识并了解你。

（3）练习自我表达能力。自我表达除了朋友之间的感情表达，还有个人意见与才能的表达。恰当的不引起误会的表达方式是可以学习的。

（4）练习听取别人的意见并尊重大家所一致达成的决定。先要做到与别人和谐共处，然后才有可能培养出感情。

（5）打破孤独的僵局。跟人们相处时感到的孤独，有时候会超过一个人独处时的十倍。这是因为你跟周围的人格格不入，就像你突然来到一个语言不通的国度一样，你无法跟周围的人进行必要的交流，也无法进入那种热烈的气氛里面，你不由自主地觉得自己很孤单，而他们那种热烈的气氛更是衬托出你的被冷落。如果这种情况在心理上已成为定势，就会害怕与人相处。这时候就更要承受虽身处人群而感孤独的压力，要战胜过去的自我。要打破这种局面，唯有“忘我”。想一想你能为他人做点什么，这很有好处。记住：温暖别人的火，也会温暖你自己。

第三节　大学生建立和谐人际关系的途径和方法

和谐的人际关系是大学生心理健康的必要条件，但是在实际生活中大学生和谐人际关系的建立受诸多因素的制约，下面我们将分析制约大学生和谐人际关系的因素，同时，提出解决建立和谐人际关系的途径和方法。

一、制约建立和谐人际关系的影响因素

（一）大学生自身的因素

内因是起决定作用的部分，人际关系失谐的主要影响因素是大学生自身的因素，大学生自身的不和谐因素使大学生人际关系受到影响。

1. 自我认知偏差

大学生由于处于人生的转型期，大学生还是发展中的人，面临着众多的挑战和选择，他们对自我认识容易出现偏差。

有些大学生由于自我认识不足和过低的期望，往往容易形成自卑的心理。“自卑是个人由于某些生理缺陷或心理缺陷及其他原因而产生的轻视自己，认为自己在某个方面或几个方面不如他人的情绪体验。”表现在交往活动中就是在他人面前畏首畏尾，缺乏自信心，认为自己处处不如别人。在与他人交往中容易产生依赖的心理和行为，由于内心的自卑而害怕人际交往。这部分大学生不能很好地评价和分析自己的优势与劣势，阻碍了人际关系的和谐发展，同时也影响了这部分学生自我价值的顺利实现。

还有一些大学生过于自信，有些甚至自大。这部分学生的突出特点是认为自己是最优秀的，自己的能力卓然于他人之上，目中无人。由于这部分学生的自傲使其远离他所处的人群，影响了他的和谐人际关系的建立，也容易造成这部分学生的心理出现交往障碍，阻碍其自身的发展。

部分大学生万事推崇以自我为中心，事事为自己着想。抱有“自我中心论”的大学生们过于看重自己的利益而忽视了构建和谐人际关系中的互助互利原则，忽视了交往中对方的情感和利益，阻碍了其和谐人际关系的发展。

2. 社交偏见

偏见是一种对他人的过激的和证据不充分的态度，是一种习得性的反应。偏见有积极的，也有消极的。积极的偏见一般来说不构成什么不良的问题，消极偏见所产生的后果却是个非常严重的问题。我们要注意的主要是消极偏见的严重影响。有些大学生对他所处的社交人群长期抱有自己的消极偏见。一方面大学生自己心情郁闷，不愿意与人交

往；另一方面大学生也会遭到社会隔离，社会交往不顺畅，和谐的人际关系因此面临更多的困难。

3. 社交恐惧

社交恐惧症是一种非常严重的交往心理障碍，主要是一种不安和带有恐怖色彩的情绪反应。由于各种原因的存在，有些人在特定的交往场合会表现出轻微的紧张和不安，例如，害羞的人羞于在大众场合露面，如果让其说话，更可能会紧张得说不出话来。

社交恐惧症主要表现是害怕与人交往。一般这些人都有一些自卑或害羞心理，举手投足间都是顾虑重重。这样长期地不与人交往使他们逐渐地失去了与他人交往的念头，即使偶尔与他人交往，也会表现出更加不适应交往场合的不良情绪反应，甚至产生恐慌。

（二）环境因素

环境因素包括大学生的生活环境和学习环境，人际关系不协调受到多方面环境的影响，其中，主要有以下三种：

1. 社会环境

其一，市场经济的快速发展。随着1978年改革春风席卷神州大地，我国经济迅速发展，对外开放逐步扩大，经济的发展也对人们价值观念产生冲击。市场经济就是以多级平等的利益主体为基本前提的市场化过程，就是在多级主体间交往实践的过程。同样，对外开放本质上就是打破封闭、介入世界性交往实践的过程。大学校园里的莘莘学子不再是死抱书本求发展，他们开始关注经济发展的社会，也更加注意自身的发展。而此时有些大学生就忽视了和谐人际关系的真谛，他们一味地要求人际关系对自己的作用，开始把人际关系培养成自己成功的"踏板"，忘记了和谐人际关系需要人们真心地交流和互相帮助。

同时，市场经济的发展促进了我国的对外开放，在吸收外国先进技术和文明的时候，不可避免我们也带进了一些"糟粕"——拜金主义、享乐主义、极端个人主义等充斥着人们的生活，和谐人际关系同样受到这些观念的影响。有些大学生对人际关系的要求更注重享乐和金钱的要求，使和谐人际关系变质和失谐。

其二，就业形势的严峻。人口数量的增加，高校的进一步扩招等使大学生面临严峻的就业形势。大学生的就业压力在严峻的就业形势下明显增加，在就业压力增加的情况下，大学生思想政治教育中的和谐人际关系受到更大的影响。大学生们忙于应付就业的更多的困难和冲击，无暇经营自己的人际关系，也不注重和谐人际关系的沟通与交流。所以，大学生中的人际关系出现了失谐的现象。

2. 学校环境

学校是大学生学习生活的重要场所，大学生思想政治教育中人际关系失谐受到学校的多方面影响。主要有以下几个方面：

第一，学校对和谐人际关系培养的不重视。和谐人际关系是学校"软件"建设的重要组成部分。高校建设更注重对教师素质的提高，教学设施的建设，学生专业能力的培养等。学校往往忽视了对学生和谐人际关系的培养，使校园人际关系失谐现象频发，影响了学生的正常学习和生活。

第二，学校师资资源配备不合理。高校教师对学生管理的配备制度往往出现少对多的现象，一个辅导员（或班主任）管理几百人，造成了辅导员（或班主任）不能对学生关心到位，不能很好地了解学生之间人际关系的发展现状和趋势，不能很好地对学生和谐人际关系的发展作出规划和对人际关系失谐做出应对的方案。辅导员（或班主任）力量的薄弱使大学生思想政治教育中的和谐人际关系难以更好地巩固和发展。

第三，高校的交往模式缺少人际沟通纽带。进入大学之后，学校更注重培养学生的独立性和自主性，学生的人际沟通范围较小，大学生人际沟通的方式也受到局限。这样，有些大学生在大学校园中更加关注自己的成长和发展，并不主动创造合适的机会加强和谐人际关系的建立和发展。

3. 网络环境

1994 年我国正式开通了与 Internet 的专线连接，我国开始进入网络化的时代。当今社会，网络对人类生活的影响是方方面面的，它涉及社会结构、政治形态、思想观念、文化传统等很多方面，特别是在交往方式上的拓展。以互联网为代表的信息革命已经并正在改变人类精神生活以及物质文明等一切领域，网络正在对人类社会产生剧烈的冲击，并推动人类政治、经济、文化等的进步和革新。

新世纪网络已经成为大学生生活中的必要部分，网络加快了人们联系的速度，缩短了人们的交往距离。但网络交往在某种程度上也使大学生和谐人际关系出现失谐的现象。网络交往容易使大学生形成网络依赖，造成现实人际交往关系的困难，而且网络交往角色的虚拟性，容易导致大学生现实人际关系的信任危机。网络的进一步扩大化，使大学生在学习和生活中充分利用网络带来便捷的同时，也要注重避免和防止网络带给大学生的隐患。大学生可以无拘无束地汲取信息、制造信息和传播信息。由于网络信息自由传播，思想文化信息多向贯通，舆论多元表达，使网络中充满了许多复杂的、消极的因素，例如：黄色信息充斥于网络的各个角落，暴力信息荼毒大学生的心灵；网络犯罪正在与日俱增；网络中信息垄断、语言霸权、文化冲突比比皆是，意识形态渗透正在进一步加剧等等。

二、大学生建立和谐人际关系的途径和方法

（一）克服人际认知的偏差

通俗地讲，人际认知就是对人的认识。人们在交往中彼此的感知、理解、判断往往直接影响对被认知对象的印象和好恶感觉，从而进一步影响人际关系。大学生的人际认知是彼此之间人际关系建立的起点。正确、全面、科学的人际认知有利于协调发展良好的人际关系；错误、片面、歪曲的人际认知阻碍人际关系的建立和协调。在人际认知中我们要坚持辩证唯物主义的方法论原则，客观地、联系地、发展地、全面地看问题，克服首因效应、近因效应、晕轮效应、刻板印象等各种心理效应中出现的偏差。因此，在生活中要保持正确的人际知觉，除了努力提高自己的心理素质之外，更为重要的是学习和运用辩证唯物主义的方法论来认识他人。

（二）努力提高人际吸引力

人际吸引就是人们之间的喜欢、尊重、友谊和爱情，是建立良好人际关系的基础。由于各人的气质、品格之间的差异，人们之间交往的程度是不一样的。有的彼此之间互相支持和信赖，有的则平平淡淡，表面接触，甚至话不投机半句多，这都是因为交往对象的吸引因素不同。社会心理学家经过长期的调查和实验，提出了影响人际吸引的多种因素。下面就是常见的几种主要因素：

1. 接近因素

接近因素主要指空间距离、兴趣态度、职业背影等因素的接近。俗话说“向阳花木易为春”、“远亲不如近邻”、“情趣相投”、“同是天涯沦落人”等等，都是对接近性在相互吸引中作用的文学写照。1969 年社会心理学家弗里德曼发现，对密切人际关系感兴趣的人，一般倾向于结构小些，更封闭一些的空间，认为这样才可建立起必要的邻近性。另外，时间上的接近，如同期毕业、入伍等，也易在感情上产生共鸣。我们经常在至远方朋友的信函中写道，虽然相隔千山万水，但也不会阻挡友谊的发展。言外之意，空间距离给友谊的加深带来一定的困难。时空的接近只是为发展友谊、增进吸引提供了环境条件，人际吸引除了有时空接近之外，还应有更为重要的兴趣、态度、价值观、职业等等因素的相似性。

在大学生之间，时空的接近，态度和价值观的接近同样影响他们之间的交往和亲疏关系。因此，在接近因素影响人际关系的规律中，我们可以受到一些启发：（1）同班同学由于过的是朝夕相处的集体生活，个人的生活空间与他人的生活空间亲密相连，为发展友谊提供了客观条件；所以，班内同学为了把自己所在班建设成人际关系和谐、健康团结的集体，就应该善于发现与他人的相似之处。（2）在处理与他人交往的问题上，应多考虑，求大同。每个人都有自己的态度价值观，人与人之间总会存在相似或相同之点，只有先求大同，后存小异，才会改善人际关系，增进友谊。（3）将心比心，心理换位。中外古今哲学家在沉思人类道德关系的法则时，得出一个共同处理人际关系的法则，拿中国古代孔子的话来说那就是“已所不欲，勿施于人”；“仁者已欲立而立人，已欲达而达人”。外国赫胥黎在《天演论》中说道：“施人如已所欲爱，金律也；待人如已之期，恕道也。”因为人与人总有相似之处。

2. 互补因素

当交往的双方在能力特长、人格特质、需要欲求、思想观念等方面构成互相补偿的关系时，也会形成良好的人际关系。1958 年，一位学者研究了 25 对一起生活了 40 年以上的夫妻，发现夫妻之间需求互补是婚姻关系得以持久的基础。互补因素特别是心理特征的互补是长期人际关系中很重要的一环。心理学家柯克哈夫（Kerekhoff. A. C）与戴维斯（Davis. k）经过研究认为，夫妻关系是一种由相似吸引向互补吸引的演变过程，形成了“三部曲”。人们在社交初期，社会性的相似因素，如经济地位、社会背景、宗教信仰、种族差异等起着显著的作用，这是属于友谊的理性阶段。熟悉时期，经过一段深交之后，两人的个性特征的相似，如兴趣、爱好、态度价值观等，起重要作用。这是友谊的感情阶段。伴侣时期，在感情基础之上产生爱情，又由爱情结成婚姻，互补因素起着决定的作用。双方互补的需求越强烈，吸引力越巨大，最终成为同舟共济、生死与共的伴侣。

在同性友谊的建立中，及集体人际关系的形成中，需要等因素的互补也是一种不可缺少的因素。

3. 能力、品格

对于才华的敬仰可以说是绝大多数人的天性。因此，一般来说，人们都喜欢聪明能干，而讨厌愚蠢无知。与能力强的人交往，可以使我们学到不少东西，少犯错误，日臻完善。能人往往众星捧月，愚人往往成被遗忘的角落。社会心理学家阿伦森等人曾经做过一个实验，结果表明能力强的人犯点小错误更招人喜欢，其喜欢的程度超过能力强而不犯错误的人；能力低的人再犯错误会使人更不喜欢，不喜欢的程度超过能力低而不犯错误的人；不管犯不犯错误，能力强的人总是比能力低的人招人喜欢。后来，美国的盖洛普民意测验也证明了这个实验的结果。世界拳王阿里，在最后一次卫冕战中没有成功，但美民意测验表明，阿里的声望和人们对他喜爱程度并没有因此而下降，反而更高了。当然，这些实验和调查，并不是鼓励能人去犯错误，而是给我们一个启示：一个人的能力远远超出了他所属的群体，而又没有一点错误，这似乎给人一种高大全的不真实的感觉，反而使人敬而远之，不招人喜欢；相反，略有瑕疵的能人，使人感到真实可信，招人喜欢，因为“人无完人，金无赤足”。

在大学生的人际交往中，为了增强自己的吸引力，就要努力提高自己的文化知识水平和聪明才干。同时，在认识别人能力的时候，也不要要求太高，不切实际。正如我国著名翻译家傅雷在《傅雷家书》中讲的“对于终身伴侣的要求正如对人生一切事情的要求一样不能太苛刻。事情总有正反两面，追得你太迫切了你觉得负担重，追得不紧呢又觉得不够热烈。温柔的人有时会显得懦弱，刚强又近乎专制。幻想多了未免不切实际，能干的管家又觉得俗气，只有长处没有短处的人在哪儿呢？”因此，即使是作为一个有才华的出名人物，特别是一个有能力的领导者，也不能因为考虑自己在群众中的印象，就处处表现出一个完人圣人的模样。

品格在人际交往与人际吸引中也有重要的作用。品格高尚的人，在人际关系中受人敬重，品格低下的人，遭人唾弃。究竟什么样的品格在人际关系中最具吸引力呢？心理学家作了许多研究。帕里等人曾就友谊问题访问了四万多人，结果表明，吸引朋友的良好品质有信任、忠诚、热情、支持、帮助、幽默、宽容等 11 种品质，其中忠诚是友谊的灵魂与核心。此外，心理学家阿希等人的实验表明，待人热情、乐于助人也是吸引他人的核心品质。待人真诚、热情总是表现为喜欢他人，接纳他人，尊重他人，因此也受人喜欢。1977 年弗克斯和西尔斯实验也证实了喜欢别人的人最受别人喜欢。我国古语“做文要曲，做人要直”“上交不谄，下交不渎”等等，都是讲的做人应有的品质。

（三）树立恰当的自我意识

人对周围世界的态度和行为趋向往往受自我意识的影响。他如果把自己视为有能力的人，就会去干自己能力所胜任的事情；相反地，他如果把自己视为能力低下（虽然这种人不多），他就不敢承担重任。因此，自我意识可以是自身行为的调控器，也是影响人际关系的一个重要因素。

所谓自我意识就是个人对自己的身体、心理、自己与他人关系性质的意识，其中自我认识和自我评价是其核心部分。一个完整的自我意识应该包括纵横两个方面的内容。首先从横的方面来说，著名心理学家詹姆斯把自我分为物质自我，指自己对自身生理及外部世界中属于自己那一部分的觉察和认识；而自己创造的成果，往往把它视为自己生命的一部分，正如马克思曾说，劳动的产品是人本质力量的对象化。二是社会自我，指自己从他人获得的对自己的承认，特别是那些有利的评价。美国的社会心理学家库利将社会自我称为“镜中我”，它是个体人格形成的重要方面。我国古代唐太宗曾经说过要以他人为镜子观察自己，以防止自己的过失。他说“夫以铜为镜，可以正衣冠；以古为镜，可以知兴替；以人为镜，可以明得失；朕常保此三镜，以防已过。”三是精神自我，指个体的心理活动，又叫心理的自我。一个完整的自我意识首先应是对物质自我，社会自我、精神自我的横向意识。其次，从纵的方面来看，自我意识应包括意识到的过去的自我，现在的自我，将来（或理想的）的自我。

自我评价在自我意识中具有重要的地位，个体对自己的看法和评价是不是真实、客观、准确是自我意识成熟的标志之一。不成熟的自我意识往往不是过低估价自己，就是过高估价自己，都不利于人际关系的处理。过低评价自己往往产生自卑感，社会交往中缺乏勇气、主动，自己连自己都不信任的人，很难引起别人的兴趣和关注，而这又助长自卑感。如此形成的恶性怪圈，越发减退社交的欲望，最终陷于社交退缩和社交恐惧的误区。相反地，过高评价自己往往使人产生自傲，看不到别人，在交往中自吹自擂、盛气凌人，根本不接受建议和批评。在工作上出了问题自傲者往往推诿责任，因此，引人反感，不愿与其交往。正如美国心理学家库利所说：“如果一个人只看到自己比别人好，别人都不如自己，自我欣赏，自以为是，就会产生盲目乐观情绪；因此，就不能处理好人际关系。”

（四）注意交谈对话艺术

交谈是人类语言表达活动中一种最基本、最常用的方式。对话是交谈活动的基本形式，包括发话者、受话者和对话内容三个方面。交谈对话是人际交往的重要方式，它可以沟通信息，联络感情，以至达到解决问题的目的。交谈对话的主要方式有：

1. 商讨式交谈对话

在一般的人际交往中，主体常常通过与交往对象的相互讨论，共同协商，以求得在某些问题上的一致意见，达成某种程度的合作与协议。这种交谈对话具有统一性、建设性和合作性特点。交谈对话双方既严肃认真地表述自己的见解，又耐心听取对方的意见，求同存异，达到交谈对话的目的。

2. 说服式交谈对话

人际交往中的说服式交谈对话，是交往的一方完成就某个（或某些）问题对另一方进行劝导与说服。这种交谈对话，发话者是交谈的主体，是交谈对话方向和内容的控制者，有时它发生在老师与学生的关系中，有时也发生在学生与学生的相互关系中。在进行这种交谈对话时，要细心观察另一方的表情和表现，在说而不服时，要及时转移话题，向其他交谈对话方式转移。

3. 静听式交谈对话

这类交谈对话有时是在上级对下级征求意见时发生，目的是倾听下级对某些问题的反应。在一般的人际交往中，表现在对话的一方把握不住对方的思路，通过静听争取时间，理清头绪，变被动交谈为主动交谈。完成这类交谈对话，要注意倾听，情绪要和对方的情绪保持和谐，特别要注意不要曲解人意。

4. 闲谈式交谈对话

这是交往中常见的交谈对话方式。它没有什么明确的宗旨和专一的目的。如散步中的交谈对话，探亲访友中的交谈对话和邻里聊天等等。这类交谈对话具有随意性和广泛性的特点，起着联络感情的作用。在进行这种交谈对话时，应当平等相待以诚相见，交谈对话要健康，不可违反原则地乱谈。

在人际交往中有些不好的交谈对话方式，应当引以为戒：一是不要随意打断他人谈话，扰乱人家思路；二是不要因为自己注意力不集中，迫使他人再次重复谈过的话题；三是不要连珠炮般地连续发问，以致他人难以应付；四是不要对他人的提问漫不经心，言谈空洞；五是不要随便解释某种现象，轻率地下断语，借以表现自己是内行；六是不要当别人对某话题感兴趣时，你却感到不耐烦，立即将话题转移到自己感兴趣的方面上去等等。

5. 学会一点幽默

幽默是一种具有理智性、健康性与趣味性的心态和力量，幽默的技巧是借用幽默的语言给人以慰藉，给人以活跃的气氛，消除人们的忧郁，增添人们的欢乐和友谊。幽默是社会交往的法宝，掌握幽默的技巧，才能掌握打开人心灵的钥匙。常见的幽默技巧主要有：

（1）一语双关。这是在说话时，故意使某些语词在特定的环境中，具有双重意义的方法。在人际交往中有时触景生情，互相抒发感情，有时赋诗言志，借以自慰。这种方法能扬起人的理想风帆，激励人奋发上进。

（2）巧借反语。就是使用与本意相反的话来表达本意的一种方法。它的特点是正话反说，或反话正说，表面上是一层意思，骨子里又是一层意思。有时在夸夸其谈中推出一个荒唐可笑的结论，有时在逆耳的语言中领悟到人生的真谛。这样的语言耐人寻味，既幽默又深刻。

（3）巧借谐音。口语是用声音表达的，利用谐音，音义结合，可以创造幽默的效果。当今流行的“妻管严”，一般都称作“气管炎”。春节“福”字一般倒着贴，谈起来就是“福到，福到。”这些都是巧借谐音。在人际交往中，称名道姓，言谈话语都可以借谐音使气氛生动活泼，使人宽慰愉快。

（4）假戏真做。就是明知对方说的不是真实的话，却当真话来回答，而产生幽默的方法。在人际交往中，一句幽默的戏剧性的语言或一个幽默的戏剧性行为，其效果总比那些正统的说教好得多。

在人际交往活动中，运用好幽默技巧，需要有敏锐的观察力和丰富的想象能力，思维迅速，随机应变。要情趣高雅，豁达大度，还要注意适可而止，不可过头。上述的这些方法，只是常用的一些方法。事实上，在生活中要比这些广泛得多，我们应该很好地在生活中学习语言，掌握与运用幽默的各种方法。

复习思考题

1. 人际关系建立的过程分那些阶段？
2. 心理学中有哪些人际关系理论？
3. 试用人际关系分析（PAC）理论分析你在人际关系中的表现？
4. 大学生如何与同学建立和谐的人际关系？

课后补充

课堂活动

【目的】通过活动了解如何建立第一印象，以及在其过程中的认知偏差。

【时间】大约 20 分钟

【准备】纸、笔

【操作】由两名学生，一男一女，分别在讲台上就任何话题做 3 分钟讲话。与此同时，在座的每位同学在分别在两张纸上，描述自己对台上的两位同学的感觉和印象，尽量多写（匿名）。然后，就近分小组讨论，交换各自对台上两位同学的看法和印象，最后，全班进行分享和交流。

第三章

大学生学习心理

本章学习重点

1. 大学生学习的心理特点和意义
2. 心理学关于学习的基本理论
3. 大学生常见的学习心理问题及其调适

先行案例

快乐学习

早在1560年，瑞士钟表匠塔·布克游历埃及的金字塔时，就曾经预言："金字塔的建造者，不会是奴隶，应该是一批欢快的自由人！"当时人们对此嗤之以鼻。直到2003年，埃及最高文物委员会宣布，通过对吉萨附近600处墓葬的发掘考证，金字塔是由当地具有自由身份的农民和手工业者建造的，而非希罗多德在《历史》中所记载的，由30万奴隶所建造。为什么一位钟表匠能有如此先见之明，在400多年前就能断定，金字塔是自由人建造的？这与布克的亲身体验有关。布克是法国的一名天主教信徒，1536年因反对罗马教廷的刻板教规，被捕入狱。这位钟表大师入狱后被安排制作钟表。但在那个失去自由的地方，他发现无论狱方采取什么手段，都不能使他和他的同行们制作出日误差低于1/10秒的钟表。入狱前的情形可不是这样。那时，他们在自己的作坊里，能使钟表的误差低于1/100秒。起初，布克把它归结为制造的环境，后来他们越狱逃往日内瓦，才发现真正影响钟表准确度的不是环境，而是制作钟表时的心情。关于金字塔的建设者是自由人的结论，正是基于他对钟表制作的这种认识。塔·布克由此认为，在过分指导和严格监管的地方，别指望有奇迹发生，因为人的能力，唯有在身心和谐的情况下，才能发挥到最佳水平。心态不同，境界不同，胸怀也不同。平和的心是金，只有内心平和，才能创造世间无与伦比的美。

把握人生的金字塔建筑，又何尝不需要一种好的心态？当你把学习当做痛苦的事情，那么你会觉得很辛苦。每个学生都会在学习中对未来的理想充满渴望，但努力要付出那么多辛劳，追求要承受那么多失落。对待生活就像拍照一样，换一个角度，你将会欣赏到另一片奇异风景。有许多学生认为学习又苦又累，过着枯燥机械的生活，牺牲了休息和娱乐时间。其实学校是人文精神、文化环境俱佳的场所，图书馆、课堂和网络上有你享受不尽的精神资源。在看似任务繁重的学习中，一旦找到了乐趣，你会发现有很多事情要做，学习不再是繁重冗长的负担，时间会变得短促而且在轻快中不知不觉过去。

第一节　学习心理概述

一、学习概述

（一）什么是学习

学习是“学”和“习”复合而组成的词。“学”就是闻、见，是获得知识、技能，主要指接受感性知识和书本知识，包括思的含义在内。“习”是巩固知识、技能，包括温习、实习和练习，包括行的含义在内。学习实质上是学、思、习、行的总称。学习的概念有广义和狭义之分。从广义上说，学习是人和动物在生活过程中获得个体经验的过程。学习的广义概念既包括动物的习得行为，也包括人的行走、语言、知识、技能、习惯和道德品质等学习。从狭义上讲，学习是专指学生在学校里的学习，是学习的一种特殊形式。是学生在教师的指导下，有目的、有计划、有组织、有步骤地获得知识、形成技能和培养才智的过程。联合国教科文组织关于学习的定义有四个：第一要学会生存，要善于学习，易于适应环境。只有适应环境，才能生存；只有很好地适应了环境，才能进一步谋求发展。第二要学会沟通，沟通是一门艺术。第三要学会学习，以适应信息化、适应信息大爆炸；学习要抓住重点、掌握方法；学习要理论联系实际，举一反三。第四要学会技能、适应职业生涯。

孔子说：“学而时习之，不亦乐乎?”这表明了学习的本质。“习”是“实践”，“学以致用”是一件“不亦乐乎”快乐的事情。现在学生不爱学习的一个根本原因是“只学不习”。影响学生爱不爱学习的因素有三：是否建立正确的学习认知，是否有浓厚的学习兴趣，是否具备学习动机。学习认知、学习兴趣和学习动机都不能靠“讲道理”来传授给学生，生活是最好的老师，教师只要在“习”上做足功夫，学生自然就会好好学习。引导并帮助学生“读好书、长见识、交高人”是教师最要做的三件事，这三件事情是学生“学习动力、学习兴趣和学习目标”建立的原动力。读好书，引导并帮助学生广泛接触图书，陶冶情操，让学生多读好书，增长知识。教师要学会引导学生选择图书，更要“读好书”。清代曾国藩说过：“人之气质，由于天生，本难改变，唯读书则可变化气质。”陶行知先生是位教育家，他最初的笔名为“陶知行”，经过多年的实践，他发现，其实“知行”不如“行知”，“生活中学”、“玩中学”才是最有效的学习手段，因此他改名为“陶行知”。强烈的学习动机就是“长见识”而来。常言说“读万卷书，不如行万里路”，读书是“学”，行路是“习”。只有“习学”才能“学习”。这句老话现代人改编成了：“读万卷书不如行万里路，行万里路不如阅人无数，阅人无数不如名师指路，名师指路不如自己去悟”。读万卷书指“读好书”，行万里路指“长见识”，阅人无数指让学生多接触社会，只有多接触社会才能找到名师指路，名师指路就是“交高人”。子曰：“三人行必有我师焉”。生活中处处是高人。人际关系和榜样对一个人成长来说至关重要。交高人，引导并帮助学生广泛接触人际，深入社会，让学生多交高人，树立榜样。这一切的核心都是帮助学生“自己去悟”，悟出来“学习动机、学习兴趣和学习目标”，那么学生一定会充满学习动力并享受学习带来的快乐。

学习通常有三重目的：一是学习技能和有关特定科目的知识，并学会做得更快、更好和更轻松；二是培养综合概念技能，学会将同一或类似概念应用到其他地方；三是培养个人技能和态度，能轻易应用于所做一切事情。其实影响学生学习的主要因素有三个方面，爱不爱学习、会不会学习和能不能学习。爱不爱学习是学习态度、学习情绪、学习兴趣、学习动机的问题；会不会学习是学习行为、学习方法和学习习惯的问题；能不能学习是学生智力因素、非智力因素和知识储备问题。学生只有爱学习、会学习、能学习三方面均衡发展，才可能在学习上成为优秀的学生。这三个方面互相促进，相互影响，缺少其中任何一项，都会影响最终的学习效果。

（二）学生学习的特点

人需要学习，只有通过学习才能达到自我完善和自我发展的目标。学生学习是学习的一种特殊形式，是在教师的指导下有目的、有计划、有组织学习人类已有的间接知识的过程，学生的学习不但要掌握知识经验与技能，还要发展智力培养品德，促进健康个性的发展，形成学生科学的世界观。不管学生学习什么科目，未来教育体制面临的真正考验是怎样激励学生，并让学生享受到学习的乐趣。学生怎样学习比学习什么要重要得多。学校要教会学生学会思维技巧，如“横向思维法”、“脑力激荡法”、“创造性解决问题法”、“创造的技术”、“高级有序思维法”和“无限的才能”等。教师在教学中要鼓励每一个学生建立起自尊。自尊对每一个人的成长与发展至关重要。教会学生具备生活技能，学会怎样学习和具备特定的基本学习能力、体能和艺术能力同样重要。这些方面可以结合在一起，相互促进。因此，学生的学习是一种特殊的认识过程，具有其独特性。

1. 学生的学习是以掌握间接知识经验为主

学生通过教师的系统传授，掌握文化科学知识与技能、社会生活规范或行为准则，使之成为学生自身的精神财富。学生的学习除了掌握间接经验外，还需实践获得直接经验，为更好掌握间接经验做好准备。

2. 学生的学习是在教师有目的、有计划、有组织地指导下进行

教师指导学生体现在学习计划、学习目的、学习内容和学习手段的安排上，体现在学习过程中教师检查和督促学生完成学习任务上，同时还体现在教学生学会思维和学会学习上。由于教师既掌握所教知识的内在联系，又了解学生学习过程的特点，因此，能够保证在较短时间内，采取特殊有效的方法，帮助学生学会学习，完成掌握前人经验和建构自己的认知结构。在教师指导下的学习，并不是一个被动的过程，一方面通过教师的传授，学生能够理解和消化教材，达到知识的获得；另一方面也需要在教师的指引下，让学生通过自己的独立思考而主动地获取知识，培养学生学习的主动性和积极性。

3. 学生学习的主要任务是掌握系统的科学知识、技能，形成科学的世界观和良好的道德品质

我国社会主义教育的总目标是要求培养全面发展、具有独立个性的社会主义现代化的建设者和可靠的社会主义接班人。学生科学的世界观和良好的道德品质的形成过程，也是一个学习的过程，是在掌握系统的科学知识和技能的基础上，通过有计划、有组织的各种教育活动实现的。

4. 学生的学习是在学校班集体中进行

学校最重要的任务是让学生学习怎样学习和学习怎样思考。学校要把趣味性归还给学生学习过程，要给学生创造最佳的学习状态，营造积极的学习气氛。班集体这一特殊团体中的人际交往、人际关系等对学生的学习有重要影响。

5. 学生是学习的主体

学生的学习成效受学生学习策略、动机、兴趣、智力和非智力因素的制约，也受学生年龄、个性和群体差异的影响。

（三）大学学习的特点

大学生的学习既不同于儿童的学习，也不同于成人的学习。大学生正处于智力发展的高峰期，记忆力、观察力、思考力和创造性有很大的发展，因此大学生学习既有一定的专业性、目的性和探索性，又有深刻的社会意义，表现出广泛的兴趣和具有各种各样的学习方法，并且注重知识的学习与能力、素质的培养。大学生学习的特点可以概括为以下四点：

1. 自主性

大学的学习虽然也强调教师的课堂教学，但教师授课之后的理解、消化等各个环节主要靠学生独立完成。大学阶段的学习，无论从学习内容、学习时间及学习方式都更加强调学生个体在学习活动中承担角色，主要强调学习的自觉性与能动性。大学生学习的能动性表现在两个主要方面：第一，大学生对学习内容具有较大的选择性，特别是随着高等教育改革的深化，大学的课程安排更加科学合理，既有公共必修课，专业基础课，还有专业选修课、人文素质课及全校选修课，学生可以根据自己的专长、爱好、兴趣，自由选择。第二，高校更加重视学习知识活化能力，即知识应用能力，参加学科竞赛、课程设计、学年论文、毕业设计、毕业实习与毕业论文都体现这知识的运用能力，也充分体现学生的主观能动性。

2. 专业性

在大学阶段，学习虽然也有一定的强制性，但大多数大学生的所学专业是自愿选择的，学习的专业性十分明显。大学生的学习实际上是专业学习，从入学开始就有了职业定向，为将来走上工作岗位，适应社会需要进行学习。随着专业学习内容的逐渐深化，知识积累不断向高层次发展，在整个专业学习过程中教师指导性强于指令性，各种教学环节给大学生提出的任务和要求更高、更复杂。经过几年的学习，大学生逐步成为基础知识扎实、专业知识结构合理、能力强、创造性高、品行高尚的德智体全面发展的高级专门人才。

3. 多样性

大学生的学习形式多种多样。大学生的学习途径除了听课外，还有阅读、听讲座、上网查资料等。大学开放式的教学为学生提供了多种多样的成功之路，除课堂教学外、课外实习、课程设计、科研创新计划、学年论文、专家讲授、学术报告及走向社会的社会实践、咨询服务等都为大学生提供了广阔的道路。

4. 探索性

大学生的学习具有明显的探索和研究的性质，即对书本之外的新观点、新理论进行深度的钻研与探索。大学学习不仅仅在于掌握知识，更在于探索知识的形成过程与科学的研究方法，了解科学发展前沿、存在的问题及解决的思路。人文学科的内容变化更大，知识更新更快。这就要求大学生的学习观念从正确再现教学内容向汇集百家之长、形成个人见解的方向转变。大学生从在教师指导下完成作业，到独立完成毕业论文（或毕业设计），都带有明显的探索的性质。

（四）学习的意义

大学生在大学期间要学会学习，学习是第一要务的事情，要不断完善人格，提高素质和能力，学会调理生活。

1. 学会学习

大学生重要的是学会怎样学习和怎样思考。怎样学习比学习什么更为重要。要学会活学活用，学会思维，养成良好的学习习惯，不读死书和死读书。要学会借鉴别人的学习方法，不断寻找适合自己的学习方式和方法，不断探索，真正进入会学习的境界。

2. 完善人格

做人是做事的基础。从心理学角度讲，我们要成为智力正常、情绪稳定、意志健全、人格完整、自我评价正确、人际关系和谐、适应能力强的人，就要从小事做起，严格要求自己，做一个全面发展的人。

3. 提高素质和能力

大学生要不断提高自己的素质和能力，为将来的事业奠定基础。大学生必备的基本素质有四个方面：思想政治素质、道德素质、科学素质和身心素质。思想政治素质包括：科学的人生观、世界观、坚定的政治立场，正确的政治方向和坚定的理想信念；道德素质包括：强烈的爱国情感，全心全意为人民服务的思想和艰苦奋斗的精神，集体主义精神、科学创业精神、敬业奉献精神、民主精神和合作精神等；科学素质包括：精深和宽博的知识结构，正确的科学意识和科学观念，科学的思维方式和工作方法，求实的科学精神和科学态度。大学生要具备六个方面的能力：一是熟练运用专业知识的能力；二是敏锐的信息收集能力及对信息的分析、综合能力；三是组织管理能力；四是流畅的语言表达和写作能力；五是勇往直前的开拓创新能力；六是建立和谐人际关系的能力。大学生只有拥有健康的身心，才能干事创业。

4. 学会调理生活

生活习惯的好坏是衡量一个人心理健康的标准之一。大学生在大学期间要学会树立科学的健康观，养成文明积极向上的个人和集体生活习惯，具有集体责任感和集体荣誉感，与人友好相处。要学会调理个人的生活，能对抗紧张，经得住挫折和压抑，能积极合理安排自己的学习生活，使自己的智慧和情感融为一体，生活和精神充满生机，真正达到生理和心理的健康。大学生还要有正确的理财观念，要懂得合理规划收支，对待“钱”的问题要理性。

二、学习与心理健康相互影响

（一）学习对心理健康的影响

1. 学习对心理健康的积极影响

学习是学生的第一任务，学习能促进学生的心理健康和发展。

（1）发展智力，开发潜能。每个人都有与生俱来的智力和潜能。潜能和智力需要在后天不断学习过程中提高和挖掘。大学生要会利用大学有利的学习条件，在学习过程中开发、利用、提高自己的智力和潜能。

（2）学习为乐，收获喜悦。善于学习，勤奋工作的人，也总是把学习和工作当做自己的所爱，从中体会到幸福和快乐。学习获得奖励和荣誉，就会发现自己的价值和尊严，就会收获喜悦和满足。

（3）不断学习，提高水平。学习可以不断地调整认知观念，形成正确的认知观念和合理的认知方式。通过学习文学和艺术方面的知识，有利于发展健康的情绪和丰富情感。在集体中学习，可以培养健全的人格，提高适应能力，学会与人相处，建立和谐的人际关系。

2. 学习对心理健康的消极影响

大学生的学习是一项艰苦而复杂的脑力劳动，学习要遵循学习心理过程的规律，否则会带来消极影响。如：有的学生对学习的期望值过高，超过自己心理承受能力，造成心理压力过大，产生紧张和焦虑情绪；有的学生学习方式不对，付出和收获不成正比，挫伤学习的积极性；有的学生学习不健康的学习内容，造成心理污染，误入歧途；还有的学生不懂劳逸结合，忽视娱乐活动，产生过度疲劳，学习效率下降等等。学生要重视心理健康，注意学会调节。

（二）心理健康对学习的影响

对于具备一定智商基础的大学生来讲，学习动机、兴趣、情绪、态度、意志等心理因素对学习更具有影响作用。良好的心理状况，正常的智力、良好的情绪、坚强的意志、良好的个性、适当的自我意识、和谐的人际关系、较强的适应能力等，是大学生进行学习活动的重要保障。反之，心理状况较差，有心理疾病的学生轻者导致考试不及格，严重者导致休学甚至退学。

三、学习活动中的心理因素

燕国材教授（1985）提出智力因素（I）和非智力因素（N）结合的学习理论，简称 IN 结合论。IN 结合论的学习理论就是将两者结合起来，在教与学的过程中，发挥智力和非智力因素两方面的积极性，以提高学习效率，促进学生全面发展。学生的学习活动受多种因素影响。它既受教师教的影响，也受学生学的影响；既受环境的影响，又受主观心理因素的影响。

（一）智力因素

1. 智力因素的含义

智力因素即指在智慧活动中直接参与对客观事物的认知和处理各种内外信息等具体操作认知性心理机能。包括观察力、注意力、记忆力、想象力、思维力、创造力等能力。其中思维能力为核心，创造力是智力的高级表现。智力因素具有较强的整体性。在学习活动中，组成智力因素的诸因素是作为一个完整的整体共同发挥作用的。

2. 智力因素与学业成就的关系

智力因素是进行学习活动的基础。许多研究都证实智力与学业成就之间存在着正相关关系。一个人智力水平的高低既有先天的遗传因素，也有后天环境影响和教育开发的因素，先天因素决定一个人的智力潜能有多大而后天的因素决定一个人能否充分开发自己的智力与潜能。人类的智力潜能是巨大的。20 世纪初，美国著名的心理学家威廉·詹姆斯就曾断言：普通人只用了他们全部潜能的极小部分。他说："与我们应该成为的人相比，我们只苏醒了一半。我们的热情受到打击，我们的蓝图没能展开，我们只运用了我们头脑和身体资源中的极小部分"。

（二）非智力因素

1. 非智力因素的含义

一般而言，非智力因素可以从广义和狭义两个角度来理解：广义的理解是指除智力以外的一切对学习有影响的心理因素、环境因素、生理因素等；狭义的理解则指那些不直接参与认识过程，但对认识过程起直接制约作用的心理因素，主要包括动机、兴趣、情感、意志、个性等。其中个性是核心，心理学中所讲的非智力因素，多指狭义的非智力因素。

2. 非智力因素与学业成就的关系

在学习活动中，非智力因素不直接参与到认识过程，但对认识过程具有重要的制约作用，良好的非智力因素对智力因素功能的发挥有促进、激发作用，不良的非智力因素对智力因素功能的发挥有抑制作用。智力因素决定一个人能不能学，非智力因素决定着他肯不肯学。在学习活动中，与智力因素不同，非智力因素的诸多基本因素各自发挥其作用，某一个别因素的高低不一定影响其他因素的水平，而且只要其中某一种或几种基本因素有突出发展，就可以在智慧活动中取得较大的成功。另外，智力因素受遗传的影响较大，而非智力因素则主要是后天形成的，所以，优化非智力因素主要在于后天的培养。成功成才过程是一个智力因素和非智力因素相互影响，其中非智力因素又起决定作用的过程。

（三）智力因素与非智力因素的关系

IN 结合论认为，学习活动的一条根本规律是智力与非智力因素相互制约、相互促进、协调发展。燕国材教授指出：“所谓相互制约，有两个方面的涵义：一是相互促进，一荣俱荣；一是相互促退，一损俱损。”

1. 智力因素影响非智力因素的发展

智力因素对非智力因素的影响主要表现在两个方面：一是智力活动必然对非智力因素提出一定的要求，如要完成智力活动的任务就要求有明确的学习动机，要有勤奋努力和战胜困难的意志等非智力因素参与，否则就不能完成任务，这样非智力因素也就在智力活动中得到了锻炼和发展；二是智力水平影响智力活动的程度，从而影响对非智力因素的要求，如有的学生智力迟钝，接受能力差，对学习没有要求，也就谈不上学习动机、兴趣、勤奋和克服困难等非智力因素参与，因此也就阻碍了非智力因素的培养和发展。

2. 非智力因素对智力发展的作用

学生在学习活动中，非智力因素时时都在起作用。强烈的学习动机，浓厚的兴趣和求知欲，稳定的情绪等等，可以使学习活动有效进行，从而促进智力的发展。非智力因素对智力发展的作用表现在两个方面：一是，补偿和促进作用；二是阻碍作用。古语中“勤能补拙”、“笨鸟先飞”就是一种补偿作用。有的学生智力平平，但是，他能勤奋学习，付出艰苦的劳动，发奋努力，坚持不懈，充分发挥“非智力心理优势”，就能使智力水平得到一定程度的弥补，因而也能取得优秀的学习成绩。

第二节　学习理论

自 19 世纪末心理学从哲学中分离出来成为一门独立的学科开始，心理学界对学习的性质、过程与规律进行了大量的研究，形成了不同的学习理论。美国心理学家桑代克认为知识和技能的学习是通过尝试—错误—再尝试这样一个反复过程习得的。美国行为主义学派的华生、斯金纳认为学习即条件作用。华生认为人类的行为可以用刺激—反射理论解释。德国格式塔学派代表心理学家柯勒认为学习即顿悟。现代认知心理学认为学习即信息加工过程。托尔曼和布鲁纳等人认为，学习是对环境中刺激依其关系形成一种新的认知结构的过程，是意义获得和实现期望的过程。学习理论的研究，有助于学生了解和掌握学习规律，提高学习效率。

一、行为主义的学习理论

（一）经典条件作用理论

巴甫洛夫经典条件作用，即一个原是中性的刺激（铃声）与一个原来能引起某种反应的无条件刺激（食物）相结合，而使动物学会对那个中性刺激作出反应。行为主义创始人华生（John B. Waston，1878）于1913年首先打出行为主义心理学的旗帜，是美国第一个将巴氏的研究结果作为学习理论基础的人。他认为学习就是以一种刺激替代另一种刺激建立条件反射的过程。在华生看来，人类出生时只有几个反射（如打喷嚏、膝跳反射）和情绪反应（如惧、爱、怒等），所有其他行为都是通过条件反射建立新刺激—反应（S－R）联结而形成的。华生曾经用条件反射的原理做了一个恐惧形成的实验。因为一种动物和一种引起恐惧的刺激产生了联系，婴儿产生了对那种动物的恐惧。在形成条件反射以前，小孩接近兔子毫无害怕的表现。后来，兔子出现后，紧接着就出现一个使小孩害怕的响声。形成条件反应之后，单是兔子也能使小孩害怕，最严重的程度，这时小孩会对任何有毛的东西感到害怕，如老鼠、制成标本的动物，甚至有胡子的人。原来以兔子为条件的恐惧，现在泛化到相似的刺激。在实际教育中，许多学生的态度就是通过经典条件反射而学到的。例如，许多学生可能不喜欢外语，因为他们将这些外语与要求在课堂上大声翻译句子这样不愉快的经验联系了起来。在课堂上被提问难题引起了焦虑，学生形成了对外语恐惧的条件反射，可能泛化他们对其他课程或学校机构的恐惧，在其他学校经验中发生类似的学习过程。

（二）操作性条件反射理论

美国心理学家斯金纳（B. F. Skinner）是操作性条件反射的创始人，是美国当代著名的心理学家。斯金纳认为，学习行为分两种，一种是经典条件作用所代表的应答性学习，比如学生听到上课铃声后迅速安静坐好的学习过程；另一种则是操作性条件反射作用所代表的操作性条件学习，如学生的书写、讨论、演讲等自发性的学习过程。斯金纳根据自己创制的斯金纳箱（Skinner Box）对白鼠和鸽子进行实验，提出了操作性条件反射理论。斯金纳认为，学习一定的行为，重要的是要产生后果。如果这一后果容易使这一行为再次发生，这就是一种正强化。如果行为的后果不容易使这一行为再次发生，就是负强化。换句话说，正强化促进某一行为的发生，而负强化使动物避免作出某种行为。人们可以有目的地设计强化程序，使人或动物学会某种行为，或控制某种行为的发生。在强化时，可以使用这样一个原则——普雷马克原理（Premack Principle），即用高频的活动作为低频活动的强化物，或者说用学生喜爱的活动去强化学生参与不喜爱的活动。在实际教育中，人们对各种不同的强化做出反应。有的学生能因在班上受口头表扬而受到激励，但有的学生则不然。一个强化事件本身并不必然有效。因此，在教学中要注意：教师要针对班上不同的学生提供不同的强化物系列。教师要注意观察和了解学生对什么强化物感兴趣。教师选择强化物时应考虑年龄因素，必须对不同年龄的学生提供相应的有力的强化刺激和事件。

在当今许多心理学家与教育学著作中，往往都混用负强化与惩罚这两个概念。而在斯金纳看来，这二者是有本质区别的。同强化一样，惩罚也是根据其结果来定义的，惩罚是抑制反应的概率，而强化则是增强反应的概率，其区别如下：

	反应后呈现	反应前消除
奖励性刺激	正强化	惩罚（1）
厌恶性刺激	惩罚（2）	负强化

例如，教师为了让学生努力学习，学生每次考试取得好成绩都给予奖励，但这次考试前却告诉学生，取得好成绩也没有奖励了。这次反应前告诉学生消除奖励性刺激，实际上是一种惩罚（1）。另一个教师使用的是厌恶性刺激，期末考试不及格，罚学生在家学习和增加作业量，而考试成绩好可以少写作业。这便是运用的厌恶性刺激而产生的惩罚（2）。斯金纳认为，惩罚有时在改变行为方面是一种有效的方法，但不是一种理想的方法，虽说惩罚会导致反应的减少，但它只是间接起作用的，它只是抑制而不是消除这种行为。与此同时，惩罚还可能引起负效应，如攻击行为和逆反心理等。所以，斯金纳认为，与其给予厌恶刺激惩罚（2），还不如不给奖励刺激惩罚（1）。

（三）社会学习理论

社会学习理论是美国心理学家阿尔波特·班杜拉（Albert Bandura）第一次提出来的，这一理论源于行为主义学派的强化学习理论——即学习，本质上说是受到积极强化、消极强化、无强化、惩罚的影响，而改变了行为的发生概率。班杜拉的一系列“充气娃娃”的模仿实验证实了观察和模仿在学习中的作用，并依此提出了社会学习理论。例如，小孩说真话，就得到了糖果奖励，以后他就会更多说真话；小孩说谎话，得到了糖果，以后他就会更多地说谎话。而社会学习理论则认为，不仅加诸个体本身的刺激物可以让其获得或失去某种行为，观察别的个体的社教化学习过程也可以获得同样的效果。例如，小孩看到幼儿园老师夸赞彬彬有礼的小朋友，并且给其糖果吃，等到他（她）见到幼儿园老师，也会彬彬有礼；而小孩其他特质如性别角色等也是从社会环境学习而来的。

班杜拉的社会学习理论强调观察学习和替代性强化。社会学习理论的这个论断，从在常识看是走了一小步，从在科学上看是了一大步。通过这种理论，行为主义学派的强化理论被用来解释许多社会心理学问题。社会心理学第一次拥有了改造社会的理论。自社会心理学理论出现之后，大量的电视报道，英模报告会便随之出现，社会管理者开始更多地注意示范作用。榜样的教育意义被空前重视起来。

二、认知主义的学习理论

（一）布鲁纳的发现学习论

布鲁纳（Jerome Seymour Bruner）认为，学习的实质是一个人把同类事物联系起来，并把它们组织成赋予它们意义的结构。学习就是认知结构的组织和重新组织。知识的学习就是在学生的头脑中形成各学科知识的知识结构。布鲁纳认为，学习一门学科不仅是“学会什么”，更重要的是“知道怎样处理”，即“学会如何学习”。他指出：“我们教一门科目，并不希望学生成为该科目的一个小型图书馆，而是要他们参与获得知识的过程。学习是一种过程，而不是结果。”在布鲁纳看来，学习的过程就是一个探索知识的过程。他强调说：“人类学习中似乎有个必不可少的成分，它像发现一样，是尽力探索情景的机会。”因此，应该把发现学习作为教学的主要方法，以鼓励学生去发现知识的奥秘，去掌握学科的结构。我们在日常教学当中应该而且要努力，教育和引导学生，探索或者创造适合自己的学习方法，学习套路。“授人以渔”这对学生的一生都可能产生重要的影响。“关于发现学习”的理论，布鲁纳指出，“用自己的头脑亲自获得知识的一切形式”，都可以称为发现学习。但学校中的发现学习不局限于对未知世界的发现，更重要的是引导学生凭借自己的力量，对人类文化知识的“再发现”。其实质就是把“现象重新组织或转换，使人能超越现象进行再组合，从而获得新的领悟，包括寻找正确结构和意义。”总之，在布鲁纳看来，发现学习就是在学校条件下，引导学生从所见的事物的表面现象，去探索具有规律性的潜在结构的一种学习途径。

布鲁纳进一步研究并提出了促进发现学习的方法：一是鼓励学生积极思考和探索。布鲁纳认为，学生是发现学习的主体，因此，应鼓励学生相信并依靠“自己的头脑”去思考、发现和解决问题。二是激发学生学习的内在动机。布鲁纳认为，内在动机，特别是能力，是学生学习的推动力，应启发学生把学习与日后的生活联系起来，以发现为奖励，自主地学习，逐步培养和形成学习的行为和习惯。三是注意新旧知识的相容性。布鲁纳认为，采用灵活多样的教学方法，创造良好的学习情景，促使学生发现新旧知识之间的内在联系，并把新知识纳入自己已有的知识结构，成为自己的知识。四是培养学生运用假设、对照、操作的发现技能。布鲁纳认为，培养学生发现的技能，不仅有助于学生对所学的知识进行有效的组织，有助于其运用所学的知识解决问题，而且有利于提高学生的思维能力，实现发现学习。“发现学习”其实并不神秘，而是可以逐渐培养和掌握的。

（二）奥苏贝尔的认知同化论

奥苏贝尔（D. P. Ausubel）美国教育心理学家，对发现学习与接受学习、有意义学习与机械学习之间的区分提出了独到的见解，并对有意义学习的过程和条件作了具体解释。奥苏贝尔所批判的发现学习与布鲁纳所讲的发现学习内涵有所不同。发现学习和接受学习都是教学中的有效方法，关键是看具体的条件和目的。他也重视认知结构，但他强调有意义的接受学习，强调对学校情境中的学生学习进行研究。他认为，传统教育心理学所研究的动物或人的学习基本上是机械学习，它对学习教育没有什么价值。学校中学生的学习主要是学习言语符号所代表的系统知识，它是有意义的学习，而非机械学习。奥苏贝尔认为，学生能否习得新知识，主要取决于他们认知结构中已有的有关观念，有意义学习是通过新信息与学生认知结构中已有的有关观念的相互作用才得以发生的，这种相互作用的结果导致了新旧知识的意义的同化。他认为认知结构是有一定层次性的，按照新旧观念的概括水平的不同及其联系的方式，他提出了三种同化模式：下位学习；上位学习；组合学习。奥苏贝尔认为，学生的学习主要是接受学习，学习应该是通过接受而发生的，而不是通过发现。教师给学生提供的材料应该是经过仔细考虑的、有组织的、有序的、完整的形式，因此，学生接受的是最有用的材料，他把这种强调接受学习的教学方法叫做“讲解教学”。所以发现学习只是比接受学习多了前面一个阶段——发现，其他没有任何不同。

（三）加涅的信息加工论

加涅是20世纪最有影响的著名教育心理学家之一。他认为，学习是一个有始有终的过程，这一过程可分成若干阶段，每一阶段需进行不同的信息加工。在各个信息加工阶段发生的事件，称为学习事件。学习事件是学生内部加工的过程，它形成了学习的信息加工理论的基本结构。与此相应，教学过程既要根据学生的内部加工过程，又要影响这一过程。因而，教学阶段与学习阶段是完全对应的。在每一教学阶段发生的事情，即教学事件，这是学习的外部条件。教学就是由教师安排和控制这些外部条件构成的，而教学的艺术就在于学习阶段与教学阶段的完全吻合。

加涅认为，学习的模式是用来说明学习的结构与过程的，它对于理解教学和教学过程，以及如何安排教学事件具有极大的应用意义。他提出了影响深远的信息加工的学习模式（见图3－1）。

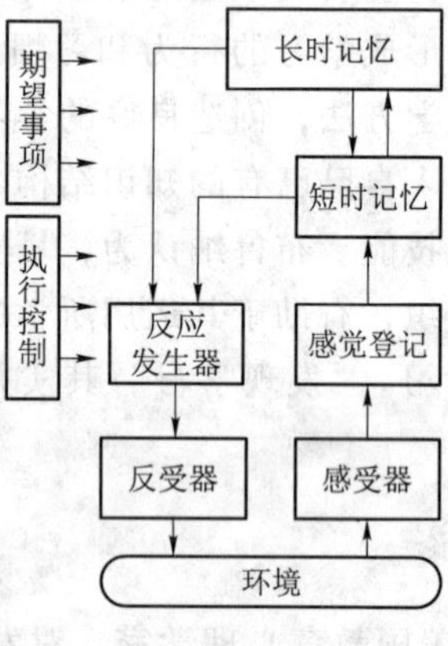

图3－1 信息加工学习模式

从学习的信息加工模式中可以看到，学习是学生与环境之间相互作用的结果。学习过程是由一系列事件构成的。加涅认为，每个学习动作可以分解成八个阶段（见图3－2）。图左边是学习阶段，其中方框上面是该阶段的名称，里面是该阶段内部的主要学习过程；右边则是教学事件。这样，学生内部的学习过程一环接一环，与此相应的学习阶段把这些内部过程与构成教学的外部事件联系起来了。

学习过程有八个阶段：加涅把学习按照从不知到知的过程分为（1）动机阶段：要使学习发生首先要激发学习者的动机；（2）了解阶段：在了解阶段，学习者的心理活动主要是注意和选择性知觉；（3）获得阶段：所学东西进入了短时记忆，对信息进行了编码和储存；（4）保持阶段：已编码的信息进入长时记忆的储存器；（5）回忆阶段：信息的检索阶段，（6）概括阶段：在变化的情境或生活中利用所学的东西，就需要实现学习的概括化；（7）操作阶段：反应的发生阶段，就是反应发生器把学习者的反应

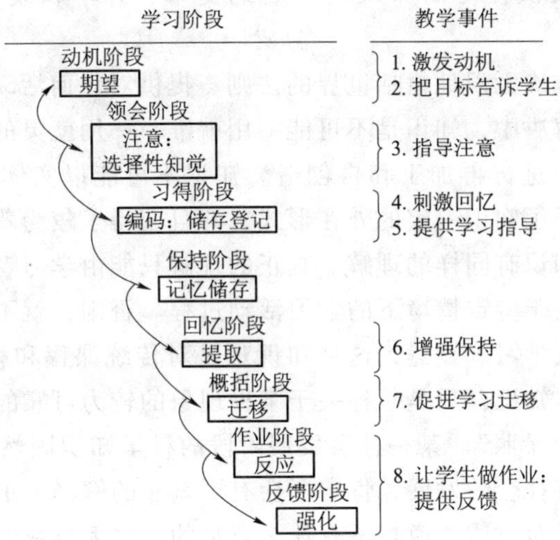

图3－2　学习过程八阶段

命题组织起来，使他们在操作活动中表现出来；（8）反馈阶段：通过操作活动，学习者认识到自己的学习是否达到了预定的目标。

三、结构主义的学习理论

20世纪80年代，由于信息技术对教育的挑战，传统学习和教学理论无法适应新的要求，于是教育界的学者们重新兴起了结构主义的理论思潮，并将这种思想作为教学和课程改革的基础。结构主义（constructionism）也可译为建构主义。按照结构主义的观点，苏格拉底的"产婆术"，无疑是结构主义教学的成功范例。瑞士著名心理学家皮亚杰（Jean Piaget）因其创立的关于儿童认知发展理论，被看作是当代结构主义理论的最早提出者。

结构主义学习理论认为：（1）学习是一个积极主动的建构过程。学习者不是被动地接受外在信息，而是根据先前认知结构主动地和有选择性地知觉外在信息，建构当前事物的意义。（2）知识是个人经验的合理化，而不是说明世界的真理。因为个体先前的经验毕竟是十分有限的，在此基础上建构知识的意义，无法确定所建构出来的知识是否就是世界的最终写照。（3）知识的建构并不是任意的和随心所欲的。建构知识的过程中必须与他人磋商并达成一致，并不断地加以调整和修正，在这过程中，不可避免地要受到当时社会文化因素的影响。（4）学习者的建构是多元化的。由于事物存在复杂多样化，学习情感存在一定的特殊性，以及个人的先前经验存在独特性，每个学习者对事物意义的建构将是不同的。

（一）结构主义的知识观

知识不是对现实的纯粹客观的反映，任何一种传载知识的符号系统也不是绝对真实的表征。它只不过是人们对客观世界的一种解释、假设或假说，它不是问题的最终答案，它必将随着人们认识程度的深入而不断地变革、升华和改写，出现新的解释和假设。

知识并不能绝对准确无误地概括世界的法则，提供对任何活动或问题解决都适用的方法。在具体的问题解决中，知识是不可能一用就准、一用就灵的，而是需要针对具体问题的情境对原有知识进行再加工和再创造。知识不可能以实体的形式存在于个体之外，尽管通过语言赋予了知识一定的外在形式，并且获得了较为普通的认同，但这并不意味着学习者对这种知识有同样的理解。真正的理解只能由学习者自身基于自己的经验背景而建构起来，取决于特定情境下的学习活动过程。否则，就不叫理解，而是叫死记硬背，是被动的复制式学习。显然，这种知识观是对传统课程和教学理论的巨大挑战。照结构主义看来，课本知识，只是一种关于某种现象的较为可靠的解释或假设，并不是解释现实世界的“绝对参照”。某一社会发展阶段的科学知识固然包含真理，但是并不意味着终极答案，随着社会的发展，肯定还会有更真实的解释。更为重要的是，任何知识在为个体接受之前，对个体来说是没有什么意义的，也无权威性可言。所以，教学不能把知识作为预先决定了的东西教给学生，不要以我们对知识的理解方式来作为让学生接受的理由，用社会性的权威去压服学生。学生对知识的接受，只能由他自己来建构完成，以他们自己的经验为背景，来分析知识的合理性。在学习过程中，学生不仅理解新知识，而且对新知识进行分析、检验和批判。

（二）结构主义的学习观

当代建构主义者主张，世界是客观存在的，但是对于世界的理解和赋予意义却是由每个人自己决定的。我们是以自己的经验为基础来建构现实，或者至少说是在解释现实，每个人的经验世界是用我们自己的头脑创建的，由于我们的经验以及对经验的信念不同，于是我们对外部世界的理解便也迥异。所以，学习不是由教师把知识简单地传递给学生，而是由学生自己建构知识的过程。学生不是简单被动地接收信息，而是主动地建构知识的意义，这种建构是无法由他人来代替的。

学习过程同时包含两方面的建构：一方面是对新信息的意义的建构，同时又包含对原有经验的改造和重组。这与皮亚杰关于通过同化与顺应而实现的双向建构的过程是一致的。只是结构主义者更重视后一种建构，强调学习者在学习过程中并不是发展起供日后提取出来以指导活动的图式或命题网络，相反，他们形成的对概念的理解是丰富的、有着经验背景的，从而在面临新的情境时，能够灵活地建构起用于指导活动的图式。

任何学科的学习和理解都不像在白纸上画画，学习总要涉及学习者原有的认知结构，学习者总是以其自身的经验，包括正规学习前的非正规学习和科学概念学习前的日常概念，来理解和建构新的知识和信息。即学习不是被动接收信息刺激，而是主动地建构意义，是根据自己的经验背景，对外部信息进行主动的选择、加工和处理，从而获得自己的意义。外部信息本身没有什么意义，意义是学习者通过新旧知识经验间的反复的、双向的相互作用过程而建构成的。因此，学习不是像行为主义所描述的“刺激—反应”那样。学习意义的获得，是每个学习者以自己原有的知识经验为基础，对新信息重新认识和编码，建构自己的理解。在这一过程中，学习者原有的知识经验因为新知识经验的进入而发生调整和改变。所以，结构主义者关注如何以原有的经验、心理结构和信念为基础来建构知识。

（三）结构主义的教学观

结构主义者强调学习的主动性、社会性和情境性，对学习和教学提出了许多新的见解，主要有：由于事物的意义并非完全独立于我们而存在，而是源于我们的建构，每个人都以自己的方式理解事物的某些方面，教学要增进学生之间的合作，使学生看到那些与他不同的观点的基础。因此，合作学习（cooperative learning）受到结构主义者的广泛重视。学习者以自己的方式建构对于事物的理解，从而不同的人看到的是事物的不同的方面，不存在唯一的标准的理解，通过学习者的合作使理解更加丰富和全面。教学不能无视学习者的已有知识经验，简单强硬地从外部对学习者实施知识的“填灌”，而是应当把学习者原有的知识经验作为新知识的生长点，引导学习者从原有的知识经验中，生长新的知识经验。教学不是知识的传递，而是知识的处理和转换。教学应在教师指导下以学习者为中心，当然强调学习者的主体作用，也不能忽视教师的主导作用。教师是意义建构的帮助者、促进者，而不是知识的提供者和灌输者。学生是学习信息加工的主体，是意义建构的主动者，而不是知识的被动接收者和被灌输的对象。简言之，教师是教学的引导者，并将监控学习和探索的责任也由教师为主转向学生为主，最终要使学生达到独立学习的程度。

结构主义的目的就是要寻求适合于高级学习的教学途径。其中适合于高级学习的教学途径之一就是随机通达教学（Random Access Instruction）。“随机通达教学”认为，对同一内容的学习要在不同时间多次进行，每次的情境都是经过改组的，而且目的不同分别着眼于问题的不同侧面。这种反复绝非为巩固知识技能而进行的简单重复，因为在各次学习的情境中会有互不重合的地方，而这将使学习者对概念知识获得新的理解。这种教学避免抽象地谈概念的一般运用，而是把概念具体到一定的实例中，并与具体情境联系起来。每个概念的教学都要涵盖充分的实例（变式），分别用于说明不同方面的含义，而且各实例都可能同时涉及其他概念。在这种学习中，学习者可以形成对概念的多角度理解，并与具体情境联系起来，形成背景性经验。这种教学有利于学习者针对具体情境建构用于指引问题解决的图式。可以看出，这种思想与布鲁纳关于训练多样性的思想是一致的，是这种思想的深入发展。

第三节 大学生常见的学习心理问题及调适

学生的学习问题是比较复杂的，如果从学习动机来看，有学习兴趣缺乏、偏科和厌学等问题；从学习态度来看，有粗心马虎，注意力不集中的问题；从学习意志品质来看，有学习坚持性差、耐挫折能力和自觉性差等问题；从学习方法来看，有阅读学习、作文写作、解题、合作学习等问题。有些问题之间相互交叉，如注意力不集中，有可能是学习态度问题，也可能是学习习惯问题。有的问题表面是学习问题，实际上是一个综合性问题。所以，遇到学生学习方面的问题，要仔细思考，抓住主要矛盾才能真正解决学生的学习问题，才能帮助学生在学校生活中找到自我，快乐学习。我们将大学生中普遍存在的学习适应不良、学习疲劳和考试焦虑等方面进行论述。

一、学习适应不良

心理适应能力主要是指个体在与所处环境及相关人群相互交流过程中，以一定的行为动作积极对周围环境作出反应而获得平衡的心理能力。心理适应能力强的人，在遇到各种复杂的情况时，仍能发挥自己原有的能力水平；而心理适应能力差的人，在面对同样的状况时，则不知所措，特别是在面临新的环境时，长期无法适应。良好的适应能力是生存的基础。

（一）大一新生学习适应不良现象的表现

1. 学习目标模糊及动力的缺失

对于多数高中生来说，考取一个理想的大学就是他们的最高目标，为了实现这一目标，他们挑灯夜战、废寝忘食地刻苦学习，高中生活过得紧张而充实。进入大学后，旧的目标已经达到而新的理想目标又未树立，因此缺少强大的动力。在宽松的大学环境下，对于“为了什么而学习”，“该学什么”等涉及人生价值的问题缺乏深刻思考。为就业而学习，似乎有些遥远；为提高综合素质而学习，综合素质难以量化。对于这些概括性的、抽象性的、遥远的目标，其导向性明显降低，学习目标变得模糊，继而导致学习动机缺失，没有学习的动力，表现出学习散漫。

2. 学习时间规划不合理

大学新生往往缺乏合理分配时间的能力，这不利于大学新生顺利适应大学学习生活。究其原因，一方面，从小学到高中课程安排得满满的，学生也习惯了被老师和家长安排，没有形成自己安排时间的习惯；另一方面，大学新生课程不多，晚自习、早自习也不像高中那样要求得严格，没有了父母与老师的约束，有了大量的课余时间却不知怎么整体统筹，想到什么做什么，只是凭感觉，很难把握大学的教学规律和学习方法。有的大学新生在学习上不能够合理地分配精力，无法有效地管理时间从而导致学习效率低下，很难适应大学的学习生活。

3. 授课方式的不适应

大学教师的授课方式与中学教师的授课方式有很大的差别。目前，中学的教学大都还是以教师讲授为主，学生主要任务就是认真听讲，另外，学生上课有指定的教材，课程门类相对来说也比较少。而大学的教学比中学的教学更强调学生自学能力的培养，老师不会时刻监督你学习。许多大学新生面对知识的海洋，面对突如其来的“自由”，不知从何学起，不知怎么去学习，难免会产生一些困惑、迷茫和不知所措。大学每个专业都有几十门课程要学，有时甚至每学期都要学十门课程左右，学习任务十分繁重。大学教师的讲课很少会按照教材按部就班地讲解，为了让学生学到最新的东西，在讲课过程中会涉及一些学科前沿的问题供学生思考、讨论，有的学生对于这些学科前沿的东西有畏难情绪，难以适应而放弃。大学生上完课后，就很难见到老师，有的大学新生不能适应这一新特点，失去老师课下的监督，不知怎么去学习。

4. 学习方法单一

学习方法单一也是造成大学生学习适应不良的一个重要原因。“一把钥匙开一把锁”，不同的学科有不同的学习方法。例如，学习大学英语时，模仿是非常重要的一个环节，要敢于放声模仿英美人说话，要广泛阅读英文材料，提高阅读能力；而数学的学习方法则强调理解定义、定理，明白定理的证明过程，适当做练习题，强调更多的是逻辑思维能力。在学习方法上，许多大学新生依然以被动接受性学习为主，注重记忆，忽视实践能力和动手能力培养；对学习内容认识较多，对自身学习策略的反省较少，偏重课堂学习，忽视课外学习。考试前“临时抱佛脚”是大学新生普遍的应试方式，并在很大程度上依赖于老师勾画重点内容，学习的机械性比较突出。

（二）造成学习适应不良现象的主要原因

大学新生学习适应不良通常并不是学习本身引起的，而是由大学新生对大学生活方方面面的不适应引起的。

1. 对新环境的不适应容易导致学习适应不良

大学新生面对一个全新的环境、全新的生活，有很多的不适应。有些新生由于生活自理能力相对较差、自我管理的能力比较弱而不能很好地适应大学生活，有时会产生一些失落、孤独和无助等消极情绪，如果这些消极情绪得不到适当调整，就会打击新生的自信心，导致他们不敢面对困难，这会严重影响他们的学习生活。大学生来自全国各地，同学之间的生活习惯、作息时间以及饮食方面都会有所不同，常会造成部分大学新生的不适应，由此可能导致同学间各种矛盾的产生。这种同学间的矛盾容易导致学生产生一些压抑、郁闷等消极情绪，处理不好会严重影响大学新生的学习生活。

2. 对自我评价不合理影响学习适应

大学新生自我评价是否合理不仅会影响其心情，而且会影响大学新生的自信心，进而会影响其学习的效率。考上大学的学生，特别是重点大学的学生，在高中阶段大都是老师眼中优等生、学校的佼佼者，他们习惯了被家庭、学校、社会宠着，习惯了别人的掌声，自我感觉优越，有着很高的自我评价。但进入大学后，大家都是来自各地的优等生、佼佼者，高中时代建立起来的那种优越感突然消失，甚至感觉到自己的人际交往能力、自己的才艺等很多方面都不如周围的同学，自己只是集体中的普通一员。如果不能及时适应这一角色转变，会损坏大学新生的自尊心，产生自我认识障碍，对自我评价过低，容易导致自卑心理的产生。尤其是那些除了学习而无其他特长的大学新生，带着一种自卑的心理与人交往会拉远与同学之间的距离，不利于建立良好的人际关系，进而会影响其心情，最终影响其学习。

3. 学习目标不清晰影响学习适应

长期以来，中国教育的人才选拔方式所形成的认知环境导致了很多学生都将学习目标局限于上大学。莘莘学子在经过十多年的刻苦拼搏，终于实现了大学梦想，就意味着支撑他们刻苦学习的外在诱因消失，而吸引大学新生学习的新诱因还未出现，就会缺乏学习动力。从高中到大学，学习目标由具体逐渐变得抽象，由短期逐渐变得长远，由此导致学习目标导向性变弱，激励性降低，进而导致学习动机减弱。在学习目标不明确的情况下，有些新生觉得经过十年寒窗苦读终于考上大学了，终于可以放松甚至放纵一下自己，进而削弱对学习的兴趣，在学习时很难将自己的注意维持在一个较高的水平上，注意力容易分散或转移，造成学习上的诸多不适应。

4. 课程内容和授课方式的变化影响学习适应

大学课程知识专业性增强、难度加大，高中课程与大学课程内在联系不强，这些都会造成大学新生在学习方面的种种不适应。在大学课程与高中课程截然不同的情况下，大学新生用以前所形成的认知图式来解读现在的课程内容，同时将新知识纳入已有的知识结构中就必然会出现一些不适，感到学习困难。大学教师的授课方式与中学的授课方式相比有很多差别，与中学时以灌输知识为主、按部就班进行教学不同的是大学更注重培养学生的自学能力，更注重学生的思维锻炼。中学的教学与大学的教学缺乏良好的衔接，这会使大学新生很不适应，这就要求学生尽快转变学习方式，不断提升自己的自学能力，以适应这一新的变化。

（三）消除学习适应不良现象的对策

提高大学新生的学习适应能力是一项复杂的系统工程，它不仅关系到新生教育引导工作，还与职业生涯规划、专业思想教育、心理健康教育和时间管理能力等各方面都有千丝万缕的联系。我们认为，提高大学新生学习适应能力，必须要做好以下几个方面的工作：

1. 新生入学教育：引导大学新生从高中走向大学

要科学制定大学新生入学教育规划，对大学新生实施全方位、多角度、深层次、宽领域的教育与引导。通过专题讲座、课外辅导、观看电教片、印发学习资料、个别谈心、网络交流等途径和平台，帮助广大新生进一步明确“什么是大学”、“什么是大学生”、“我到大学做什么”、“大学的学习”、“大学的生活”、“学生会和学生社团的作用与功能”等问题，积极引导大学新生从“高中生”成功走向“大学生”，顺利实现角色的过渡与转变，为今后大学的学习、生活奠定基础。大一新生应该树立好学习目标，以科学严谨、创新自主的学习态度进行学习。

2. 专业思想教育：增强大学新生专业认同

专业思想教育包括“专业概况介绍”、“对专业的认识”、“专业认同”、“专业发展前景”、“就业前景”等多个维度的教育。要通过各种途径和载体的专业教育，例如专业介绍专题讲座、高年级的学生与新生交流学习心得体会、印发专业建设资料、“教授走进新生课堂”等活动，让每个新生都树立“热爱专业、献身专业”的观念，强化“专业认同”，培养专业学习的信心，激发专业学习热情，准确把握专业学习的重点、难点和突破点，努力实现“要我学”向“我要学”的转变。大学学习不仅仅停留在课堂的学习还应该重视学生综合能力的培养，给学生更多的实践机会让学习变得更加丰富，调动学生学习兴趣，从而能够开阔学生的视野，开拓学生思维，增强创新能力，提高学习质量。

3. 职业生涯规划：明确大学奋斗目标

做任何工作有明确的奋斗目标是成功的关键因素。职业生涯规划教育可以帮助大学新生明确人生目标、合理规划大学学习生活。大学新生入学以后，有没有目标、有什么样的目标或目标是否符合实际等都是非常重要的。因此，要积极开展大学新生职业生涯规划教育，帮助每个大学新生明确奋斗目标。职业生涯规划课程是职业生涯规划教育的最根本的载体，是大学生接受职业生涯理念、掌握职业生涯规划方法、初步进行个人职业生涯规划的根本途径。教育职业生涯规划是指学生在正确分析自身兴趣、爱好、能力、特长、经历及不足等各方面的前提下，对个人职业能力与兴趣进行测定、分析、总结研究的基础上，提出未来的职业发展目标，明确未来的职业发展方向。我们可以通过专题讲座、举办职业生涯规划大赛等途径，积极开展职业生涯规划教育，有利于大学新生更好地、更早地进行自我发展定位，明确前进的方向。也应重点强化大学新生职业生涯规划意识，使大学新生从一入学就开始接受职业生涯规划教育，不断深化他们的自我认识和自我评价，使其根据自身的特点选择适合自己发展的专业方向。高校应以课程为基础、以实践为平台、以服务为保障，建立健全大学新生职业生涯规划指导和服务体系。

4. 心理健康教育：缓解大学新生对新环境的紧张情绪

大学新生进校后，学校应积极开展心理健康教育，通过举办心理讲座、开设心理健康教育课程、提供个别咨询、开展团体咨询等途径，提高大学新生的心理适应能力。要通过问卷调查、走访、谈话、向班主任或学生干部了解情况等形式，开展新生心理健康调查摸底，掌握学生的心理状况，建立学生心理健康档案。除了针对性地开展人际关系、青春期心理、大学生活等方面的指导，更要在学习方面予以帮助和引导，如对大学新生的学习态度、学习动机、学习目标进行专题教育，对大学新生如何利用学习时间、利用学习资源、自我调控、自我监督、养成良好学习习惯等方面进行积极引导。通过心理健康教育和学习方面的专题指导，激发大学新生发展的主体需要和内部动机，使他们的学习充满动力和活力。

5. 时间管理教育：学会管理时间是大学新生迅速适应大学学习生活的一个重要途径

大学新生自由支配的时间要比高中多得多，面对如此多的“空闲”时间，许多大学新生不知如何利用，陷入迷茫和空虚之中。要学会做时间预算，一个目标要怎样分配时间来完成，每一步骤要花多长时间，一天要做几件事，都要想清楚，对自己制定的计划要认真履行，这既是一种人生态度，更是大学新生获得成功的保障；另一方面，给要做的事排序，平衡学习、生活和工作的关系，协调管理好各方面所需要的时间，这样才能保证大学新生在学习效果上做到事半功倍。

二、学习疲劳

学习疲劳是指一个人长时间连续学习之后，学习效率下降的一种生理与心理异常的状态，它是影响学习效率的重要原因之一。它包括生理上和心理上的疲劳两个方面：生理上的疲劳主要是大脑的疲劳，表现为感觉迟钝，动作不协调、不准确等；心理上的疲劳则反映出注意力不集中、思维迟缓、反应慢、情绪躁动、忧虑等。

（一）“学习疲劳”的表现

1. 课堂学习假投入，真疲劳

课堂上，教师的讲授声情并茂、生动形象，现代化教学手段图文并茂，表面上看，学生似乎也很投入，但课后一调查，有的学生对课堂教学内容一概不知。

2. 接受教育假有效，真疲劳

教师为了让犯错误的学生改正错误，动之以情，晓之以理，真可谓用心良苦。然而不少学生还是不能真正接受老师的教育，同样的错误一犯再犯。

（二）“学习疲劳”产生的原因

学习疲劳主要表现为身体疲劳和心理疲劳，学习疲劳的发生原因也可以从这样五个方面来分析。

1. 学生学习用脑时缺乏科学性

学习是一种紧张的脑力劳动，长时间高度紧张的学习就会引起大脑疲劳，造成大脑皮层细胞的兴奋性降低或进入抑制状态，破坏良好的心理状态。脑力劳动要耗费能量，如果长期营养不足，缺乏足够的能量补充，就会造成脑功能下降。其中，学业负担重是学习疲劳的首要原因。学生学业负担过重是功利化教育引起的，造成学生视力下降、睡眠不足、体质下降，甚至导致学生精神紧张、情绪失控、厌学，产生逆反心理。

2. 学生缺乏学习兴趣

兴趣是最好的老师，使人学而不厌。当学习者学习动机不足、兴趣缺乏时，就会以消极、被动甚至恶劣的心态去对待学习活动，会感到学习是沉重的负担，会认为学习是最为枯燥、乏味的活动；当学习者学习动机过强、学习态度过于认真时，他就不注意劳逸结合和必要的休息，用脑过度，使大脑的神经功能的正常活动遭到破坏，从而导致心理疲劳、精神萎靡、智力下降、失眠疲惫等等。

3. 学习者缺乏正确的学习策略

有些学生由于某些不正确的观念而在学习过程中形成一些不良的学习习惯。不合理安排学习时间，长时间学习或复习同一门功课，做同一类型的试题，易导致疲劳的产生。由于学习是一种紧张的脑力劳动，当集中学习时，大脑皮层的神经细胞处于一种高度的兴奋状态。如果这种状态持续过长，就会使大脑神经细胞疲劳，从而产生一种保护性抑制。在抑制状态下，头脑缺乏应有的觉醒水平，昏昏沉沉。这显然不利于把知识系统化，不利于建立引起联想和回忆的多种线索，不利于知识的提取和应用，因此学习效率很低。

4. 教师的教学方式、方法对学生的心理影响

教师在教学过程中，由于缺乏“以学生为中心”组织教学的观念，教学目标设置不当，没有注意到不同水平的学生相异的心理需要，这会使学生心理过分紧张或懒散，引起学生在学习过程中疲劳现象的发生。再加上教学语言枯燥、语音过低、语调刻板，态度冷漠缺乏热情，排斥多媒体教学手段和技巧的使用等，使教学过程缺乏生动性和形

象性，这都会对学生的学习活动产生消极影响。

5. 过度的作业负担和考查测验

作业和考查测验是教学活动必不可少的重要环节。它有利于学生复习、巩固、运用所学的知识，形成基本技能；有利于教师及时了解教学效果并对教学过程进行修正。目前，学生的作业并没有体现出精选性原则和适量性原则。作业的量，特别是只检验“死记硬背”的背诵考试超过了学生心理负荷所容许的范围，造成学生的学习兴趣、动机、信心、勤奋、情感意志等动力要素大受影响，对学习产生畏惧、厌恶心理。

（三）对“学习疲劳”现象进行疏导的策略

1. 对学生进行科学用脑的心理卫生指导

常言说：“文武之道，一张一弛”。学习时，各学科系统安排，交叉进行，可以达到轮换休息的目的。良好的大脑机能是从事高效率学习的基础。若要维持大脑工作的高效率，发挥大脑巨大的学习潜力、就要指导学生学会科学用脑。虽延长了学习时间，但不至于学习疲劳，这就是科学用脑。合理作息、保证睡眠，培养良好的生活习惯。坚持参加经常性的体育锻炼和户外活动，学会调节大脑工作的节奏。比如，马克思在写作之余，经常进行数学运算，阅读文学作品或背诵诗歌。可见，交叉学习实质是一种休息，而且是一种积极的休息。

2. 激发和培养学生的学习动机

坚持以内部动机作用为主，激发学生的学习兴趣。“兴趣是最好的老师”，兴趣是学习活动的强大动力，是人们进行求知活动的重要心理因素。近代心理学家布鲁纳说：“要使学生对一门科学有兴趣的最好方法，是使他感到这门学科值得学习。”真正的教育是自我教育，就是学生把来自教师和家长的变成自我的内在的要求，自己要求自己，自己监督自己，自己管理自己，对自己的行为进行控制与反思。要帮助学生认识自己的问题，树立正确的目标。过多的指责和惩罚会强化孩子的内疚和恐惧心理。教育的效果是在学生的生命活动中发生的，生命活动的天性是顺其本性则正常成长，逆之则相反。

3. 加强教法研究提高教师教学能力

教学过程本身就是一个诸多心理因素影响的复杂过程。在组织教学时，要把学生当做一个“完全的人，一个有喜有恶，有胜有败，情感上会受到伤害，会产生恐惧，有信有疑，有容忍有偏见的人”看待。认识到学生的差异性，注意到学生的心理需求，融洽师生关系，尽力创造一种最优化的学习环境和心理环境，激发学生学习的主动性和积极性。教师要不断地吸纳新的教育学、心理学知识，学习掌握使用新的教学手段和教学技巧，结合教学实践，提高教学能力。在教学过程中努力贯彻启发性原则，因材施教原则和循序渐进原则，尽力激发学生的学习热情，提高学生的学习情趣。教师应尊重学生的个性特征，运用恰当的语言、口气、方式在轻松的情境中进行教育。教师应重视与学生的情感交流，满足学生的情感需要。

4. 优化学生的学习方法，提高学生的学习效率

掌握科学的学习方法，是社会飞速发展的需要。“方法比知识更重要”。在知识更新日益加速的今天，掌握科学的学习方法，具备独立获取知识的能力显得特别重要。指

导学生制定科学合理的学习计划，科学安排时间。“困难是培养学生意志力的磨刀石”。如果把学好外语作为定位目标，为了实现这个目标则有许多事要做，可以定一些次目标和子目标。如每天要背10个单词，熟读课文，背诵典型句子，掌握语法，在学好外语教材的基础上阅读一些课外外语读物，进而掌握口语交流和写作技能。

三、考试焦虑

考试焦虑，是人由于面临考试而产生的一种心理反应，是在应试情境刺激下，受个人的认知、评价、个性、特点等影响而产生的对考试成败的担忧和情绪紧张为主要特征的心理反应。考试紧张是一种正常现象但要注意适度，适度会使人活动积极、思维清晰；过度则使人活动受压抑。这种过度主要因为缺乏自信造成的，也会因为过去考试而造成的心理定势，这都是造成考试心理偏差的表现。考试是引起学生焦虑的最常见场景，但不能忽视日常的普遍性焦虑情绪的存在，力争做到及时发现、及时干预。

（一）考试焦虑及其表现

焦虑是面对危险事件或不确定事件时人和动物的应激反应。焦虑可分为特质性焦虑和状态性焦虑，也可分为常态焦虑和病态焦虑。病态焦虑与害怕失败有关。考试是一种复杂的智力劳动，是一种非常状态，要求考生的头脑清醒、情绪稳定。考试焦虑是一种严重影响考试水平发挥的情绪反应。考试是滋生紧张情绪的土壤，有的学生因考试紧张，不能正常发挥自己的水平，主要是由于求胜心切，加重了心理负担，求胜动机在大脑皮层的某一区域形成了占主导地位的兴奋中心，致使其附近区域处于抑制状态，这会破坏知识之间的联系，妨碍了对知识的调动与提取，而记忆的暂时中断往往会加重焦虑情绪，从而加深考生对考试成绩得失的忧虑，于是导致恶性循环，容易造成错答、漏答或不知如何应答，在焦虑的状态下，学生的分析、综合、抽象、概括等具体思维能力无法正常发挥，从而导致考试失败。

考试焦虑的具体表现：一是情绪上表现出担忧、焦虑、烦躁不安；二是认知上表现为注意力不集中，记忆力下降，看书效率低，思维僵化；三是行为上表现为坐立不安，手足无措；四是身体上表现为头痛、食欲下降、恶心、心慌、睡眠不好等。具有高度考试焦虑的学生在考前还会出现明显的生理心理反应，如：过分担忧、恐惧、失眠健忘、食欲减退、腹泻等症状；在临考时心慌气短、呼吸急促、手足出汗、发抖、频频上厕所、思维浮浅、判断力下降、大脑一片空白；个别学生在考场上出现视障碍，如：看不清题目、看错题目、漏题丢题、动作僵硬、手不听使唤、出现笔误等等。

（二）大学生考试焦虑的原因

考试焦虑的产生是内因和外因相互作用的结果。外因来自于学校、家庭和社会；内因与个体的个性、抱负、早年经历、认知水平和心理承受能力等有关。考试焦虑是后天习得的心理障碍，它是个体在不良的教育环境下主客观因素共同作用而形成的，多数是因为家长和教师有意或无意对学生的学习提出过高要求，超越了学生的承受能力并形成了过度的心理压力，进而产生考试焦虑。特殊的“考试焦虑”可由主观和客观两方面因素引起。

1. 客观因素

造成大学生考试焦虑的客观因素主要有：一是考试本身。如考试的重要性、难易程度、竞争程度等。越是重要的考试，越容易产生考试焦虑；题目越难，越容易产生考试焦虑；竞争程度越激烈，越容易引发考试焦虑。二是学生的学业期望。一般而言，学业期望越高的学生，对学习投入的精力越多，越看重学业成绩，因而对考试失败的恐惧越高，越容易产生考试焦虑；而那些学业期望较低的学生，满足于六十分，一般不会产生考试焦虑；而当学业期望较低的学生面临学业失败时，也可能会激发其考试焦虑。三是知识掌握程度。我们经常说："难者不会，会者不难"，考试的难易是相对的，现在有一部分学生上课不认真，下课不复习，推崇考前一周效应，平时学习不努力，临阵磨枪，匆忙上阵，面对考题，感到任务太难，便产生考试焦虑。四是考试压力的传递。学生间的相互影响也会造成考试焦虑。如一些学生将考研定为重要的人生目标，考前以发誓言、写战书等方式激励自己的斗志，人为制造紧张空气，使部分学生感到考研失败可耻，整天笼罩在失败的恐惧之中。

2. 主观因素

造成考试焦虑的主要因素主要有五方面：一是个性气质特点。那些敏感、易焦虑、过于内向、缺乏安全感和自信心、做事追求完美的学生在考试中容易出现考试焦虑。二是考试经验。大学生多数在中学时代都有考试成功的经验，而进入大学后，偶然的考试失败会加剧这部分学生的考试焦虑，将过去考试成功归于题目容易、运气好，而将大学的考试失败归结为自己不聪明、能力差、就会对自己失去信心，因而面临考试就会紧张焦虑。三是知识掌握与复习准备。如果复习准备不足，对考试没把握，自然会产生考试焦虑。四是对考试外在价值的过分重视，考试成绩与大学生学业荣誉如奖学金，政治前途如入党，学业前途如研究生保送等密切相关。因而，大学生会对考试成绩看重，特别是学业成绩优异的大学生，恐惧考试失败的心理压力更大，更容易出现考试焦虑的症状。

（三）考试焦虑的调节

查明引起焦虑的原因，并对其焦虑程度进行评估，提供安全与舒适的就诊环境，如态度和蔼，语气温和。对大学生的真诚关切，有助于建立融洽的护患关系，取得大学生的信任与合作，从而有针对性地进行健康教育及有关指导，必要时根据医嘱给予适当药物治疗。

调整认知美国著名心理学家埃利斯认为，情绪或不良行为并非由外部诱发事件本身所引起，而是由于个体对这些整体的评价和解释造成的。应用合理情绪疗法，帮助大学生探讨引起考试焦虑的原因，找出导致其考试焦虑的不合理观念，并与之进行辩论，用合理的观念取代不合理的观念。如用"我希望能考个好成绩"，代替"我必须要考个好成绩"。进一步评估其未满足的需要和期望，并分析这些期望是否现实，有无可能得到满足，帮助他们根据自己的能力和水平调整目标。

1. 健康教育和有关指导，自我调节是一种极为有效而且也是最根本的方法

（1）自信训练产生焦虑的一个重要原因是自信心不足，对自己的评价过于消极。

自信训练通过使考试焦虑患者表达正常的情感和自信，通过积极的自我暗示，自我肯定，增强自信心，削弱考试焦虑。（2）放松训练。通过语言的暗示有次序地帮助患者放松。先平静而缓慢地呼吸，让患者感受到安静、放松；然后按照双脚—踝关节—膝关节—臀部—腹部—双手—手臂—双肩—脖子—下巴—额部—整个身体的顺序逐步放松，引导患者体会从下至上的放松。整个过程一般20分钟。（3）其他减压方法。规律性运动是解除压力的最好方法，一段20分钟的轻松散步，可以让紧张的情绪得以缓解；听音乐也是不错的选择，音乐有助于心理放松，平定紊乱的情绪；倾诉也是一种减压方法，可对知心朋友倾诉，或者记日记倾诉。

2. 开展考前心理辅导

对一些敏感、焦虑、抗挫折能力差、有心理障碍的学生在考试前进行有针对性的心理辅导以缓解其心理压力；对高度考试焦虑的学生进行集体辅导，使学生客观地认识自己，提高心理素质，增强自我心理调整能力，提高考试技巧，有效地化解外来压力，发挥出应有的水平。对于过度紧张、严重怯场者，在考试前适当地用一点镇静药物，可以帮助降低心理紧张，但要在医生指导下选择药物，吃药时间一定要合适。

3. 正确认识考试，树立正确的考试观

正确评价自己，调整考试动机。考试是对一个阶段学习的总结和检验，同时它既是对学生学习效果的检验，也是对老师教学效果的检验。只有通过考试才能发现问题，以便在以后的学习、教学过程中加以调整和改进。做好考前准备。全身心地投入准备迎考，将考试后果置之脑后，才能真正克服焦虑情绪。考试前做好精神和物质上的准备工作：精神准备既要调整好情绪，又要保证充足的睡眠，更要重视科学用脑，不要开夜车；物质准备除了以清淡、富于营养易消化的食品外，还要做好交通工具、学习用品、生活用品的准备。掌握考试的策略与技巧。正确运用考试方法和技巧有利于考出自己的正常水平，发挥出自己的潜力，同时也能增强自己的自信心。所以我们有必要在老师的指导下，掌握一定的考试技巧，在考试中要沉着、灵活，如先浏览前后试题、先易后难、合理分配时间、考后不对答案等，从而避免考试焦虑情绪的产生。培养优良个性、保持良好心态。凡事尽最大的努力，把注意力从担心失败转移到积极行动、争取成功上，并且百折不挠，不要把考试和个人能力、人生价值划等号。学会自立、自尊、自重，培养学生的自信心和心理承受能力。考试焦虑主要是后天“习得”的，是可逆的，可改变的。实践证明，有许多行之有效的方法、策略可以减轻、消除考试焦虑这种不良的状况。“既要会读书又要会考试”，只有弄清焦虑的积极和消极作用，焦虑产生的原因，掌握战胜考试焦虑的方法，树立健康正确的考试心理，才能在考试中发挥出自己的最佳水平。

4. 加强大学生职业生涯规划教育

对于“90后”的一代，他们具有自己的理想和抱负，有较高的情商，善于交际，在社会实践活动中表现积极。可以引导学生通过暑期社会实践、实习、见习等形式提高自身实践动手能力。通过开展团队素质拓展、开设职业生涯辅导课程等形式，从学生入校开始就系统地向学生传授职业生涯规划知识，帮助学生探索自我、了解自我、发展自我，增强其职业生涯意识，培养综合运用相关知识和经验及早确立发展方向和人生坐标的能力。

复习思考题

1. 简述学习的概念及学习的特点？
2. 大学学习的特点是什么？
3. 大学生学习中遇到的心理困扰有哪些？该如何进行调适？
4. 综合分析行为主义学习理论的共同特点及各自的合理成分，并根据自己的理解分析如何在学习中加以运用？
5. 结合本章的学习内容，设计一套适合自己的学习方案。

课后补充

考试焦虑量表

指导语：下面是一组人们用来形容自己考试时心情的句子。请细读每一句话，并依你的情况作答。答案无正、误之分。也不必在任何一句话上花太多时间，只要答出你感到形容你平常感觉的答案即可。1 = 从未有，2 = 有时有，3 = 经常有，4 = 常常有。

1. 我在考试中充满信心并感觉轻松。（　）
2. 我在考试中感到焦虑不安。（　）
3. 在考试中一想成绩就会影响我答卷。（　）
4. 我一参加重大考试就感到浑身发僵。（　）
5. 我在考试中想着自己能否毕业。（　）
6. 我越努力答卷，就越觉得头脑混乱。（　）
7. 在考试中担心成绩不好影响我集中精力答卷。（　）
8. 我一参加重大考试就坐立不安。（　）
9. 尽管做了充分的准备，我仍感到考试很紧张。（　）
10. 我在取回试卷之前感到很紧张。（　）
11. 我在考试中感到非常紧张。（　）
12. 我希望考试不要这么烦人。（　）
13. 我一参加重大考试就紧张得肚子疼。（　）
14. 我一参加重大考试就感到自己要失败。（　）
15. 我在参加重大考试前感到很惶恐。（　）
16. 我在参加重大考试前感到很忧虑。（　）
17. 在考试中我担心考得不好会有什么结果。（　）
18. 我在参加重大考试时感到心跳加速。（　）
19. 考试之后，我竭力控制自己不去担心，但做不到。（　）
20. 我在考试中紧张得连本来知道的东西都忘了。（　）

计分方法：受测者在四点评尺上对测题作答：1 = 从未有，2 = 有时有，3 = 经常有，

4 = 常常有。因此，其最低得分为 20 分，最高得分为 80 分。通过多次运用建立的常模显示，得分为低于 35 分对考试镇定自若，考试焦虑偏低，36 ~ 50 分中度焦虑，高于 50 分考试焦虑度偏高，重度焦虑。

MURDER 策略

MURDER 是六种策略的英文单词字母的缩写。由丹瑟洛（D. F. Dansereau）于 1985 年提出。该学习策略系统包含相互联系的两组：一是基本策略系统，主要用于对学习材料进行直接操作，即直接作用于认知加工过程。该组策略主要包括领会与保持策略和提取与应用策略。二是支持策略系统，主要用于确立恰当的学习目标体系，维持适当的学习心态。该组策略主要包括三个方面：计划与时间安排策略、专心管理策略、监控与诊断策略。

可以看到，基本策略与支持策略是相互联系的，二者协同作用完成学习活动。在基本策略中，领会与保持策略主要用于信息的获得和储存；提取与应用策略主要用于信息的恢复和输出。这两组策略虽然在结构和程序上基本相同，但它们分别指向不同的目标，不同的学习阶段，具有不同的作用。

在领会与保持策略中，理解（understand，U）是指自动地分析所学内容中的重点和难点；回忆（recall，R）是指不看课本，用自己的言语表达或重新解释所学的内容；消化（digest，D）是指根据回忆结果来矫正错误，达到真正意义上的理解；扩展（expand，E）是指通过自我提问的方式对前面所理解的内容进行再次的加工，以求融会贯通；复查（review，R）是指对整个学习过程进行全面的复习，并通过测验来加以考察。

在提取与应用策略中，理解（U）是只在某种具体的情景中，对所面临的问题和任务的理解，形成有关问题的条件、目标、性质等心理表征；回忆（R）是指回想与问题解决有关的要点；解释（D）是指具体详细的回忆和解释要点；扩展（E）是指把提取出来的信息加以整理和组织，形成解决问题的方案；复查（R）是指对问题解决的适当性进行检查和评价。从上述分析中可以看到，领会与保持策略和提取与应用策略是相互联系的，前者是基础，后者是它的深入与提高。因此，丹瑟洛将前者称为第一级策略，后者称为第二级策略。

然而仅有基本策略还不足以顺利地完成学习活动，支持策略在学习活动中也是非常重要的。支持策略，顾名思义，是对基本策略的支持，属于辅助性的策略，但这并不意味着它是可有可无的。支持策略由三类策略构成：计划与时间安排策略、专心管理策略和监控与诊断策略。

计划与时间安排策略主要指确定学习的目标与进程。根据目标的大小、范围等的不同，可以设置一个目标体系，该体系包含了大、中、小，远、中、近等一系列的目标。可以根据所设立的目标来安排学习进程，同时也可以根据学习进程适当地调整学习目标。

专心管理策略是支持策略的中心，包括心境设置与心境维持两种策略。心境设置（mood-setting，M）是指在学习之前使学生处于积极的情绪状态，克服并减少消极的情绪。心境维持（mood-maintenance，M）是指在心境设置的基础上，使积极的情绪状态在整个学习过程中都得到保持。监控与诊断策略和基本策略系统中的复查策略相似，但它主要是对整个学习策略系统的监控与诊断。

支持策略与基本策略是密切联系的，它们共同决定了学习策略的有效执行及学习活动的顺利完成。支持策略与基本策略中的领会和保持策略共同构成了第一级策略，即第一级 MURDER。支持策略与基本策略中的提取和应用策略共同构成了第二级 MURDER。

阅读策略

1. SQ3R 法

一是浏览（Survey）——阅读的第一步就是对阅读内容进行浏览，从整体上把握文章脉络，为仔细阅读做准备。

二是提问（Question）——把文章的标题及主要内容转化为问题的形式，在问题的提示下深入阅读。

三是阅读（Read）——根据问题提示阅读内容并寻找问题答案。主要依赖于学习者的理解。

四是背诵（Recite）——经过上面的阅读过程，学习者已经理解了课文中的大部分内容，现在学习者把课本合上，看看有多少课本内容已经能够记住，还有哪些没有能够透彻理解并记下来，需要进一步加工。

五是复习（Review）——阅读过的内容要在脑中长期保持，就必须复习。通过复习加深对阅读的巩固、理解，并建立有关内容之间的联系。

2. PQ4R 法

一是预习（Preview）——快速浏览材料，对文章的主题和主要标题有一大致了解。

二是提问（Question）——针对阅读内容提出一些问题，如谁（Who）？什么（What）？何时（When）？为什么（Why）？怎么样（How）？

三是阅读（Read）——针对内容进行阅读，全面了解内容。

四是沉思（Reflect）——理解所学内容的意义，包括把现在所学内容与学习者已有的知识相互联系起来，把课文中的细节和主要观念联系起来，对所学内容作些评论等。

五是背诵（Recite）。

六是复习（Review）。

3. OK5R

一是纵览（Overview）——相当于以上所述浏览。

二是提出关键点（Key idea）——即列出文章中主要的关键的内容，为下一环节的阅读做准备。

三是阅读（Read）。

四是摘录（Record）——在阅读的基础上把文章中主要的内容摘抄下来或在脑中重点加以阅读理解。

五是背诵（Recite）。

六是复习（Review）。

七是反思（Reflect）——对整个阅读过程进行反思，包括有无理解、记住内容、阅读速度是否合适、有哪些方面需要加以改进等。这一环节在阅读过程中显得尤为重要，它体现了阅读策略的核心。因此在阅读时，必须充分重视这一环节。

第四章

大学生恋爱与性心理

本章学习重点

1. 心理学关于爱情的理论
2. 懂得真爱的艺术，树立健康的恋爱观
3. 了解性心理常识，避免不当性行为

先行案例

什么是爱情、婚姻和幸福？

有一天，柏拉图问苏格拉底：什么是爱情？

苏格拉底说：我请你穿越这片稻田，去摘一株最大、最金黄的麦穗回来，但是有个规则：你不能走回头路，而且你只能摘一次。

于是柏拉图去做了。许久之后，他却空着双手回来了。

苏格拉底问他怎么空手回来了？

柏拉图说道："当我走在田间的时候，曾看到过几株特别大特别灿烂的麦穗，可是，我总想着前面也许会有更大更好的，于是就没有摘；但是，我继续走的时候，看到的麦穗，总觉得还不如先前看到的好，所以我最后什么都没有摘到。"

苏格拉底意味深长地说："这，就是爱情。"

又一天，柏拉图问苏格拉底：什么是婚姻？

苏格拉底说：我请你穿越这片树林，去砍一棵最粗最结实的树，回来好放在屋子里做圣诞树，但是有个规则：你不能走回头路，而且你只能砍一次。

于是柏拉图去做了。许久之后，他带了一棵并不算最高大粗壮却也不算赖的树回来了。

苏格拉底问他怎么只砍了这样一棵树回来？

柏拉图说道："当我穿越树林的时候，看到过几棵非常好的树，这次，我吸取了上次摘麦穗的教训，看到这棵树还不错，就选它了，我怕我不选它，就又会错过了砍树的机会空手而归，尽管它并不是我碰见的最棒的一棵。"

这时，苏格拉底意味深长地说："这，就是婚姻。"

还有一次，柏拉图问苏格拉底：什么是幸福？

苏格拉底说：我请你穿越这片田野，去摘一朵最美丽的花，但是有个规则：你不能走回头路，而且你只能摘一次。

于是柏拉图去做了。许久之后，他捧着一朵比较美丽的花，回来了。

苏格拉底问他："这就是最美丽的花了？

柏拉图说道："当我穿越田野的时候，我看到了这朵美丽的花，我就摘下了它，并认定了它是最美丽的，而且，当我后来又看见很多很美丽的花的时候，我依然坚持着我这朵最美的信念而不再动摇。所以我把最美丽的花摘来了。"

这时，苏格拉底意味深长地说："这，就是幸福。"

第一节　爱情理论概述

一、爱情是什么？

"问世间情是何物，直教生死相许？天南地北双飞客，老翅几回寒暑！欢乐趣，离别苦，就中更有痴儿女……"爱是什么？恐怕没有人能说清楚，自古至今，从东方到西方，无论是古圣先贤、帝王君主、诗人文豪，还是臣子凡人、平民百姓、市井商人，每个人的生活似乎都因爱情而变得神秘多彩，然而，每个人又都有自己对爱情的理解和体验，或深刻、或肤浅、或浪漫、或现实、或幸福、或痛苦……但是恐怕没有一个人能穷尽爱情，能说得清楚爱情到底是什么？也许正因为如此，爱情才具有无穷魅力，让世人为之欣喜若狂，为之叹息断肠。

马克思说："爱情的本质是男女之间基于一定的物质条件和共同的人生理想，在内心对对方的最真挚的仰慕，并渴望成为终身伴侣的强烈、稳定、专一的感情。"当然，爱情离不开物质条件作为基础，正如鲁迅先生在爱情小说《伤逝》中所言："人必生活着，爱才有所附丽"。没有生活作为基础的神话般爱情只存在于幻想中，然而，爱情又不能仅仅拘泥于生活和现实，毕竟爱情是高于现实生活的精神享受。这是哲学家给出的定义。但是，托尔斯泰说过，一千个人就有一千种爱情，不同的哲学家对爱情的理解也是不一样的，那么，爱情作为人类的一种感性和情感的东西，在心理学家的眼中又是什么样的呢？

（一）爱情与生理唤起

人是自然属性和社会属性的统一体，人类的情感除了复杂的社会性之外，也有其类似于动物的自然属性。心理学研究发现情绪唤醒与爱情之间有很大关系。20 世纪 70 年代，心理学家达顿和阿伦，对于"恐惧与爱情"做了一个有趣的实验——CAPILANO 大吊桥实验。

CAPILANO大吊桥位于温哥华北部的CAPILANO公园里，此吊桥最早建于1889年，全长450英尺，高230英尺，横跨CAPILANO河，是世界上最长最高的步行吊桥。研究者假设，在经历一个引发人恐惧的情境时，男性（或女性）会体会到漂亮（或帅气）异性更多的性魅力。这个引发人恐惧的情境就是CAPILANO大吊桥，而另一个与之对照的是一座高10英尺的位于小溪之上有着高扶手的平稳小桥。在这两座桥上，分别有一位富有吸引力的女性，等待着过桥的年轻男士，让他们完成一个投射测验（看图编故事）。但是这位女性是这样说的："我是专攻心理学的学生，正在调查景色优美对创作有什么效果，希望得到您的帮助"。完了之后，她又会说："很抱歉，关于这个实验，目前我不能告诉你太多，不过你今晚可以打电话给我。"然后，撕下一张写着她电话号码的小纸片递给年轻的男士。结果表明，在这位女士接到的电话中，危险摇晃的吊桥上的男士是稳固的小桥上的人数的四倍多，而且在危险摇晃的吊桥上的男士根据图片所编的故事，也更浪漫与富有情调。然后，把桥上等待的人换成一位帅气的小伙子，让过桥的女士来接受测试，也得出了类似的结果，只是测试结果的差异不如男性那么明显。这个研究表明恐惧和爱情之间存在着某种联系，爱情在一定程度上是人对自身情绪唤醒和生理感觉的一种理性化解释。

其实早在心理学家实验之前就有人发现过这个联系，古罗马诗人奥维德曾在其《爱的艺术》一书中，提供了一个对男性非常有趣的建议：将自己喜欢的女人带到角斗场去约会。在那里，女人很容易会因为恐惧被唤起激情（肾上腺素的分泌），而且她会把这种因角斗场景产生的"激情"部分地归因于自己身边的情人。

（二）爱情与依恋

心理学家的研究发现，儿童早期的经历会深刻影响到青年期和成人期的情感模式，尤其是儿童早期与母亲的依恋关系。发展心理学家把婴幼儿的依恋类型分为三类：安全型、回避型和焦虑矛盾型。安全型的人对情感的亲密和相互依赖感到很自在；而回避型的人不喜欢依赖和亲近；焦虑矛盾型的人则是粘人的、占有欲强的人，寻求更多的亲密和安慰，而这常常超出人们所愿意提供的范围。依恋风格一旦在童年时期形成就会十分稳定。这些不同的依恋风格存在于所有亲密关系中，在爱情中的表现尤为明显。以研究依恋和人际关系著称的加利福尼亚大学神经学家菲利普·谢弗的一系列研究表明，不同风格的依恋会决定人们不同的社交生活。

安全型的人能体验到高度的亲密、激情和承诺，他们通常都会期望爱人能够与自己心灵相通，期望他们能够支持、鼓励自己，陪伴自己渡过难关，就像自己为对方做的那样。他们乐意与别人进行亲密接触。他们认为自己应该得到关心、照顾和爱慕，而且信赖别人，认为他们都是友善的。因此，他们往往能够与周围的人建立亲密、相互信任的关系。

忧虑型的人总是担心自己的爱人并不是真的爱自己，或者担心他们会离开自己，在与别人建立某种社交关系之后，忧虑型的人会整日苦恼，担心自己会被抛弃或者担心自己在某些方面存在缺陷。他们常常会表现出"爱情上瘾症"的症状：占有欲、自我忧虑和情感依赖。由于过度担心，他们会整日胡思乱想，害怕自己被抛弃或者保持高度警惕，与自己的假想情敌争风吃醋。

回避型的人不习惯与别人发展亲密关系，对别人总是持怀疑态度，不愿与别人分享自己的感受。如果对方想要与自己进行亲密的交流，他们会感到非常不自在。他们往往会压抑自己的情感，比如对亲密友谊的需求，而且绝不让别人了解自己的痛苦。由于这种回避型的人往往缺乏对他人情感上的信任，因此他们很难有亲密的朋友或爱人。

（三）爱情的故事理论

美国著名心理学家斯滕伯格认为爱情是一个故事，爱情在本质上是一种叙事，我们每个人都是自己爱情故事的作者，比如，有人相信亲密关系是合股关系——商业故事；有人喜欢吓唬自己的伴侣，或者被自己的伴侣吓到——恐怖故事；如果我的伴侣离我而去，我的生活将是一片空白——成瘾故事；爱情是一场游戏，输赢的不确定性才是游戏的好玩之处——游戏故事；还有人觉得伴侣就像外星人一样不可思议，难以理解——科幻故事，斯滕伯格一共总结了26个故事，包括童话、商业、收藏者、恐怖故事等等。

每一个故事都有一个关于爱情的预设，它不仅内化了我们对于爱情的理想，并受到我们的个性特征、成长背景，与父母、朋友、兄弟姐妹的相处方式，青春期的交往经历等方面的影响。对我们影响最深的主题，往往是那些最个人化的体验（通常是痛苦的经历）。如果你曾经有过被拒绝的历史，对于拒绝就会特别敏感，即使对方并无拒绝的意思。于是，拒绝就成为你的爱情故事中的一个主旋律，并编织到每一个情节之中。或者，你曾经遭遇过感情的背叛，即使在一段新的情感中也会不自觉地寻找对方不忠的迹象——欺骗已经成为你的故事的一个主题。从故事的理论看，我们之所以爱上某人，只是因为这个人身上的某种特质在一定程度上满足了你的故事对爱情的预设。

故事理论给我们最大的启发在于，一段感情是否幸福，能否维持，很大程度上取决于男女双方关于爱情的故事是否相匹配。同一个故事中的互补角色最容易相处，比如童话故事中的公主与王子。或者，两人的故事足够相似，可以融合成一个新的统一的故事。比如一个童话故事与一个园艺故事可以结合，一方渴望被白马王子拯救，而另一方希望照顾一个人、精心培育一段感情。所以，你想有一段幸福的感情，就要从理解自己的故事开始。你到底想讲述一个什么样的故事？故事的主题是什么？在过去所有的感情中，最吸引你的是什么样的人，那些你最终失去兴趣的人是什么样的特质……然后，寻找那些与我们的故事相符合的人。当然，你也可以修改自己的故事，毕竟你是自己故事的作者。

二、爱情的心理结构及类型

（一）爱情三元理论

心理学家对人类心理现象的理解倾向于运用实证分析的方法，将心理现象进行量化和分解，以便获得一种可信任、可理解、可操作的理论。尽管有些心理现象非常复杂，但是，实验心理学家依然能通过自己创造性的思维，将复杂的心理现象分解和量化，使研究深入到现象背后，得出人们可理解和运用的科学理论。

关于爱情的心理学理论中，1986 年由美国著名心理学家斯滕伯格提出的爱情三元理论是目前解释人类爱情最有影响的观点。这一理论认为爱情包括三种成分：亲密（intimacy）、激情（passion）、承诺（commitment）。不同的成分在爱情的发展过程当中所占地位是不一样。如图 4－1 所示，随着时间的推移，激情快速上升，然后又急剧下降，而承诺是慢慢增加，到达一定程度之后，基本保持恒定，亲密是随着时间逐渐增长的。

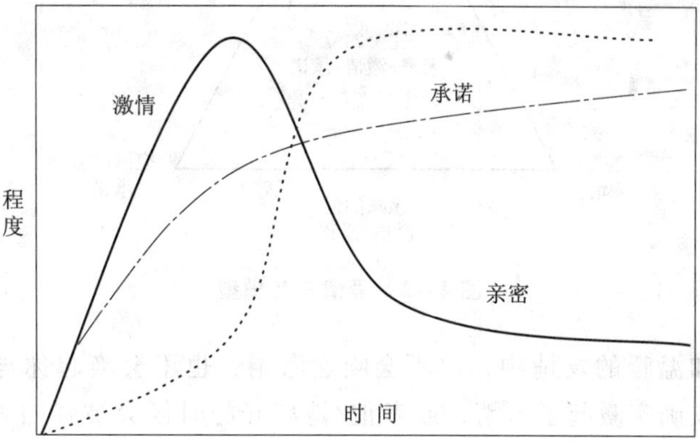

图 4－1 不同成分在爱情发展过程中的地位变化

1. 亲密

两人彼此分享自己的内心世界，得到对方的接纳，感觉亲近、温馨的一种体验。它包括 10 个基本要素：（1）渴望促进对方的幸福；（2）与对方在一起体验到快乐；（3）高度关注对方；（4）在需要帮助时能指望对方；（5）互相理解；（6）与对方分享自我和自己的占有物；（7）互相提供情感方面的支持；（8）互相尊重；（9）与对方进行亲密的沟通交流；（10）重视对方在自己生活中的价值。

2. 激情

两性之间本能的相互吸引，一种强烈地渴望和对方结合的状态。通俗地说就是见了对方，会有一种怦然心动的感觉，和对方相处时有一种兴奋的体验。激情主要是由性的需要引起的，自尊、照顾、归属、支配、服从也是唤醒激情体验的源泉。

3. 承诺

承诺分为长期和短期两种。短期承诺就是短时期内决定爱还是不爱一个人。长期方面则是作出维护这一爱情关系的承诺，包括对爱情的忠诚和责任心。

这三个方面对完美的爱情缺一不可，其中，激情是爱情的发动机，没有激情，爱情就缺少了生存和发展的动力；亲密是爱情的加油站，没有亲密，爱情就容易枯竭；承诺是爱情的安全气囊，没有了承诺，爱情就会变得危险。

根据以上三种不同的成分，可以形成八种不同类型的爱情。如图 4－2

（1）无爱：如果亲密、激情和承诺都缺失，爱就不存在。则两个人也许仅仅是熟人而不是朋友，彼此的关系是随便的、肤浅的、没有承诺的。

（2）喜欢：当亲密程度高而激情和承诺非常低的时候，会产生喜欢。喜欢发生在

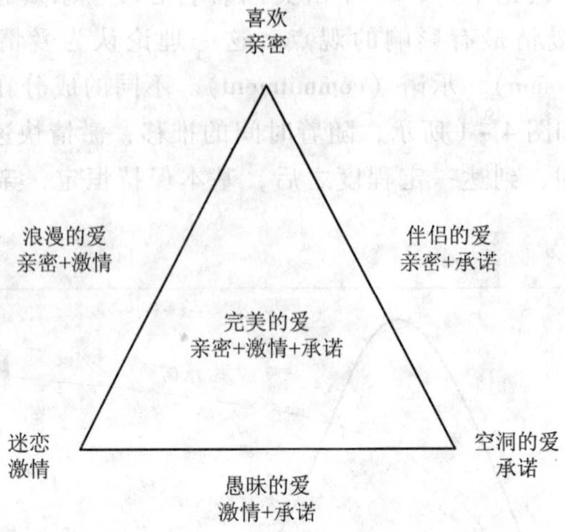

图 4-2 爱情三角模型

有着真正的亲近和温暖的友情中，但不会唤起激情，也不会唤起你与之共度余生的期望。如果一个朋友确实激起了激情，或者他/她离开的时候会被强烈思念，则这种关系就已经超越了喜欢，变成了别的。

（3）迷恋：迷恋中有着强烈的激情，但缺乏亲密和承诺，当人们被不太熟悉的人激起欲望时会有这种体验。

（4）空爱：没有亲密或激情而只有承诺就是空爱。这种爱见于激情燃尽的关系中，既没有温暖也没有激情。然而，在其他包办婚姻的文化中，空爱是配偶们共同生活的第一个阶段，而不是最后一个阶段。

（5）浪漫之爱：当高程度的亲密和激情一起发生的时候，人们体验的就是浪漫的爱。对浪漫的爱的一种看法是，它是喜爱和迷恋的结合。人们常常会对自己的浪漫关系作出承诺，但斯腾伯格认为承诺并不是浪漫之爱的典型特征。比如，夏天的一场韵事可以非常浪漫，即使双方知道等夏季结束的时候这场爱也会消失。

（6）伴侣之爱：亲密和承诺结合形成对亲密伴侣的爱，可以称为友伴的爱。亲近、交流和分享伴随着对关系的充足的投资，双方努力维持深度而长期的友谊。这种类型的爱会集中体现在长久而幸福的婚姻中，虽然年轻时的激情已渐渐消失。

（7）虚幻之爱：缺失亲密的激情和承诺会产生一种愚蠢的体验，叫做虚幻之爱。这种爱会发生在旋风般的求爱中，在势不可挡的激情中两个人闪电结婚，但对彼此并不很了解或喜爱。在某种意义上，这样的爱人为一场迷恋做了一次风险投资。

（8）圆满之爱：当亲密、激情和承诺都以相当的程度同时存在时，人们体验的是“完全的”或称圆满之爱。这是许多人寻求的爱。真正的完美的爱情应该以信任为基石，以性的吸引和欣赏为催化剂，以承诺为约束。既具有相对的稳定性，又充满热情和活力。

（二）爱情六类型说

加拿大社会学家 John Alan Lee 通过系统的质化研究，根据对爱情体验的深度、对爱人的投入和承诺、所想要的爱人的特点，以及对所付出的爱的回报等方面的不同，将爱情分成六种类型：

（1）情欲之爱，这种类型的爱情有很强的身体成分，情欲爱人可能会被外表强烈影响，相信一见钟情。

（2）游戏之爱，将爱看做是没有承诺的游戏，经常更换爱的对象，却很少投入真实的感情。

（3）友谊之爱，相信爱情是从亲密的友谊发展而来的，重视爱情关系中的亲密感和共同的爱好、理想和价值观。爱情的双方相互倾慕、相互关心、相互理解、相互支持、相互尊重，这种爱情如涓涓溪流，长流不息。

（4）依附之爱，对情感有非常强烈的需求，有强烈的占有欲，常常担心被对方抛弃，对爱的对象有强迫性的情感需求，类似于母婴共生期婴儿对母亲的需要。

（5）实用主义之爱，根据现实的条件，不带激情地寻求逻辑上与自己最为般配的伴侣。

（6）利他之爱，这种爱是无私的，把爱看成是一种责任和给予，无条件地爱对方，不求索取。

（三）爱的艺术

著名心理学家弗洛姆曾指出，爱是一门艺术，探索爱情的第一步是要有爱情方面的知识，就像学习其他的艺术，如音乐、绘画、工匠或和医疗一样；第二，懂得了爱的知识，还需要爱的实践，正如要想成为一名医生，除了学习人体解剖的知识之外，还要不断参加临床实践，只有理论知识是无法胜任实践工作的；第三，除了掌握理论和参与实践之外，还要把爱这门艺术看得高于一切，让这一目标占据他的整个身心。

弗洛姆认为，爱的根本原因是克服人类存在的疏离感和孤独感。人类在进化成为人之前的时代，猿猴生活于纯粹的自然之中，与自然是融为一体的，当人学会使用工具之后就开始逐渐脱离自然，并开始改造自然、超越自然，这种进化和脱离自然，与其说是一种进步，另一方面也可以看做是被自然“逐出”，就像亚当和夏娃由于偷吃智慧果而被逐出伊甸园，原始的和谐和幸福瞬间被打破。脱离了自然的人就具有了自我意识，人的“自我意识”意识到自身面临着一系列的困境，如生命的有限性、未来的不可预测性、环境的危险性、自身的疏离和孤独，以及人生的破碎与荒诞。为了克服这一系列与生俱来的失却了的安全感，人类需要通过理性寻求一种新的人文和谐。正如弗洛姆在《爱的艺术》一书中所言：“人——所有时代和所有文化之中的人——永远都面临着一个问题和同一个方案，即：如何克服这种疏离感，如何实现与他人融合，如何超越个体生命，如何找到同一。”历史上不同时期，不同的文明的人们创造了不同的克服这种疏离感和孤独感的方式，然而，在弗洛姆看来最有效的方式就是通过爱的途径达到人与人的融合。那么什么是真正的、成熟的爱？弗洛姆通过深层的理论分析和自身的爱情实践给出了自己的答案，他认为，真正的爱和成熟的爱是一种主动性的活动，而不是一种被动性的情感。它是一种“自足”（standing in），而不是一种“追索”（falling for）。这种主动性首先是一种给予，这种给予不是放弃、被剥夺、牺牲，而是个人潜能的最高表达，人们恰恰是通过“给予”体验到自我的力量、富足和能力的，给予不仅仅局限于物质性领域，更多地体现在精神方面和人文方面。主动性的爱的活动包含着关心、责任、尊重、了解。爱意味着关心，就像母亲对孩子的无条件的关心和爱；责任不是某种从外部强加而来的东西，其真正的意义是一个人完全自愿的行为，责任是一个生命对另一个生命表达出来或尚未表达出来的需要的响应，负责任就意味着有能力并准备对这些需求予以响应；尊重不是害怕和敬畏，尊重意味着关注对方应该按照自身的本性成长和表现；了解，没有了解，关心、责任、尊重都会盲目，了解的层次很多，在爱的了解里面，要求个人要超越自己的关注点，完全从对方的立场出发，洞察到事物的核心，需要区别的是了解并不是对对方秘密的好奇心，和想知道对方秘密的欲望，而是对对方需要的洞察。关心、责任、尊重和了解之间是相互依赖的，在成熟的人身上，我们可以看到一系列特有的态度：成熟的人能够创造性地发挥自己的力量；成熟的人只想得到他自己为之付出劳动的果实；成熟的人放弃了全知全能的自恋幻想；成熟的人取得了一种以自己的内在力量为基础的谦恭，而这种内在力量只能由真正创造性的活动所给予。懂得了爱的知识和理论之后，更为重要和困难的是爱的实践，爱的实践方面弗洛姆给出了自己的建议：第一，要有纪律和规矩；第二，要专心致志；第三，要有耐心；第四，要极大地关注。

第二节　大学生恋爱的心理特点

大学生经过多年艰苦的学习和奋斗，度过了漫长而苦涩的中学时代，终于迎来了生命中自由的曙光，来到了向往已久的大学象牙塔。在这里他们获得了前所未有的自由，学习压力没有以前那么大，时间相对比较充裕，家长和老师的监督也不再那么严苛，校园生活相对开放和自由，加上自身性生理的成熟和情感的需求，恋爱成为了大学生最主要的需求之一；然而由于自身心理和情感的不成熟，恋爱也成为大学生面临的突出问题之一。

一、影响大学生恋爱的因素

（一）生理因素

生理的成熟是大学生恋爱心理的前提和基础。我国当代大学生基本上处于18～22岁之间，正值青春发育成熟期，即性萌发到成熟的时期，不仅生殖系统发育成熟，而且大脑中的性控制中枢与情绪中枢也正逐步成熟。这个时期大学生性本能欲求对恋爱具有强大的助力，异性之间很容易相互吸引，产生好奇、好感、亲近的心理需要，进而引发恋爱的冲动。

生理因素一方面推动着大学生寻求恋爱的目标和对象，另一方面，生理发育的个体差异也给大学生带来了一些压力和挫折。例如，第二性征发育不良引起的外形缺憾，引发对身体形象、性器官发育的不满，进而产生焦虑、抑郁等不良情绪，长此以往形成一种自卑心理。另外，由于传统观念的束缚和性教育的缺失，很多来自农村和贫困地区的大学生，对自己正常的性需求和性生理现象感到羞耻，并常常压抑自责，这些压抑的性冲动会形成强烈的内心冲突，会表现出焦虑、强迫、恐惧等各种各样的心理问题。

（二）环境因素

环境是影响大学生恋爱的外在条件，对恋爱心理起着巨大的促进作用。大学校园大都坐落在大城市里，这里文化开放、交往自由、气息浪漫，没有家长的约束、没有教师的监控。很多初离家乡的学生突然来到这样一种自由浪漫的环境，看到周围那么多成双成对的恋人，一时间难以自己，很快就会被周围的浪漫气息所感染，于是不由自主地萌发了寻求恋爱对象的念头；同时由于当代通讯工具和网络的发达，各种各样的交友平台和交流方式层出不穷，大大增加了异性认识、了解和交往的机会；另外，大学校园课外生活非常丰富，各种各样的社团和学生组织，经常组织各种各样的活动，大家都有机会展示自己的风采和特长，增加异性之间相互接触、相互认识、相互倾慕的机会。

（三）心理因素

心理因素是影响大学生恋爱的核心和关键。心理因素包括认知、情感、意志三个方面。认知为大学生恋爱开辟了理性的道路，大学教育的自由性、开放性和包容性，大大解放了大学生的思想观念，使他们原有的保守观念受到巨大的冲击和改变，新的思想、新的观念重新塑造了一个崭新的青年人，他们向往自由恋爱、憧憬美好爱情、实践异性交往。

情感方面，当代大学生大都是独生子女，上大学之前几乎从未离家独自生活，多数学生缺乏独立生活的能力，尤其是在情感上尚未成熟，面临与家人、幼时伙伴和中学同学的分离，会产生各种各样的分离焦虑，这种情感上的分离焦虑，令他们感到孤独无依，心情不安，这会促使他们主动寻求异性的关怀，以满足情感缺失的需要。

意志方面，当代大学生尤其是九零后的大学生，自我观念较强，相比以前大学生在道德和超我方面较弱。他们追求自我、寻求满足；他们更多追求自我兴趣的实现，而少意志努力和自我克制；他们做事自由而少约束，对行为后果也能较坦然接受。所以，他们做起事情来显得自由有余而克制不足，恋爱也不再困难，失恋也不再过于痛苦。一切看起来都是自然而然发展，自然而然结束。

二、大学生恋爱的心理过程

（一）亲密关系建立的一般过程

恋爱是指男女双方培养感情、发展爱情的过程。一般来讲，爱情的产生也有一个发展的过程，经过好感、爱慕和相爱等阶段。图 4－3 描述了亲密关系建立的过程。

在亲密关系的发展过程中，按人际间彼此吸引的程度，可以分为 A、B、C、D、E

A →	B →	C →	D →	E
互不相识	开始注意	表面接触	建立友谊	亲密关系

图 4－3　亲密关系发展示意图

五个阶段，从互不相识，到开始注意，然后开始接触，再到建立友谊，最后发展到亲密关系，即恋爱阶段，这一阶段关系已经发生质的变化，亲密关系中双方相互依恋程度增加，分享的内心世界越来越深，出现性的需求。

（二）大学生恋爱心理发展过程

1. 萌发恋爱念头，形成理想的恋爱对象

处于青少年时期的大学生，由于性的成熟和情感需求，非常容易产生对异性的好奇心。在大学自由浪漫环境的影响下，他们很快萌发了恋爱的念头，于是在异性面前开始关注自己的外貌和言行，希望引起异性的关注，博得对方的好感和青睐。生活中，他们开始对恋爱的话题敏感和关注，并进一步通过书籍、影视等途径了解恋爱，恋爱成为大学生中的热门和关注的热点话题。每个人开始逐渐形成自己爱慕的对象的模式，包括外貌、气质、兴趣、价值观等，但是由于大学生自身的人生观、价值观尚未稳固，爱情观尚未成熟，所以理想对象的形象也会随着交往异性的类型的变化而不断变化。

2. 现实中确定恋爱对象

理想的恋爱对象一旦形成，大学生便开始在生活中按自己的理想模式寻求爱的对象。由于大学生活的丰富性，交往机会和展示舞台较多，如果内心恋爱对象的形象比较清晰，就比较容易在生活中遇到合适的恋爱对象；相反，如果头脑中的理想恋爱对象形象比较模糊，或者超出实际情况，就很难在现实中找到合适的伴侣。

3. 激情热恋阶段

大学生在确定了恋爱对象之后，经过一段时间的相互了解和情感接触，感情会迅速升温，进入难舍难分的激情热恋阶段。处于热恋阶段的大学生的理性和视野会瞬间狭窄，恋爱的双方眼中只有对方，须臾不可分离，一切事情似乎都要退居其次，置之脑后。而且，这一阶段会产生彻底拥有对方的念头，性的需求和满足也会萌生，进而发生性行为。由于大学生的感情经历比较少，理性能力发展不足，这个时候很容易被狂热的激情所席卷，而不考虑其他。

4. 冲突与适应阶段

大学生在经历一段时间的激情和热恋之后，情感会逐渐降温，思念也不再像热恋阶段那么重，两个人之间的感情会慢慢出现一些冲突和摩擦。此时激情褪去，理性重新回到生活中，现实中客观的两个人就活生生摆在两个人的面前，怎样去适应一个与自己不同的人，对方有着自己的优点和缺点、有着自己的理想和追求、有着自己的经历和故事、有着自己的思想和思维方式，两个如此不同的人如何共同面临未来的生活，这时候这些客观的问题都会摆在一对严肃的恋人面前。如果两个人能够相互理解、相互支持、相互包容，即使是激情褪去依然相爱，两个人就能经过一段时间的磨合，度过这段冲突和矛盾期，让自己的爱情进入更加平稳更加成熟的阶段，两个人也会在这种爱情中成长。相反，激情褪去之后，有些大学生的性格缺陷和情感缺失往往会暴露无遗，他们无法客观理性地面对与自己不同的另外一个人，或者像孩子般地紧紧依附着对方，或者冷酷无情地抛弃对方，或者自己内心矛盾冲突不知道该如何与对方共同生活，这时候两个人的感情就很容易出现裂痕，甚至破碎。

5. 感情平稳发展和逐渐成熟阶段

如果大学生能够顺利通过矛盾冲突期，经过一段时间的磨合和调适，相互适应，他们的爱情便进入了一个平稳发展和逐渐成熟的阶段。在这个阶段爱情中的双方一起度过了激情包围的热恋阶段和矛盾冲突的调适阶段，曾经的波澜汹涌如今已渐渐褪去，剩下就是平静的海面，波澜不惊。两个人之间的关系渐渐形成一种稳定的亲密关系，像朋友、像亲人、像恋人，相互理解、相互支持、相互包容，恋爱双方在这种爱情中一起规划未来的生活，双方在稳定的关系里逐步成长。

三、大学生恋爱的心理特点

（一）恋爱过程的浪漫性

当代大学生对未来充满了美好的希望和憧憬，而且他们生活在远离世事纷扰的校园象牙塔里，他们涉世未深、思想单纯，因此，当代大学生的恋爱具有更多的梦幻色彩，他们大多以自己从文艺作品和影视作品中概括出来的理想爱情，去勾画自己的理想的伴侣，强调理想、志趣、品质、性格等精神层面和气质、容貌等外在条件，而对承担实际生活困难的能力、责任等条件则重视不足。这是当代大学生恋爱难以经受考验、容易变动的主要原因。

（二）恋爱关系的易变性

当代大学生社会阅历较浅，加上正处于青春萌动期，因此，他们的恋爱大多是冲动型的，往往通过短暂交往就确定恋爱关系。而在恋爱过程中，恋爱的浪漫性使他们大多数人不善于处理恋爱中的纠葛，把任何的矛盾、摩擦都与感情联系起来考虑，不顾及许多客观条件的制约，从而情感波动较大，分分合合，变化无常。而为了恋爱而恋爱的情况使这种易变性更加突出。许多大学生只想在大学期间体验爱情的滋味，至于恋爱中可能遇到的问题和结果如何，他们并没有足够的思想准备，因此很容易因为一些小事而中断恋爱。现在流行的一些不健康的恋爱观念，如“不求天长地久，只要曾经拥有”，也对此起了一定的推波助澜的作用。

（三）恋爱对象的多元性

所谓恋爱对象的多元性，是指男女双方在恋爱过程中，双方或一方同时与恋爱对象以外的异性进行交往，并且对这些异性都具有超越一般友谊的心理倾向性，即潜在地把他们作为自己的恋爱对象加以考虑，只是暂时未公开化。这是因为当代大学生的交往范围比较广泛，在没有对爱情作出最终选择之前，他们希望通过更多的交往找到更适合自己的爱情。这是对爱情的慎重态度，无可厚非，它与事实上的多角恋爱不同。但是，这种多元性特征存在的广泛性和长期性，恰恰反映了当代大学生的心理不成熟和恋爱目的不明确的状况。而且，其中也不乏由这种心理倾向的多元性走向多角恋爱的事例，有的学生甚至认为这是顺理成章的事。

（四）恋爱动机的突击性

这种突击的特点在刚进大学和即将毕业时表现得最为明显。大学新生独立生活的能力还不强，面对陌生的学习和环境表现出较大的心理依赖性；而且，防范意识较强，课外交往相对较少。这样，他们没有父母、同学和朋友可以依靠，要解决自己的问题、寻求心理安慰，最好的办法就是谈恋爱。这一时期，为了填补生活的空虚，或者迫于环境的压力，盲目从众的突击恋爱类型最多。临近毕业时，是大学生突击恋爱的又一个高峰期。经过几年大学生活的磨炼，多数学生意识到，大学是择偶的最佳环境。一方面，校园生活相对丰富，各种社团活动很多，便于扩大交往。而且，同为大学生，素质相当，选择范围大，另一方面，学生之间的交往单纯，以感情为主，了解也较全面、深入，这样的恋情会有深厚的感情基础。而出了校门，生活圈子主要集中在单位，认识的人有限，选择余地很小，而且恋爱中功利色彩相对增强。因此，许多学生都非常希望能够在毕业之前找到终身伴侣。

四、大学生恋爱存在的问题

总体上看来，当代大学生恋爱趋势是好的，他们有美好的爱情观念，但又产生一些不良现象，也存在许多问题和隐患，具体如下：

（一）追求高层次的恋情，但有庸俗化倾向

据一项针对大学生的调查，在选择未来配偶时，女大学生首先注重人品、个人素质；男大学生首先注重性格和长相。在选择恋人时，女学生喜欢的是阳光帅气、风趣幽默和关怀体贴的男孩；男生喜欢的是温柔体贴、时髦靓丽和活泼大方的女孩。一般强调彼此间志趣相投，懂感情，相貌好，有理想信念。重视两性交往中的精神生活，追求情感上的默契与微妙性，都忽视对方的家庭背景和社会地位。另一方面，有 85% 的学生为了事业而选择放弃爱情。理想与现实最终将如何结合是相当复杂的，这是大学生在今后的人生道路上要作出的选择。但对于现在的大学生来说，毕业找工作已经成为一个很沉重的问题，因此，功利性恋爱——为了找到理想的工作而找对象，便成为一部分大学生的自觉行为。由于市场经济的负面影响，腐败现象耳濡目染，社会上、校园内的高消费、高享受的生活方式，无时无刻不刺激着他们的神经。受这些不良社会思潮的影响，某些大学生的人生价值观逐渐转变为功利型，认为人生的目的和意义在于追求和满足个人的感官刺激、肉体需要和物质生活的享受，而达到这一目的的捷径就是与有钱有权势的人谈恋爱。

（二）恋爱动机不纯，重过程轻结果

调查发现大学生中有 31% 的人谈恋爱是因为寂寞空虚，31% 的人是由于一时感情

冲动，9%的人为了寻求娱乐消遣的感觉，19%的人认为心理和生理成熟了，仅9%的人为了爱情。由此可见，大部分当代大学生把恋爱当作一种感情体验，及时行乐，借以寻求刺激，满足精神享受；一些当代大学生是为了充实课余生活，解除寂寞，填补空虚，把恋爱当作一种消遣文化。

很多大学生只注重的是恋爱过程本身，至于恋爱的结果已经不太在意。注重恋爱过程，有利于双方相互了解、加深认识，也有利于培养感情、增加心理相容度，同时也反映出大学生不愿落入世俗，着意追求爱的真谛。但是，只注重恋爱过程，强调爱的现在进行时，把恋爱与婚姻相分离，不考虑爱的将来完成时，未免失之偏颇。现在大学生中流传着一句顺口溜“不求天长地久，只求曾经拥有”。只重恋爱过程，轻视恋爱结果，实质上是只强调爱的权利，而否认了爱的责任。

（三）蔑视传统贞操观念

据调查，大学生中有将近百分三十的学生有过性行为。很多大学生认为：“只要有爱情，性是可以理解的”，当代大学生在性行为和“情人问题”上持较宽容的态度。当代大学生常常处于理智与感情矛盾的漩涡中，在理性认识上觉得应该保持贞操，应该遵守传统的伦理道德观；但在爱的激情下，又不愿再受传统观念的束缚，甚至有的学生不再把性行为看成是一件非常严肃的事，而是顺着内心的冲动，不加以克制，引发怀孕等负性生活事件。特别是当对方提出性的要求时，如果一方拒绝性的要求就会导致恋爱的中止，这本身就不是真正意义上的爱情。有的大学生把性作为维持爱情的筹码，有的甚至出卖自已的肉体和灵魂，甘当别人的“二奶”和“地下情人”。

（四）主观学业第一，客观爱情至上

在对待学业与爱情的关系上，43.6%的大学生认为“学业高于爱情”，49.6%认为“同等重要”，只有6.8%认为“爱情高于学业”。这说明绝大多数大学生能够正确看待学业与爱情的关系。他们赞成学习是自己的天职，大学阶段应以学习为主，爱情应当服从学业，或者希望学业爱情双丰收，既渴求学业有成，又向往爱情幸福。但是，上述这些仅仅是主观上、思想上的愿望而已。在客观上、行为上能够正确处理好学业与爱情关系的大学生，虽然也有，但为数不多。更多是一旦坠入情网就不能自拔，强烈的感情冲击一切，学习同样受到严重影响。有的大学生整天如痴如醉、想入非非，沉浸在卿卿我我的甜言蜜语中；有的大学生中午、晚上不休息，加班加点谈恋爱，致使上课时倦意甚浓，无精打采；有的大学生干脆逃课，一心一意谈恋爱，成为恋爱“专业户”。很多大学生在不知不觉中变得“儿女情长，英雄气短”，成就事业的热情一天天冷却，爱情逐渐成为生活的唯一追求。可见，摆正学业与爱情的关系，是当代大学生难以控制而又必须正确处理的问题。

（五）对失恋态度宽容，承受能力较弱

大学生恋爱犹如空中楼阁一般，缺乏经济基础，社会基础，失恋在所难免。调查发现：面对失恋，80%的人会坦然面对；8%的人伤心欲绝，但只好接受；6%的人选择报

复；另外6%的人则死缠烂打决不放手。当代大学生中有情人虽多，但终成眷属者极少，这样就产生了一批失恋大军。越来越多的大学生有了恋爱经历，呈上升态势，感情挫折后出现一个时期的心理阴暗期是正常的，绝大多数大学生（80%以上）对自己和对方采取宽容的态度，尊重对方的选择。但仍有一部分学生摆脱不了情感危机，有的失去信心，放弃对美好爱情的追求；有的一蹶不振，沉沦自弃，认为一切都失去了意义，以至于悲观厌世；有的视对方如仇人，肆意诽谤，甚至作出极端行为伤害对方。因失恋而失志、失德者，虽属少数，但影响很大。

（六）"快餐式"恋爱

调查表明有85%的大学生谈过或正在谈恋爱，并且"快餐式"恋爱在大学校园已经是一种比较普遍的现象，把恋爱当做"快餐"、视为游戏。许多当代大学生不是为了恋爱而恋爱，不是出于对异性的喜欢、欣赏而恋爱，而是因为孤单、寂寞而恋爱；不是从深层次的感情出发去恋爱，而是追求虚荣和表面上的东西；不是日久生情，而是先决定恋爱，再去笼络一个人。有的从认识到分手只有一个月时间。网络已经成为许多学生日常生活的重要内容，但是许多大学生在网络上谈情说爱，并非真心实意地渴望对方成为自己的终生伴侣，而是满足自己从众心理、好奇心理，找乐趣而已。

（七）恋爱观教育欠缺

处于青春期的大学生，身心发育尚不成熟，在这一问题上自然会表现出各种各样的迷茫、困惑、不知所措，完全要求他们正确处理好恋爱中的各种问题是极不现实的。他们在渴望爱情的同时，也同样渴望对这一问题有益的指导。然而在从性知识的获取途径调查中发现当代大学生们的性知识主要来自各种媒体，而来自家长和学校的性教育却极少。

（八）缺乏恋爱的公共卫生观

恋爱方式公开化，光明正大，洒脱热烈，不再搞"地下工作"，甚至一些大学生在公共场所、大庭广众之下，竟旁若无人，做出过分亲密的动作，有的竟搞多角恋爱。有的甚至在学生宿舍，学校的各个角落肆无忌惮地发生性关系，实在令人咋舌。可见，加强恋爱道德教育势在必行。

五、大学生恋爱问题的对策

（一）培养健康的恋爱观

心理学家根据恋爱中对爱情的追求，把爱情分为健康和不健康两大类。健康的爱情表现在：

（1）不过分痴情、依赖，不要有过强的占有欲和控制欲。

（2）能够尊重对方，尊重意味着关注对方应该按照自身本性成长和表现，希望被爱的人以他自己的方式，为了他自己去成长，去表现，而不是服务于我的目的。

(3) 有给予爱的能力，将爱情给予对方比向对方索取爱情更使自己感到快乐和满足，以对方的快乐为快乐，以对方的幸福为幸福，而非一味索取，让对方满足自己的需求。

(4) 爱情中的双方是独立的个性的结合，而非寄生的黏附和依赖。

(5) 要有足够的责任感，责任就其真正意义来说，是一个完全自愿的行为；责任是一个人对另一个生命表达出来或尚未表达出来的需要的响应。“负责任”就意味着有能力并准备对这些需求予以响应，在成熟的爱中，责任主要是指关心对方的精神需求。

不健康的爱情则表现在：

(1) 只追求美丽的外表，即所谓的高富帅、白富美，这种只看重外表的爱是肤浅的、被动的、性欲驱动的，并不是真正的爱。

(2) 过分相信一见钟情式的爱情，一见钟情更多是一种性欲驱动下的爱情错觉，并不是真实爱情的发生，真实爱情的发生一定是建立在双方相互了解、相互倾慕的基础上，而非简单的被某种华丽的外表所欺骗的感觉冲动，所谓一见钟情，再而衰，三而竭。

(3) 过高地理想化恋爱的对象，将对方人格理想化为一种完美和神圣的化身。

(4) 过于痴情和依赖，这是一种由于情感缺失的不安全依恋者在恋爱中的表现。

(5) 过于功利化、现实化的恋爱，有些同学受到社会风气的影响，过于强调对方的客观条件，对方家庭是不是有权力、财富等等，过于功利化和现实化的恋爱实际上淹没了真实的爱情，其结果往往是可悲的。

(二) 摆正爱情与事业的关系

(1) 大学生应摆正爱情在人生中的位置。爱情在人生中占有重要地位，没有爱情的人生是不完美的，但爱情不是人生的根本宗旨，更不是人生的全部，只为爱情而活着是苍白的，所以，不要溺陷于过于虚幻和理想化的“琼瑶”式爱情。我们一方面需要爱情，另一方面更需要事业，这两个方面并不矛盾，但是也不能偏废其一。

(2) 明确坚持学业第一的观点。今天的学习与未来的事业息息相关，也是爱情美满的基础。抛开学业谈恋爱的做法，不仅有碍成就事业，也难以获得幸福的爱情，因此不仅是愚蠢的，也是可悲的。大学生应该树立崇高的理想，变儿女情长为胸怀大志，用理想的感召力焕发学习的激情，把兴奋中心转移到学习上，把时间和精力投放到学习上，从而真正把学习放在第一位，爱情服从学业，爱情促进学习。

(三) 理解和懂得什么是真正的爱情

爱情的本质是人的自然属性与社会属性的统一，是性爱与情爱的统一。爱的核心因素是责任。爱不只一个字，爱是一种责任，爱是一种付出，爱是一种等待，爱是一个盟约。懂得爱情是一种相互理解，是相互信任，是一份责任和奉献。理解对方是为个人和对方营造一种轻松和快乐的氛围，没有人追逐爱情只是为了被约束，相互信任是自信的表现，责任和奉献则意味着个人道德的修养，它是获得崇高的爱情的基础。除了责任和付出，正如弗洛姆所讲的，真正的爱，还包括给予、关心、尊重、了解等，大学生需要认真学习什么是真的爱，而非在激情的燃烧下盲目地恋爱。

（四）发展健康的恋爱行为

（1）恋爱言谈要文雅，讲究语言美：交谈中要诚恳坦率自然，不要为了显示自己而装腔作势，矫揉造作；不能出言不逊，污言秽语，举止粗鲁；相互了解，不要无休止地盘问对方，使对方自尊心受损。否则只会使人厌恶，伤害感情。

（2）恋爱行为要大方：一般来说，男女双方初次恋爱，在开始时常感到羞涩与紧张，随着交往的增加会逐渐自然与大方。这个时期要注意行为举止的检点。有的人感情冲动，过早地做出亲昵动作，使对方反感，影响感情的正常发展。

（3）亲昵动作要高雅，避免粗俗化：高雅的亲昵动作发挥爱情的愉悦感和心理效应，而粗俗的亲昵动作往往引起情感分离的消极心理效果，有损于爱情的纯洁与尊严，有损于大学生的形象，同时对旁人也是一种不良的心理刺激。

（4）恋爱过程中要平等相待，相敬如宾：不要拿自身的优点去比较对方的不足，以此炫耀抬高自己，戏弄贬低对方。也不宜想方设法考验对方或摆架子，这些都可能挫伤对方的自尊心，影响双方的感情。

（5）善于控制感情，理智行事：恋爱中引起的性冲动，一方面要注意克制和调节，另一方面要注意转移和升华，参加各种文娱活动，与恋人多谈谈学习和工作，把恋爱行为限制在社会规范内，不致越轨，要使爱情沿着健康的道路发展。

（五）培养恋爱的能力与责任

对于人格处于完善期的大学生来说，恋爱的过程也是发现爱的不足，培养爱的能力，完善自身人格的一个过程。因此，大学生应该从理性的、科学的、人生发展的视角来看待自己的恋爱，从中发现自身的缺点和不足。在恋爱过程中获得人格的成长和完善，加深对爱的理解，培养爱的能力，提高生命的质量。

（1）培养爱的能力：包括施爱的能力和接受爱的能力。一个人心中有了爱，在理智分析之后，要敢于表达、善于表达，这是一种爱的能力。一个没有爱心的人是个自私自利的人。一个人面对别人的施爱，能及时准确地对爱作出判断，并作出接受、谢绝或再观察的选择，这也是一种爱的能力。缺乏这种能力的人，或是匆忙行事，或是无从把握。大学生要具有接爱的能力，就应懂得爱是什么，有健康的恋爱价值观，知道自己喜欢什么，需要什么，适合什么。就应对自己对他人对万事保持敏感和热情，就应主动关心他人，热爱他人。当别人向你表达爱时，能及时准确地对爱的信息作出判断，坦然地作出选择。能承受求爱拒绝或拒绝求爱所引起的心理扰乱。

（2）培养拒绝爱的能力：自己不愿或不值得接受的爱应有勇气加以拒绝。拒绝爱要注意两个方面：一是在并不希望得到的爱情到来时，要果断，勇敢地说“不”，因为爱情来不得半点勉强和将就。如果优柔寡断或屈服于对方的穷追不舍，发展下去对双方都是不利的。二是要掌握恰当的拒绝方式，虽然每个人都有拒绝爱的权力，但是珍重每一份真挚的感情是对他人的尊重，也是一种自重，同时是对一个人道德情操的检验。不顾情面，处理方法简单轻率，甚至恶语相加，结果使对方的感情和自尊心受到伤害，这些做法是很不妥当的。

(3) 培养发展爱的能力和爱的责任：爱的能力是指和他人建立亲密关系的能力，它对人的一生发展有着重要意义。一个人只有具备了爱的能力，才可能真正爱自己、爱别人，与他人建立良好的亲密关系，体验真正的爱情给自己和爱人带来的幸福和愉悦。发展爱的能力，并不是非要具体到对某一异性的爱，可以是更广泛意义上的爱。人类文明中的哲学、宗教、文化中都蕴含着体现着高级的、广义的、不局限私己的爱的能力，比如哲学里儒家讲的仁爱、墨家的兼爱，宗教里基督教的博爱、佛教的慈悲等，都是讲的超越了个人的私己之爱的大爱。前苏联著名教育家马卡连柯说："爱的力量只能在人类非性欲的爱情素养中存在。他的非性欲的爱情范围愈广，他的性爱也就愈为高尚。"即便是在个人的恋爱中，也要重视给予和责任，而不是建立在索取和依赖基础上的不成熟的爱，懂得真正的爱是一种给予、关心、责任、尊重和了解。

（六）提高恋爱挫折承受能力

首先要正确对待失恋，摆脱自卑的束缚。大学生的恋爱受到多种因素的制约，因而在追求爱情的过程中遇到各种波折是在所难免的。如单相思、爱情错觉、失恋等等。恋爱心理挫折对大学生的心理承受能力就是一种考验。如果承受能力较强，就能较好地应付挫折，否则就有可能造成不良后果。因此，提高恋爱挫折承受能力对大学生的心理健康是非常重要的。当爱情受挫后，用理智来驾驭感情，通过增强理智，分析原因，总结经验教训，寻找解决问题的方法和途径，在新的追求中确认和实现自己的价值，从而提高自己的心理承受能力和思想水平。通过适当的情绪调节、宣泄和转移，来减轻痛苦。人对失恋的应对方式反映了一个人的心理成熟水平和恋爱观。对于正在恋爱中的大学生来说，要充分认识大学生阶段是人生有限生命过程中一段重要的历程。一个人能够理智地从失恋中解脱出来，往往会使自己变得成熟起来。

（七）加强大学生性健康教育

目前，我国的性教育仍然处在"犹抱琵琶半遮面"的状态。尽管 20 世纪 70 年代后期，在我国打破了性教育的禁区后，国家从立法和政策上对性教育作出了一系列规定。性作为衡量文明的标准，体现着社会的文明程度，也体现了人生不同阶段的美好内涵。大学生处在人生的黄金阶段，他们面对着人生的一系列的重要问题：完成学业、培养综合素质、就业择业、异性交往、恋爱成家等等。因此，帮助大学生通过科学的性知识和性文化的学习，拥有健康的性意识和性道德，在人生发展道路上健康成长是我国大学生性教育的主要目标。

大学生处于青春后期，性心理发育已经成熟。他们随着大众媒介有关恋爱与性问题的渲染，以及自身生理反应的体验，大学生对恋爱问题、两性问题既敏感又好奇。但由于没有正规渠道的正确引导，学生容易由此产生各种困惑或心理障碍，其中包括恋爱困扰、失恋、单相思等恋爱心理障碍，也包括手淫、恋物癖、同性恋、窥阴癖、裸露癖等性心理障碍。这些都是因为长期缺乏性教育以及缺乏婚恋教育的结果。由于传统文化的影响，大学生的婚恋观教育尤其是性教育始终没有得到充分重视和有效的开展。学校、家庭和社会对此都做得不够，缺乏有效的行为指导，并且教育方法简单、内容陈旧、手段单一。大学生的性知识主要来源于报刊杂志、医药卫生书、互联网等渠道，缺乏系统的科学的教育引导。这是导致他们逾越神秘，盲目偷食“禁果”，甚至陷人迷惑、焦虑或冲动之中，漠视婚恋道德的重要原因。高校有必要加强对大学生爱情婚恋观的教育和引导，帮助大学生树立正确文明的恋爱观。

开设心理热线。现今社会人们处于快节奏的生活当中，承受着各种压力，因此心理压力较大，各种心理问题随之而生。大学生处于学生走向社会的过渡阶段，心理由幼稚趋向成熟，在这个过程中产生的一系列心理问题，如不解决会影响其以后的学习工作和生活。再者，大学生大多离家远涉他乡求学，身在异乡有诸多不适应。部分学生因环境的变化，生活的不适应，人际关系的变化，产生一系列心理问题，尤其是大学一年级的学生极易产生心理问题。如何解决他们存在的这些心理问题，学校有必要给予重视。因此，学校有必要建立相关的心理咨询室，开通心理咨询热线电话，并加强这方面的管理，多引进相应的人才，真正落到实处地做好学生的心理咨询服务工作。

第三节 大学生恋爱的心理困惑与调适

一、初恋的痴情

恋爱是以感情为基础的，随着恋情的逐级发展，双方必然在心理上产生巨大的依赖。对于初次恋爱的大学生来说，要面对很多情绪和情感上的新情况，比如面对恋爱对象时的激动不安、等待恋人的焦急烦躁、离别时的依依不舍、离别后的牵肠挂肚等，这些反应都是很正常的，是恋爱中常有的心理现象。如果这些情绪反应过于强烈、痴迷，超过一定的限度，无法自拔就会影响到学习、生活和身心健康。如与恋人一日不见就坐立不安、心神不宁、寝食难安，恋人短暂离开就如同生离死别般痛苦等等，这些都是过度痴情的反应，是缺少理智的爱。莎士比亚曾说：爱和炭相同，烧起来得想办法让它冷却，不然会把一颗心烧焦。因此，初恋中的大学生要保持心态的稳定，不要把自己的全部时间和精力都投放在恋爱上，因为恋爱并不是生活的全部。

从依恋的角度来看，过于溺陷于恋爱的大学生一般属于焦虑矛盾型依恋模式，这样的人在情感上往往是黏人的、占有欲强的，寻求超过一般人能够提供的亲密和安慰。所以，恋爱中的另一方与焦虑矛盾的一方在恋爱中往往感到有很大的压力，感到对方太过粘人，对方的爱过于热烈甚至使人有窒息感。尽管如此，焦虑的恋人依然对这份感情感到患得患失，强迫性的担心会失去对方，于是就更加炽烈地、不顾一切地想占有对方、控制对方，不断地求证对方是不是爱自己。然而，遗憾的是，焦虑的恋人越是如此，恋爱的另一方感到压力越大，越想摆脱这样令人不安、令人窒息的爱，最终会导致感情在“你拼命追我拼命跑中”宣告结束。这种类型的大学生需要从根底上认识到，自己对情感的渴求超过了另一个独立个体能够承担的，不是对方不爱自己，而是，自己情感上有缺失，缺乏安全感和情感的独立性。要在情感上得到成长和独立，要敢于、要能够独立承担情感的分离，如此才能谈一场愉悦的恋爱。

二、单恋与爱的错觉

恋爱是两人之间的感情交流，如果只是一方投入感情，一厢情愿，而对方毫无感觉或者不想与之交往，就形成了所谓的单恋或单相思。单恋是一种单向的恋爱，单恋的一方往往是深陷一种恋爱的错觉。每个人在青少年时期都可能发生暗恋或单恋的情况，科研调查发现 80% ~90% 的年轻人报告他们曾经经历过单恋，16 岁 ~20 岁青少年之间经常发生，并且男性高于女性，多发生在焦虑矛盾依恋类型的人和偏执性人格身上。问题在于有的大学生在生活中一旦爱上某位同学，就不管对方是否接受而苦苦追求，完全不顾及对方的感受和反应，甚至可以丧失自尊、不顾及人格去反复表达自己的爱，干扰对方的生活和学习；甚至有的人还会走向极端，做出伤害他人的蠢事。这样的学生在性格上一般具有一定的偏执性，做事情往往只凭自己的主观想法去做，听不进别人的意见，固执地以为自己是对的，即使是错了，失败了，依然不肯回头，无法面对客观现实。生活中，还有一些学生把同学之间的友谊、关怀误作为爱情，执着地恋着对方，但又害怕遭到对方的拒绝而不敢袒露心迹，对其朝思暮想，常常感到痛苦、压抑、焦虑和失望等。在这种情感状态下，人的心情烦躁，情绪低落，往往沉浸在幻想的情爱之中而不能自拔，如果不及时纠正，就会影响人的知觉和理性判断，甚至让精神滑向错乱的深渊。

单恋可能有以下三个方面原因：首先，单恋者会被不情愿的目标强烈吸引，他们认为与这样的对象的关系才是值得努力和期待的；其次，单恋者过高地估计了自己会被对方喜欢的程度，或者说单恋者防御性的不肯面对客观现实，而在幻想中享受着某种自恋性的愉悦；第三，也许最为重要的一点是，尽管很痛苦，单恋也依然是有回报的，有利可图的。虽然单恋有很大的挫折，但是期待和某种幻觉的可能性也让单恋者在主观上体验着现实恋爱的激动、愉悦和兴奋。

单恋是青涩的、无望的、凄苦甚至带一点凄美的，单恋发生在自己身上的时候，也许是自己对爱情的美好想象投射到了某位异性身上。需要理性分辨的是，这种爱情仅仅发生在自己的幻想中，自己可以在一定程度上享受这种爱的美好，但是要学会适当地控制自己的情绪和情感，不要让错觉的恶魔过于强大，而吞噬自己美好的恋情和自己喜欢的对方。要知道对方并不是唯一适合自己的人，也不是这个世界自己唯一能爱的人，心理学研究发现这个世界上有超过三万以上的人适合自己，所以，不要偏执地以为这个世界上除了对方不会再有第二个他或她，自己所苦苦依恋的、苦苦追求、难以割舍的，其实只是自己内心对爱情那份执着，以及对丧失的不舍。一个人只有学会放弃，有能力面对丧失和分离的时候，才可能真正得到两情相悦的甜蜜爱情。

三、失恋的痛苦

失恋对大学生来讲，可以说是最为沉重的打击了。人类最为脆弱的就是情感，最难忍受的就是情感的分离和丧失，还有什么比丧失曾经相亲相爱的人、曾经相互依赖的人、曾经以为可以相伴一生的人，更让人痛苦的事情呢。然而，现实总是残酷的，有恋爱就有失恋，有欢乐就有痛苦，甚至是曾经的欢乐越多，失去后的痛苦就越深。生活就是这样，它给了你多少，你就可能失去多少。对于初次恋爱、情感比较脆弱的大学生来说，第一次可能会难以承受失恋的痛苦，一下子陷入绝望的深渊，整个生活像是蒙上了一层阴郁的雾霭，看不到一丝光亮和希望；一个人沉默不言、痛哭不已、寝食不安，甚至借酒消愁，自虐自残自伤，一个人不断地回想曾经的一个个美好的瞬间和在一起的浪漫而美好的画面，自己无法面对，不肯相信这是真的，这样长期下去会导致情绪的抑郁。还有的同学面对失恋会产生极大的愤怒情绪，以为是对方欺骗了自己的感情，于是产生仇恨和报复的扭曲心理。总之，不同性格的人在面对失恋的时候会有不同的处理方式，作为成长中的大学生需要坚强而理性地面对失恋，不要因此而一蹶不振，因小失大，影响自己美好的未来。

失恋的痛苦虽然无人替自己承担，但或许时间真的是一剂良药。另外，从长远和整个人生角度来看，失恋是年轻人成长的一个机会，一个人不可能永远拥有什么，恋情也不例外，甚至将来可能面临亲情的丧失，人生就是在这样一次次的情感灾难面前变得成熟和强大。另外，心理学也有一些常用的方法，或许也可以帮助失恋的同学尽快走出痛苦的深渊，早日走出阴霾，重新沐浴在爱的阳光里。

（一）情绪宣泄法

一般来讲，大学生失恋之后会有很多负面的情绪，比如痛苦、悲伤、抑郁、愤怒、怨恨等，这些无法排解的负性情绪使得失恋的人难以忍受，久而久之会影响到身心健康发展，影响正常的生活和学习，影响到和同学、朋友的交往，甚至影响到自己对异性的看法和爱情观。因此，及时有效地宣泄负面情绪是失恋之后非常必要的一种方法。但需要注意的是宣泄情绪的方法要适当，要采取积极有效的方式，如看电影、写日记、长途旅行、体育锻炼等，避免采取消极的心理宣泄方式，如酗酒、自虐、自伤。表4－1是常用宣泄方法：

表4－1 失恋情绪宣泄法

积极的方法	中性方法	消极的方法
写心情日记	哭泣	借酒消愁
听音乐	购物	暴饮暴食
看电影	沉默不语	自伤自残
体育锻炼		伺机报复
远足旅行		攻击他人
聊天倾诉		仇视异性
静思冥想		沉溺游戏

（二）转变认知

人类一方面是情感的动物，另一方面人类又具有强大的理性，很多时候我们的被某种强烈的情感所控制的时候，忘记了我们还有理性。理性和认知在很大程度上可以调整和控制强大的情绪。失恋者错误和偏差的认知可能会使得失恋的痛苦更加剧烈，如失恋者往往具有这样的不合理认知："他或她怎么可能这样做?""这不可能是真的，他或她一定是在考验我或者在骗我"；"我不能失去他或她"，"没有他或她我无法生存下去"；"我再也找不到像他或她那么好的人了"，"没有他或她我活不下去"；"他或她竟然欺骗我"，"我恨死他或她"；"我不会让他或她好过的"，"我要报复他或她"等等。这些错误的认知均是源自于非理性的错误认知，这样的认识远远偏离了客观和理性，会把失恋者陷入更痛苦的深渊，或者带到仇恨的陷阱里。相反，如果能用理性和客观的认知去面对、调整自己的情绪，那么失恋的痛苦将会随着时间的推移慢慢消失，而且自己也从中获得成长。

失恋的同学不妨先"悬置"自己的痛苦和非理性认知，让自己置身于自己之外，从整个人生的角度，从一个旁观者的角度，从以下几个方面重新审视自己逝去的这份感情。

——我们当初是怎么开始恋爱的?

——我喜欢对方哪一点?

——这些我喜欢的地方，是不是被我无限放大了?

——对方真的是那么完美无缺?还是因为失去才变得那么重要?

——我为什么把一个平凡的人想象得像白马王子或圣洁女神?

——对方是不是还有些缺点，而我对此确常常视而不见?

——我如此悲伤痛苦的意义是什么?

——如此下去能给我带来什么?

——我是不是可以带着痛苦，过另一种生活?

——也许什么情绪都会过去，痛苦只是暂时的。

——失恋让我学会了放弃，学会了勇敢，学会独立和乐观。

——失恋只是人生的一个经历，它丰富了我的人生经历。

——失恋，不过如此，没有谁太阳都照常升起。

——我该振作起来了!

——振作起来!

——从明天起做个快乐的人!

无论如何，请记住生命中所有的灾难都是可以度过的，没有什么能摧毁一个完整的生命，生命中所有的灾难都会让你变得更加坚强、更加勇敢、更加成熟，无论失去谁，失去什么，只要没有失去自己，生命就有机会更加精彩。

（三）情感转移和升华法

我们都不会忘记德国有位伟大的人物叫歌德，这个伟大的人物年轻的时候因失恋的痛苦，而写了一部闻名世界的著作叫《少年维特的烦恼》，这就是典型的情感升华，把某种难以承受的情感通过其他的途径升华为某些为社会和人们接受和赞誉的东西。校园生活中也不乏这样的人，例如有的同学失恋之后，奋发图强，力争上游，打造一个优秀完美的自我，以图挽回对方的心。实际上当你足够优秀的时候，你却发现当时对方也并没有你想象的那样完美，那样不可失去。所谓“此一时，彼一时”，时过境迁之后你再回首当时的痛苦时，你也许会会心一笑，感谢对方成就了你。另外，人类的情感就像流水一样，如果淤积在某处，就会越积越多，压力越来越大，最终导致溃堤；如果能够挖掘新的渠道，把情感转移到其他的地方，压力就不会那么大，就像大禹治水，不能堵，要疏泄，情感亦如此。

（四）吸取教训，重新面对自己，开始新的征程

按照斯滕伯格的爱情故事理论，每个人都有自己固有的爱情模式，当我们的爱情故事遇到了与自己不一致的爱情故事携带者的时候，很可能会面临破产。这个时候正是需要我们反思自己的爱情故事的时刻，不要固执地以为天下人的爱情都是自己想象的那样，其实不同的人有不同的爱情模式，认识自己的爱情故事模式是什么样的，然后，决定是调整自己的爱情模式，还是继续寻求和自己有着一致故事模式或者互补模式的恋人。

四、网恋

网恋是指个体以超越时空限制的网络为载体，相识、相知、相许，与情感对象进行虚拟与现实兼具的情感互动过程。网恋者通过各种方法，如电子邮件、聊天工具、聊天室、论坛、网络虚拟社区、网络游戏等交流平台来表达感情、发展爱情。作为一个特殊的社会群体，大学生在时间、技术、个体发展中的情感需要等方面较其他社会群体存在更大的“网恋”可能性。据调查，有过及希望未来至少有一次网恋的大学生比例达到了 78.4%。

网络作为虚拟空间可以满足许多现实世界无法实现的愿望和想法。性格内向或因各种原因比较自卑的同学在现实生活中往往不敢同异性交往。许多性格内向者，由于现实人际交往不够顺畅，内心体验和各种情绪郁结于心中，需要寻找发泄对象和空间，加上现实人际信任感不强，自信心不够，对现实利害关系的担忧，许多隐私不敢、不愿在现实中表露，网络为其提供了自由的时间和空间，可控的亲密关系和交流程度，而且无须顾及现实影响，于是他们就更容易借助虚拟的网络空间实现自己与异性交往的愿望。网络空间上的匿名性、隐蔽性、间接性减少了很多面对面交往带来的压力和张力，这些学生在网络的掩护下，就可以比较自由地吐露自己的心声。有些性格外向的学生也会发生网恋，他们尽管现实人际关系融洽，不乏朋友，有充足的情感交流对象和机会。但性格外向者往往有浓烈的热情，丰富的想象力，满怀浪漫主义色彩，在观念上更为自由和开放，加上这个年龄对爱情的浪漫幻想和憧憬，网络的神秘感作祟，网恋也极易发生。另外，还有很大一部分大学生往往是在空虚无聊的时候，作为一种寻找倾诉对象或情感寄托的应激反应，与网恋对象形成固定化交流习惯。这种随心倾诉、风险极低的交流过程让他们产生心理上的舒适感和依恋感，继续发展下去可能产生相互依赖心理，双方自然想进一步改变关系，于是就开始通电话聊天，进一步发展就是在现实中见面。如果见面符合自己的审美和感觉，就可能建立现实中的恋爱关系，否则，可能网恋关系破裂，这

个时候网恋者可能也面临着现实中失恋者的各种情绪，只是在强度上可能比较小、持续时间也不如现实恋爱那么长。

不少大学生认为网上恋爱属于柏拉图式的精神恋爱，既免去了恋人厮守影响学习的烦恼，又有精神上的慰藉。然而，实际情况却并不是那么简单，网恋几乎具备了现实恋爱所具有的所有情感链接方式。而且在网上认识的异性在各个方面具有更大的隐蔽性，他们往往隐蔽了很多自身的缺点和不足，在网络上过于夸大自己的优点和长处，给对方造成一种美好的幻觉，可是网恋的泡影一旦接触现实可能会瞬间破灭，即所谓的“见光死”，更不要说网恋发展到婚姻的距离与困难了。这种虚幻不实的情感往往最后对双方造成不必要的伤害和痛苦。

第四节　大学生的性心理

你们这些有智慧和高深学问的人
你们想过，并且也知道，
一切事物为何都要交配？
这到底是怎样发生，
他们为何亲吻和相爱？
你们这些高贵的智者，
告诉我这到底是怎么了？
何时、何地、为何
这会发生在我的身上？

——比格尔

性是动物和人类共有的一种生理现象，是人的自然属性的一部分。同时作为情感性的动物，性对人类来说又具有心理和社会属性，甚至是非常重要的一种心理和社会属性。性几乎影响着人类所有的活动，性加上爱这种复杂情感贯穿了整个人类文明史，所有的戏剧作品、抒情诗、爱情小说几乎都离不开性爱的话题。从心理学上来讲，性影响到一个人的人格产生、发展和完善，影响着爱情的产生、发展和维系，影响着婚姻的美好、幸福和完满。

一、什么是性心理

性心理涉及性有关的一切心理活动，如性的认识、性的情绪体验、对性行为的控制等，其结构包括以下四种基本成分：一是性感知，对有关性的事物的感知，激起与性内容有关的规定、视觉、触觉、运动觉等，性感知是其他方面的基础；二是性思维，对性问题的思考和想象，就是怎么去接近异性、想象性行为；三是性情绪，就是对性活动和异性对象的态度和体验，如性快感，对异性的好感或爱恋、性嫉妒等；四是性意志，就是把自己作为一个性行为和性活动的主体，进行控制和调节。性心理各成分之间存在着密切的关系，它们相互联系、相互制约，其中性思维起主要作用。通过性思维，个体不断地获得对有关性问题的理解，进而逐渐形成对有关性问题的某些观点。这些观点趋于系统化和稳定化，促使一定的性爱观的形成，成为个体价值观的一部分。

对于处于青春期的大学生来说，他们在性生理上已基本成熟，对性爱充满好奇与渴望，但是性生理的成熟并不代表性心理也相应地成熟。在我国传统观念的影响下，甚至可以说青少年的性心理还很不成熟。很多来自教育欠发达贫困地区的学生的性心理几乎处于初始水平，而来自大城市的学生可能在观念上比较开放，对性生理和性心理都有比较多的了解和发展，可以说当代大学生性心理发展很不平衡，总体处于较低发展水平。那么当你在大学萌发了爱的需要和性的需求的时候，你应该怎么面对，你是不是做好了准备?

二、大学生性心理特征

（一）性心理的好奇性和探究性

大学生对自身的性生理、性心理问题方面的问题比较好奇和敏感，这是个体生理发育和心理成长的必经阶段。中学时代青少年的性生理和性心理已经开始再次萌发和发展，但是，由于我国教育现状，在高考压力下中学生的性生理和性心理基本上处于忽视和压抑状态，但是不等于没有潜伏发展。一旦到了大学校园一切都变得自由的时候，自身的性需求和对性的好奇与探索欲便又萌发了，这就促使了大学生对异性的好奇和恋爱的需求。目前，我国的中学、高校性生理和性心理方面的教育均相对落后，但是大学生求知欲较强，于是他们通过各种途径和方式探索和学习性的知识，但是，这种探索和学习依然是“犹抱琵琶半遮面”，谈到性的话题依然会感觉神秘甚至羞耻，所以，他们学习的性知识是零散的，不系统的，甚至有些是道听途说的不科学的知识，这样会导致大学生形成不全面、欠健康的性知识。

（二）性意识的强烈性和表现上的内敛性

大学生尽管情感上迫切需要抚慰，渴望理解，期望有人能分担自己的烦恼和忧愁，但他们又是自尊心极高的群体，为了避免自尊受伤害，不愿意向别人敞开内心世界，形成了闭锁心理。在对待性的问题上更是如此，青春期性生理的成熟导致大学生性意识和性欲望极其强烈，他们十分重视自身在异性心目中的形象，但又常常表现得半遮半掩、拘谨、羞涩、冷漠，内心喜欢某个异性，但又不敢公开表达，表面上总是表现得无动于衷、不屑一顾的样子，而实际上内心却是充满渴望。这种防御性的心理和表现，表明我们在恋爱观和性教育方面的欠缺，也反应了我们文化对男女情感和性问题上依然不够包容和开放。大学生应意识到自身需求，并学会主动表达自己需求的意识和能力，压抑和防御的心理和表现不利于健康、开放的恋爱和性心理的发展。

（三）性心理的动荡和压抑性

大学生已经开始由青春后期步入青年期，这个阶段性的欲望非常强烈、性能量最为旺盛，另一方面大学生的社会阅历较浅，尚未形成稳固的、正确的恋爱观和性道德观，因而，他们的性心理易受外界不良的影响而动荡不安。另外，由于网络的发达，很多不良的刺激因素在网络上广泛传播，也会对大学生产生负面的影响，导致他们内心动荡不安，然而他们内心又不够成熟，这时候容易形成压抑心理，或者由于一时冲动做出让自己后悔的事情。

三、大学生常见的性心理困扰

（一）性困扰与性苦闷

1. 性体像的困扰

青少年进入大学之后，性生理功能和性体征的发展都已经基本完成，许多人会不同程度地出现自我评定，有的人由于有天生的优势，产生自我欣赏的优越感，有的人天生条件不太优越，相比之下可能产生自卑心理。一般来讲，受到传统文化和审美习惯的影响，男孩子希望自己身材高大、体魄强壮、声音浑厚、性格刚强、谈吐幽默；女性则希望自己身材苗条、容貌娇美、乳房丰满、声调柔美、举止优雅。当大学生的体征不如自己想象的理想，又经常与他人进行比较时，就会产生烦恼、焦虑、嫉妒、自卑的心理。这样的学生往往片面甚至过于看重外表，而忽视内在美，殊不知影响人的吸引力更多的来自内在的人格魅力。一个人也许外貌、身材都很好，但若是败絮其中恐怕也是暴殄天物，只会让人觉得索然无味、平淡无奇。人类历史上有很多伟大的人物，并不是靠外貌和生理特征吸引人的，低矮的拿破仑、眼睛又斜个子又矮小的萨特、自小残弱的阿德勒等，数不胜数的人都是靠着内在的强大和人格的魅力征服异性，征服世界的。如果仅仅把注意力放在外表上，实在是过于肤浅，而且外貌的优美根本就不会持久，内在的美才是永恒。

2. 性特征的苦闷

由于每个人的体质特征天生不同，所以在第二性征和性器官的发育和特征上也存在很大的个体差异。部分男大学生过分注意阴茎的大小、长短，阴毛的浓稀等；女大学生则过分关注自己的乳房大小、生殖器的正常与否等。一些对性特征苦闷的学生，担心自己的性功能会影响到恋爱和婚姻的美好，因此而感到压力重重，从而影响到整个生活和学习。实际上，每个人在性器官的发育上都存在差异，就像身材有高矮胖瘦，性器官本身也有大小之别，但是，性器官的大小并不影响恋爱、婚姻和性生活的质量，毕竟性不是决定爱情的核心。另外，生活中也会有很多在性征和性器官上与自己匹配的异性的，所以，大可不必为此而过分担心。实际情况是，问题不在于客观生理状况如何，而在于担心本身是个问题。

（二）性避讳与性压抑

由于我国传统文化避讳谈及性的话题，认为性是不道德的，令人羞耻的事情，因此形成了强大的文化超我，禁锢着我们的内心和性需求。近代以来，随着东西文化的碰撞和交融，我们的文化和思想观念已经得到大大的解放和改观。不过，总体上来讲根深蒂固的传统观念依然深刻于每个国人的骨子深处，时刻影响着我们的性观念和性行为。有一项针对“90后”大学生的性心理调查，发现我国“90后”大学生对性的问题已经比较坦然、宽容和理性，但是在观念上还是比较保守和传统，女大学生依然有较强的贞操观念，男孩子有较重的处女情结。而且在谈及性的问题上很多学生依然十分避讳，甚至认为性是下流、丑恶、不道德的，所以，在性的问题上比较压抑，即便是对异性产生好感，也迅速压抑，感到自己羞耻和不道德，如此一来便会产生种种与性压抑有关的心理问题。这一方面与我们的传统文化有关，也与我们的性教育有关。中学时期、大学时期的老师都不会公开在课堂上讲性的生理和心理，偶尔有教师公开在课堂上谈性，总会引起舆论的一片哗然。作为新时期的大学生教育，我们应该把正常的性需求、性行为与道德之间的界线划清，不能总是以为性就是不道德的。只有在观念上彻底解放，才能获得人类的终极自由。

（三）性自由与纵欲

性行为是人类的基本需求，人类从性行为中可以获得极大的愉悦和满足，性是自然对生物界的一个馈赠，享受性的快感是人类最基本和最原始的欢乐源泉，这是值得我们肯定的和歌颂的。作为一个身心健康、生活幸福的人，应该能够愉悦地享受性带来的欢乐和满足感，一个性生活适度且健康的人会在生活中表现得精力充沛、生活愉快、工作和学习顺利。然而，性又是一把双刃剑，性的自由和解放不等于纵欲，性一方面可以给人类带来欢乐和积极的力量，另一方面也会致使有些人过分沉溺于性的狂欢和消极忘我，在极大的欢愉中失去自我，忘却现实生活中的一切，逃避现实生活。还有的人由于生活过于空虚、无趣、无聊，于是用性的快感来补偿生活的空虚，沉溺于性的快感中，殊不知这种补偿如同吸毒一样容易成瘾，且对身心都有不良的影响。中医把精气看作一个人的精神支柱和生命力的体现，一个人若是性交过度必然损精伤神。

完美健康的性爱，应该是不受压抑的自然的性爱需求，必须是将健全的人格、道德伦理和个人尊严等糅合而成，欲望的满足应该不以损害身心健康及不影响学习为前提。这样人们才能获得真正的幸福。

四、不当的性行为

（一）用身体亲密代替心理亲密

随着时代的发展，社会的进步，文明的开放，传统的性观念在大学生群体中正在悄然发生着一场革命。在大学校园中恋人之间各种各样的身体亲密接触司空见惯，很多恋人不分时间、地点、场合无所顾忌地亲热。这种过分的身体接触和身体表达，表明了大学生恋爱过分强调生理的满足，而缺乏内心的交流和理性的认识。他们用身体的亲昵取代了心灵的沟通，好像相互之间拥有了身体就拥有了一切，然而，这种边缘性的性行为暴露了大学生情感表达的低俗性和本能性。对一段成熟和完美的爱情来说，激情、亲密、承诺都是必不可少的，这里的亲密是指的心灵的沟通和接近的感觉，而不是身体上过度的亲密。所以，大学生应该提高恋爱的高雅性，而非仅仅停留在生理的满足上。

（二）婚前性行为

对于当代大学生来说似乎婚前性行为已经是普遍存在的事情，大多数学生都不再克制生理的需求和性的冲动，认为只要双方愿意，婚前性行为无可厚非，大家也都不再避讳，甚至少数学生在性的问题上越来越随意，在没有太多了解的情况下就发生性关系。一项有关大学生性行为的调查显示在24～26岁年龄段，男生和女生性交发生率分别达到19.5%和17.6%，27岁以上者为56.6%和42.9%。在对大学生婚前性行为的态度调查中，超过半数的学生认为婚前性行为是可以接受的。

大学生发生婚前性行为的原因多种多样，一部分大学生是因为想表达对恋爱对象的爱与情感才发生性关系的，另一些则因为好奇、想体验性的快乐，还有一些学生则是屈服于同伴的压力，或者想取悦伴侣。另外，缺乏自制力和控制力也常常是女大学生发生性行为的一个因素。虽然发生婚前性行为的原因很多，但是婚前性行为都容易对当事人造成伤害。第一，婚前性行为会对性本身造成伤害，婚前性行为往往是在充满内疚、提心吊胆的心理状态下进行的，缺乏良好的性生活环境，双方不仅难以从中体验到性快感，反而留下了痛苦和罪恶的性经验，容易造成性功能障碍。第二，性关系会破坏正常的感情，对于性的尊重是对于爱情的最大承诺。在大学生纯洁的感情中掺进性行为之后，就可能使性超乎一切之上，性关系往往是大学生恋爱发展的一个转折点。第三，婚前性行为对心理和人格也会造成一定的伤害，过早的性体验会限制一个大学生与其他人的平等交往，尤其对女生来说等于放弃了其他的社交机会和平台，一旦情感出现危机，可能会对心理发展和人格完善造成巨大的影响。第四，婚前性行为会使分手产生更大的破坏力，大学生的情感尚处于发展阶段，如果一旦发生性关系之后，会形成一种强烈的情感联接，然而，由于大学生的人生发展和价值观念都还不太确定，恋爱存在较大变数，如果两个人发生过性的关系，分手时将会面临更强烈的情感冲击。第五，婚前性行为也会对今后的婚姻造成不利的影响，性关系是一种能够使两个人结合成一体的强大力量，一个人很难把与自己有过性关系的人忘掉，尤其是初次发生性关系的人，有过婚前性关系的人在今后婚姻中会不断闪现旧恋人的身影，并在头脑中进行比较，这样就会大大影响夫妻的亲密关系的建立。一般来讲，婚前性行为对女性的伤害和损失更大。一方面，由于中国传统的贞操观会给女生带来思想和心理上的巨大压力，因为中国男性一般又具有处女情结，如此一来若是初恋不成，对今后恋爱和婚姻也会造成不利的影响。另一方面，婚前性行为在生理上对女生也非常不利。很多女生都因为婚前性行为造成意外怀孕，由于学生阶段在思想、心理和经济上都没有独立，无法承担责任，所以大部分都要采取人工流产，甚至有些女生不懂得珍惜自己，多次人工流产，给身体和心理带来巨大的创伤。医学研究表明，人工流产对女性可能造成：月经量少、闭经、性冷淡、再次妊娠习惯性流产、子宫内膜异位症、生殖器官炎症、前置胚胎、胎盘粘连、子宫穿孔、产后大出血、终身不育等等一系列严重的影响。

在社会影响上，婚前性行为大大降低了社会对高校教育的看法和对大学生道德水平的预期，当前社会民众对高校学生的婚前性行为已经见怪不怪，而大学生本身似乎也习以为常，殊不知作为社会精英和国家栋梁的大学生如此的道德和行为已经让社会感到失望。另外，一些流行性病已开始在学生群体中蔓延，青春期的大学生由于性卫生知识缺乏，对性病的发生带有侥幸心理；然而，一切事情发生都是可能的，而且后果的严重性往往是大学生无法承受的，所以，大学生一定要足够的生理知识，足够的理性，足够的克制，足够的保护。因此，我们呼吁大学生应该深刻反省自己的行为，男生要懂得责任，女生要明白后果，大学生应该谈一场友谊般纯洁、神话般浪漫的高尚爱情，而不是亲亲我我，无视学习、无视道德、无视后果、无视责任，盲目地、低级地、本能地恋爱。

五、性心理障碍与性心理异常

由于个人生活经历、家庭、社会的影响，大学生中有少数人存在比较严重的性心理障碍。最为常见的性心理障碍有性取向、性偏好障碍和性身份障碍。

（一）性取向异常

性取向基本上包括同性恋、异性恋，或者介于两者之间的双性恋。事实上，同性恋至今在科学上被视为正常的范畴，并不被视为异常和障碍，只是由于性取向与多数人的差异，导致大众不太接受，以至于同性恋的恋人在生活中往往遭遇很多的不公待遇，影响到他们的心理健康。从根源上发掘，同性恋可能与胎儿期的基因、激素以及神经递质的分泌有关；解剖学和遗传学也均有证据表明同性恋取向者与大脑组织和遗传基因有较高的相关。生活中，同性恋和双性恋者也会因为社会压力对自己的性取向感到不满，并希望能够接受心理治疗，把自己变成异性恋者。部分同性恋者通过治疗师的努力可能会发展转变，有研究表明行为主义治疗在转变性取向方面有成功案例。一般来讲，那些曾经有过异性恋经历个体比从未有过类似经历的人有较大的改变可能；不过，胎儿期分裂理论指出，绝对的同性恋是通过任何治疗都不会发生改变的。

（二）性偏好障碍

当一个人的性趣失调，并且这种失调阻碍了两个人之间建立性爱关系时，这种失调就被称作性偏好障碍。性偏好障碍可分为三种类型：

（1）由物品所引起的性唤起和性偏好，包括恋物癖和异装癖。例如某校女大学生宿舍晾衣区总有女学生的内衣丢失。开始丢失者以为是风刮走了，并没有太在意，可是时间一长大家发现丢的总是内裤和袜子，尽管有时候内衣用工具紧紧地拴在衣架上，可还是莫名其妙地丢失，于是大家就起了疑心，想探个究竟。在大家上课的时间就派人轮流看守晾衣区的衣服，后来发现有一个男生偷偷摸摸的来到晾衣区，抓了几件内衣就跑，看守的女孩子由于害怕也不敢做声，后来就把这件事汇报给了辅导员老师……这就是一起典型的恋物癖者。

（2）在痛苦和羞辱的情境下产生性唤起和性偏好，包括施虐狂和受虐狂。一个施虐狂会对他的同伴反复地、故意地施加痛苦和虐待，这样做有时是为了使一个并不情愿的同伴产生性兴奋。一个受虐狂者则反复地、故意地承受别人对其身体的伤害、生命的威胁，这样做的目的是为了使自己能够体验到性兴奋。因此，受虐狂者和施虐狂者为了能相互满足施虐和受虐的强烈欲望，会努力地相互寻找并最终结合，从而满足双方的需要。

（3）对不情愿的个体产生性唤起和性偏好，包括下体暴露癖、窥阴癖、电话性骚扰和儿童性骚扰，暴露癖是指经常把自己的生殖器暴露给那些没有防备的、不情愿的陌生人。窥阴癖是指偷看他人裸体以及脱衣或性交的行为。电话骚扰是指通过给一个不情愿的个体打淫秽电话而产生反复而强烈的性冲动。摩擦癖是指经常在公共场合或人多的地方，触摸他人或通过与他人发生摩擦达到性唤起，例如，一个男性大学生等在女生公寓门口，并藏在附近的一个招牌后面，当有漂亮的女生走出来时，他就开始手淫，偶尔这个女生会注意到他，他渐渐开始从那些受害者的惊恐中找到了满足感，这就是典型的暴露癖。不过，暴露癖者一般是没有危险的。

需要注意的是有些性偏好障碍的幻想在很多没有性偏好障碍的人当中也是常见的。例如，女式内裤、窥阴癖和摸屁股，对于一些男性来讲都是性兴奋时的幻想，正常的幻想与性偏好障碍的区别就在于：个体是否对幻想的物品采取行动；物品是否成为了达到性唤起的必需品；个体是否为自己的行为感到痛苦；物品是否最终替代了人类的性伴侣。通常，性偏好障碍者对自己的性生活感到满意，而问题在于其他人对他们的反应。另外，一些性偏好障碍者为自己的行为感到非常内疚，并有极度的羞愧感和抑郁感。这些人常常伴随有性机能障碍，特别是当那些物品不存在时。

性偏好障碍多起因于童年早期不当的性唤起模式和性驱力的满足方式，最主要的就是早期的性幻想。这些性幻想通过手淫时产生强烈的快感，并被反复强化，于是被固结下来。一般来讲，性偏好障碍很少会自行消失，但是通过治疗可以发生改变。

课堂讨论

1. 说说你理想的恋爱对象，外貌、性格、品质？
2. 讲讲你的心目中为自己设计的爱情故事？
3. 讨论如何看待和处理爱情、学业、事业之间的关系？
4. 分小组讨论大学生应该建立什么样的恋爱观？
5. 分小组讨论如何看待大学生婚前性行为？

复习思考题

1. 简述爱情心理学相关理论，并运用所学理论分析你所听到、看到的爱情。
2. 当代大学生有哪些恋爱特点，存在哪些问题，如何解决恋爱中出现的问题？
3. 如何理解人类的性心理，大学生有哪些性心理特征和性心理困扰？
4. 思考如何正确理解、对待大学生恋爱和性爱。

课后补充

案例一

爱在心口难开

大学二年级男同学Y，高高的个子、长相也比较帅，内心特别渴望找到一个漂亮、优秀的女朋友，他爸爸也常说要他找一个家庭条件好，长相出众，学习成绩好，各方面都很优秀的女孩子。可是每当遇到漂亮、优秀的女孩子时，Y同学心跳就会加快，甚至感觉肌肉都在抽搐，站在她们面前完全不知所措，感觉怎么表现都不好。Y同学认为自己差劲极了，一无是处。相反，遇到长相一般的女同学Y同学倒是能稍微放开些，可是又感觉不强烈，由于性的需求导致有时候主动跟对自己有好感的女孩子发生比较暧昧的关系，但是由于道德的压力，不想仅仅因为性的需求而与对方有太深的交往，内心非常矛盾。就这样过了两年的大学生活，Y同学没有找到自己认为不错，而对方也对自己满意的女朋友，因此十分苦恼。

案例分析

这样的案例在大学生中比较常见，青春期的大学生由于生理的成熟和性的需求，加上周围环境的影响，普遍萌生了恋爱的想法和需求。然而，由于每个人的童年经历和性格不同，有些人比较外向，明确自己喜欢对象的类型，也敢于表达自己的爱，这样就很顺利能找到合适的恋爱对象；但是还有一部分同学家庭教育比较严格，性格内向，不太敢于表达自己的爱。该案例中Y同学认同了父母对自己另一半的高要求，对理想对象的要求比较高；另一方面，父母经常表达对自己的挑剔和不满，导致Y同学内心比较自卑，对自己有较多的负面评价，尤其是遇到心动的女孩子时，立刻就感到自己一无是处。

在咨询中，这样个案需要逐渐摆脱长期以来被内化了的挑剔、批判性他人，重新内化一个没有批评、没有挑剔，真正尊重自我、关心自我的内在客体，从而找回真实的自我，能够客观地认识自己的优势和劣势，感受自己内心真实的感觉、情绪和需要，能够确信自己的爱与不爱，而不是深陷在自我批判、失去自我判断的泥淖中。

另外，青春期性的萌动往往会与道德的超我发生激烈的冲突，导致内心矛盾重重，这往往是由于过于强大的超我导致的道德焦虑，需要明确的是性本身并不是罪恶的，正当的性需求和幻想是正常的，无须过度批判自我。

案例二

我只有足够优秀才能得到她们的青睐

大学一年级的男同学L，浓眉大眼，一副传统的国字脸，个子高高的。最开始因为学习问题前来咨询，总认为自己的学习效率不够高，导致学习成绩不够突出，因此而很着急，不知道怎么把学习搞上去。经过深入交谈，才发现L的问题并不在于学习本身，学习只是一个幌子，而是内心喜欢一个女孩儿，但是，觉得自己一无是处，心里认为要想得到对方的关注和青睐，必须要足够地优秀。由于自己没有别的特长，于是就拼命地想把学习搞好，可是所谓欲速则不达，L越是急着想把成绩搞上去，学习的效率却越下降，精力无法集中，成绩反而下滑，甚至大一还挂了科，因此，L同学内心充满了痛苦和无奈，似乎自己离那个女孩儿越来越远，真是不知如何是好！

案例分析：

这个案例同上个案例有一点相似的地方就是，很多大学男生一旦喜欢上心目中美丽的女孩儿，往往会立刻感到自身价值不足，感到自己不够优秀，越是喜欢就越是觉得自己不足以拥有对方。这种现象的一个可能解释就是潜意识中对异性过度理想化，把对方想象的过于完美，就像是带着一副完美的眼镜看待自己喜欢的异性，在自己眼中她们像仙女般圣洁或者像王子般潇洒，正如童话常有的故事模型：青蛙与公主的爱情，或者王子与灰姑娘的爱情，人类在自己所深爱的人面前难免会把对方理想化、神圣化，这是集体无意识的一部分，也是每个人内心自我的一部分，即荣格所说的阿尼玛（男性潜意识中的理想化女性成分）和阿尼姆斯（女性潜意识中理想化男性成分），一个人的成长和成熟就意味着在意识到到自己无法接纳的阿尼玛或阿尼姆斯，把它们意识化、现实化。具体到现实生活中就是要明白自己喜欢的异性也不过是和自己或别人一样的人，没有自己想象得那么完美无瑕，她们也有自己的不足和缺点，也有自己的需求和愿望，如果你过于理想化对方，反而使对方也感到有压力，不可思议，无法接受。所以成熟的爱应该是能够以对方真实的面目接纳对方，喜欢一个真实的而不是理想化的神秘化的对方。

本案例中，同学 L 就是在自己理想化的女孩儿面前失却了自我，过于把异性理想化和完美化，并在理智上以为按照传统的观念，只要自己足够优秀就可以获得对方的青睐，殊不知也许自己本身就已足够优秀，况且爱情本身并不见得与学习有什么必然联系。学习只不过是自己习以为常的一种优秀工具，在没有其他的东西能证明自己之前，自己惯性的就去抓学习，可是事实是学习与爱已经相距甚远，这种做法只是一种自我的防御和逃避。同学 L 应该正视自己内心的需求，大胆地肯定自己，承认自己的真实需求，勇敢地表达自己的爱，而不是躲在自己习惯的方式里，假装为了对方而努力，实际上却是南辕北辙，于事无补。

第五章

大学生情绪管理

本章学习重点

1. 掌握情绪的特点和产生机制
2. 了解大学生常见的情绪困扰
3. 掌握情绪的调节方法

先行案例

怕人揭隐私而残杀同窗

小周是物理系大三学生，一直担心自己生理上有问题，但羞于向人开口求教，为此十分苦恼。某天，周在校外遇见洪某，想到洪某是这方面“专家”，周便想向洪某请教。两人“打的”来到西湖花港的入口，当步行至苏堤望山桥至后堤桥之间时，周某告诉洪某自己生理上有问题，而当时洪某兴高采烈地正忙于给女同学发短信。周却认为自己对洪某讲了隐私，而对方在嘲笑自己，更进一步担心自己的隐私会被洪某传出去，于是拿出随身携带的裁纸刀，对准洪的脖子连续数刀，洪当场倒地身亡。随后，小周从附近找来了绳子、石头，将尸体捆绑起来扔入西湖。

第一节　情绪概述

一、情绪及其类型

所谓情绪，是指人们对客观事物是否符合自己的需要而在内心所产生的心理体验及相应的行为反应。人情绪的产生和变化不是毫无缘由的，而是受自身需要、生理因素、认知因素、早期生活经历等。影响和制约的。

人情绪产生的因素有以下几个方面：

1. 客观刺激

人的情绪不是凭空产生的，常言道“环境能影响人，也能改变人”。客观环境刺激是产生情绪的因素之一。

（1）社会情境。节日的庆典时刻，欢乐的人群、绚烂的烟花，会使人的心情随之灿烂。同样，人际的冲突、学习的压力、生活中的挫折，也会使人感到烦躁和抑郁。

（2）自然情境。比如花香鸟语、小桥流水，往往会令人心旷神怡，精神愉悦。而恶劣的天气，比如春天的沙尘暴、夏天的闷热，则会让我们感到烦躁和压抑。

除了外部的环境和事件会直接引起情绪情感变化外，人的自身生理的和心理的反应也同样会引起情绪的变化。引起情绪情感的生理性刺激和心理性刺激是内隐的，我们称之为内在刺激。所谓生理性刺激，包括生理状态和生物节律。腺体的分泌、身体的不适，均会引发相应的情绪情感。例如，女生因为月经周期带来生理上的变化，很容易导致情绪的不稳定。心理性刺激是指由记忆、想象等心理活动引起的情绪反应。比如，一个人独处的时候，回首往事，或者潸然泪下，或者百味杂陈。

2. 个体的认知

我们在认识客观事物时，不仅能认识事物的属性、特性及其关系，还会产生对事物的态度。这种态度又以带有独特色彩的体验的形式表现出来，例如考试取得好成绩使人感到轻松、愉快；失去亲人则令人悲哀、痛苦；遭人打骂会感到愤怒、敌意；处境危急时则感到焦虑、恐惧。情绪是在人的认知基础上产生的。"知之深，爱之切"，深厚、真挚的情感源于对人、对事真切、深刻的了解；情绪又会对认知活动产生巨大的影响，成为调节和控制认知活动的一种内在因素。总之，情绪是人的心理活动的一个重要方面，产生于认知活动的过程中，并影响着认知活动的进行。由于情绪情感的产生建立在人的认知活动的基础上，我们面对不同的客观刺激可能产生相同的情绪情感；而面对相同的客观刺激，也会产生不同的情绪情感体验。比如同样面对夕阳，有人说："夕阳无限好，只是近黄昏"，这是感伤的；有人说："夕阳西下，断肠人在天涯"，这是悲凉的；还有人说："老夫喜作黄昏颂，满目青山夕照明"，这是豪迈、充满激情的。

小故事：有一位老太太，有两个儿子，大儿子开雨伞店，二儿子开洗衣店。每逢下雨时，老奶奶担心二儿子的洗衣店的衣服晒不干；每逢天晴时，老太太担心大儿子的雨伞卖不出去。无论刮风还是雨晴，老奶奶都在哭泣。

为什么会这样？这是因为个体对同样的客观事物或事件的认知评价不同，从而所产生的态度不同，而不同的态度往往是由人的需要和愿望决定的。

3. 与需要有直接的关系

情绪反映的是客观事物与主观需要之间的关系。客观刺激以需要为中介而引起情绪情感。人对客观事物采取何种态度，产生何种情绪体验，要看它是否符合和满足人的需要。需要是情绪产生的内部诱因，是情绪产生的基础。与人的需要毫无关系的事物，不会引起任何细微的情绪体验；只有那些与人的需要紧密相连的事物，才能令人产生种种情绪和情感体验。凡是能够满足人的需要或符合人的愿望的事物，就使人产生肯定的态度，引起积极的体验，如愉快、喜悦、满意、爱慕、尊敬等；反之，凡是不符合需要或与意愿相违背的事物，则会使人产生否定的态度，引起消极的体验，如不愉快、愤怒、憎恨、恐惧、悲哀、羞耻等等。由于人的需要的多层次性，因而客观现实与人的需要之间构成了复杂的多样性关系，从而人的情绪也就具有多样性、复杂性。同一个事物可以从不同的方面与人的需要发生关系，从而引起不同的情绪。有时，即使是同一件事物，由于不同人的需求不一样，或者同一个人不同时间、地点的需求不同，也可能引起不同的内心体验。如同是一轮圆月，此时会有花好月圆的欢欣，彼时会有月下独酌的孤寂与悲哀。此外，由于客观事物和人的需要的复杂性，一件事物可以其不同的方面与人的需要同时处于不同的关系之中，因而产生诸如百感交集、悲喜交加等复杂甚至矛盾的情绪和情感体验。

二、情绪的构成

心理学家伊扎德（Izatd，1977 年）认为，情绪是由独特的主观体验、外部表现和生理唤醒等三种成分组成的。

1. 情绪情感的主观体验

情绪情感的主观体验是指个体对不同情绪和情感状态的自我感受，是人脑对客观环境和现实的、带有主观色彩的反映。不同的情绪情感有不同的主观体验，它们代表了人们不同的感受，构成了情绪情感的心理内容。如人在受到伤害时会感到痛苦；在朋友聚会时会感到由衷的快乐；当面临极度危险境地时，会产生毛骨悚然的恐惧感等。

2. 情绪情感的外部表现

情绪和情感是一种内部的主观体验，但在情绪情感发生时，又总是伴随着某种外部表现，这种外部表现也就是可以观察到的某些行为特征。比如痛苦的体验必然伴随着皱眉扭曲的面容或者捶胸顿足的外显行为。

情绪情感的外部表现通常称为表情。表情是情绪和情感状态下身体各部位的动作量化形式，包括面部表情、姿态表情和语调表情三种。

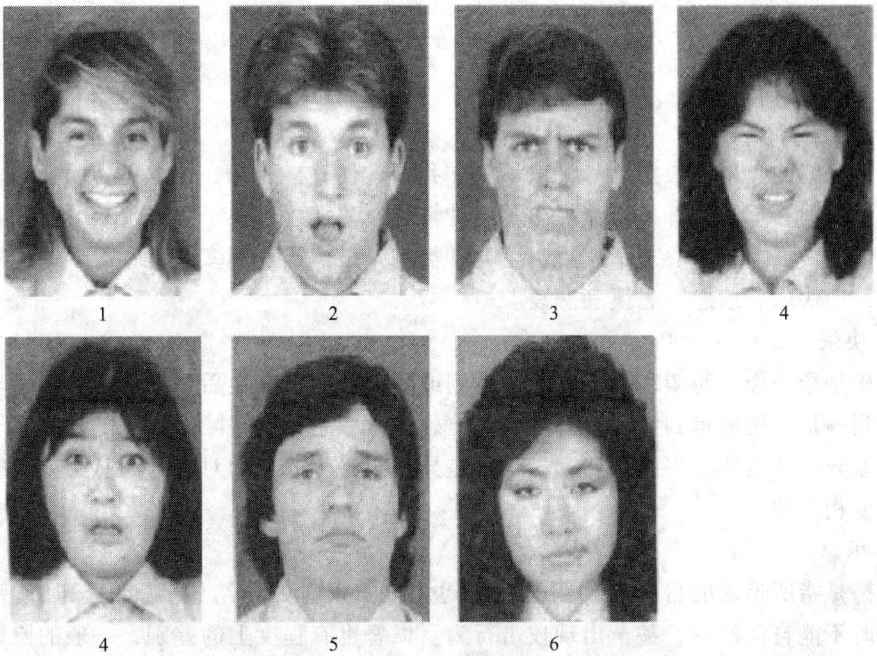

图 5－1　面部表情图

图中 1—高兴，2—惊奇，3—生气，4—厌恶，5—恐惧，6—悲伤，7—轻蔑

面部表情是所有面部肌肉变化所组成的模式，如高兴时额眉平展、面颊上提、嘴角上翘。面部表情模式能精确地表达不同性质的情绪和情感，是鉴别情绪的主要标志。姿态表情是指面部以外的身体其他部分的表情动作，包括手势、身体姿势等。如人在高兴时手舞足蹈，无奈时双手一摊、双肩一耸等。语调表情是指人们在交流时通过言语的声调、节奏和速度等方面来表达情绪的一种方式。如一个人悲伤时，声音低沉、言语缓慢、语言断断续续；当人兴奋时则会声调高昂、语速加快、声音抑扬顿挫、清晰有力。

3．生理唤醒

指情绪与情感产生的生理反应，情绪是一种身心一体的反应，一定的情绪往往伴随着一定的内脏器官、内分泌腺和神经系统的生理变化，如血压高低的变化、呼吸速率的变化、肠胃运动的变化、瞳孔大小的变化等。

不同情绪的生理反应模式是不一样的。如满意、愉快时心跳正常；而恐惧或暴怒时，心跳加速、血压升高、呼吸加快甚至出现间歇或停顿等。这些生理变化是受自主神经支配的，不易受人的意识控制。

小知识：测谎仪的原理

我国古代在审讯犯人时，有时让犯人吞下一把干米，如果犯人咽不下去，说明嫌疑性挺大。这是因为人恐惧时交感神经兴奋，抑制唾液分泌，致使他不能把干米吞咽下去。测谎仪的原理即如此。当情绪发生时，会引起机体内部的呼吸、脉搏、血压、皮肤电等一系列生理变化，这些生理变化是受自主神经支配的，不易受人的意识控制。测量被试者说谎时所引起的这些情绪反应，能够判断被试者是否说谎。测谎仪可同时记录心率、血压、呼吸、皮肤电等情绪发生时的多种生理变化。

三、情绪的分类

（一）情绪的基本种类

关于情绪的类别，长期以来说法不一。我国古代有喜、怒、忧、思、悲、恐、惊的七情说；美国心理学家普拉切克提出了八种情绪：悲痛、恐惧、惊奇、接受、狂喜、狂怒、警惕、憎恨。还有心理学家提出了九种类别。虽然类别很多，但一般认为有四种基本情绪，即快乐、愤怒、恐惧和悲哀。

1. 快乐

快乐是指一个人盼望和追求的目的达到或者需求得到满足后产生的情绪体验。由于需要得到满足，愿望得到实现，心理的紧迫感和紧张感得到解除，快乐随之而生。快乐强度的差异，从愉快、兴奋到狂喜，这种差异是与追求的目的对自身的意义以及实现的难易程度相关的。

2. 愤怒

愤怒是指所追求的目的受到阻碍，愿望无法实现时的情绪体验。愤怒时紧张感增加，有时不能自我控制，甚至出现攻击行为。愤怒也有程度上的差别，一般的愿望无法实现时，只是感到不快或者生气，但当遇到不合理的阻碍或恶意的破坏时，愤怒会急剧爆发。这种情绪对人的身心具有非常明显的伤害。

3. 恐惧

摆脱和逃避某种危险情景而又无力应付时产生的情绪体验。恐惧的产生不仅由于危险情景的存在，还与个人应对危险的能力和手段相关。一个初次出海的人遇到惊涛骇浪或者鲨鱼袭击会感到恐惧无比，而一个经验丰富的水手对此可能已经司空见惯。

4. 悲哀

悲哀是指人失去心爱的事物、至亲，或理想和愿望破灭时产生的情绪体验。悲哀的程度取决于失去的事物对自己的重要性和价值。悲哀时带来的紧张的释放会导致哭泣。当然，悲哀并不全是消极的，有时它能够转化为前进的动力。

人类这些最基本的情绪与动物的情绪表现有本质的不同。因为人具有社会属性，需要的满足会考虑到适当的方式和现有的社会条件。

（二）情绪的基本状态

情绪状态是指在一定的生活事件影响下，一段时间内各种情绪体验的一般特征表现。依据情绪发生的强度、持续性和紧张度，可以把情绪状态分为心境、激情和应激。

1. 心境

心境是一种微弱、平静和持久的情绪状态。生活中我们常说“人逢喜事精神爽”，指发生在我们身上的一件喜事让我们很长时间保持着愉快的心情；但有时候一件不如意的事也会让我们很长一段时间忧心忡忡，情绪低落。这些都是心境的表现。

心境具有弥散性和长期性。心境的弥散性是指当人具有了某种心境时，这种心境表现出的态度体验会朝向周围的一切事物。一个在单位受到表彰的人，觉得心情愉快，回到家里同家人会谈笑风生，遇到邻居会笑脸相迎，走在路上也会觉得天高气爽；而当他心情郁闷时，在单位、在家里都会情绪低落，无精打采，甚至会“对花落泪，对月伤情”。古语中说人们对同一种事物，“忧者见之而忧，喜者见之而喜”，也是心境弥散性的表现。心境的长期性是指心境产生后要在相当长的时间内主导人的情绪表现。虽然基本情绪具有情境性，但心境中的喜悦、悲伤、生气、害怕却要维持一段较长的时间，有时甚至成为人一生的主导心境。如有的人一生历尽坎坷，却总是豁达、开朗，以乐观的心境去面对生活；有的人总觉得命运对自己不公平，或觉得别人都对自己不友好，结果总是保持着抑郁愁闷的心境。

导致心境产生的原因很多，生活中的顺境和逆境，工作、学习上的成功和失败，人际关系的亲与疏，个人健康的好与坏，自然气候的变化，都可能引起某种心境。但心境并不完全取决于外部因素，还同人的世界观和人生观有联系。一个有高尚的人生追求的人会无视人生的失意和挫折，始终以乐观的心境面对生活。陈毅元帅的《梅岭三章》可以说就是这种心境的体现。

心境对人们的生活、工作和健康都有很大的影响。心境可以说是一种生活的常态，人们每天总是在一定的心境中学习、工作和交往，积极良好的心境可以提高学习和工作的绩效，帮助人们克服困难，保持身心健康；消极不良的心境则会使人意志消沉，悲观绝望，无法正常工作和交往，甚至导致一些身心疾病。所以，保持一种积极健康、乐观向上的心境对每个人都有重要意义。

2. 激情

激情是一种爆发强烈而持续时间短暂的情绪状态。人们在生活中的狂喜、狂怒、深重的悲痛和异常的恐惧等都是激情的表现。和心境相比，激情在强度上更大，但维持的时间一般较短暂。

激情具有爆发性和冲动性，同时伴随有明显的生理变化和行为表现。当激情到来的时候，大量心理能量在短时间内积聚而出，如疾风骤雨，使得当事人失去了对自己行为的控制力。《儒林外史》中的范进听到自己金榜题名，狂喜之下，竟然意识混乱，手舞足蹈，疯疯癫癫；有些人在暴怒之下，双目圆睁，咬牙切齿，甚至拳脚相加。但这些激情在宣泄之后，人又会很快平息下来，甚至出现精力衰竭的状态。

激情常由生活事件所引起，那些对个体有特殊意义的事件会导致激情，如考上大学，找到满意的工作等；出乎意料之外的突发事件会引起激情，如多年失去音信的亲人突然回归，常会欣喜若狂。另外，违背个体意愿的事件也会引起激情，中国古书中记载，春秋战国时期的伍子胥过韶关，因担心被抓回楚国，父仇不能报，一夜之间竟然愁白了头。可见，不同的生活事件会引起不同的激情。

激情对人的影响有积极和消极两个方面。一方面，激情可以激发内在的心理能量，成为行为的巨大动力，提高工作效率并有所创造。如战士在战场上冲锋陷阵，一往无前；画家在创作中，尽情挥洒，浑然忘我；运动员在报效祖国的激情感染下，敢于拼搏，勇夺金牌。但另一方面，激情也有很大的破坏性和危害性。激情中的人有时任性而为，不计后果，对人对己都造成损失。一些青少年犯罪，就是在激情的控制下，一时冲动，酿成大错。激情有时还会引起强烈的生理变化，使人言语混乱，动作失调，甚至休克。所以，在生活中应该适当地控制激情，多发挥其积极作用。

3. 应激

应激是出乎意料的紧张和危急情况引起的情绪状态。如在日常生活中突然遇到火灾、地震，飞行员在执行任务中突然遇到恶劣天气，旅途中突然遭到歹徒的抢劫等，无论天灾还是人祸，这些突发事件常常使人们心理上高度警醒和紧张，并产生相应的反应，这都是应激的表现。

人在应激状态下常伴随明显的生理变化，这是因为个体在意外刺激作用下必须调动体内全部的能量以应付紧急事件和重大变故。这个生理反应的具体过程为：紧张刺激作用于大脑，使得下丘脑兴奋，肾上腺髓质释放大量肾上腺素和去甲状腺素，从而大大增加通向体内某些器官和肌肉处的血流量，提高机体应付紧张刺激的能力。加拿大心理学家塞里（Seley）把整个应激反应过程分为动员、阻抗和衰竭三个阶段：首先是有机体通过自身生理机能的变化和调整做好防御性的准备；其次是借助呼吸心率变化和血糖增加等调动内在潜能，应对环境变化；最后当刺激不能及时消除，持续的阻抗使得内在机能受损，防御能力下降，从而导致疾病。

应激的生理反应大致相同，但外部表现可能有很大差异。积极的应激反应表现为沉着冷静、急中生智，全力以赴地去排除危险，克服困难；消极的应激反应表现为惊慌无措、一筹莫展，或者发动错误的行为，加剧了事态的严重性。这两种截然不同的行为表现，既同个人的能力和素质有关，也同平时的训练和经验积累有关。实践证明，人的应激能力可以通过训练获得。通过训练，培养思维的敏捷性，提高意志的果断性，增强动作的灵活性，加强技能的熟练性，提高在意外情境下迅速决断的能力，这样遇到突发事件就能镇定自若，当机立断，摆脱困境，转危为安。

四、情绪的功能

情绪对我们有什么用处？研究者指出，情绪在某种程度上等于人与人类的生命。情绪的功能有以下几方面：

（一）动机功能

情绪能够以一种与生理性动机或社会性动机相同的方式激发和引导行为。有时我们会努力去做某件事，只因为这件事能够给我们带来愉快和喜悦。情绪也可能与动机引发的行为同时出现，情绪的表达能够直接反映个体内在动机的强度与方向。所以，情绪也被视为动机潜力分析的指标，即对动机的认识可以通过对情绪的辨别与分析来实现。动机潜力是在具有挑战性环境下所表现出的行为变化能力。例如当个体面对危险的情境时，动机潜力会发生作用，促使个体作出应激行为。

（二）组织功能

情绪对于人们的认知过程具有积极作用，也具有消极作用。良好的情绪会提高大脑活动的效率，提高认知操作的速度与质量。情绪对认知操作的消极影响，主要体现在不良情绪对认知活动功能的瓦解。一些消极情绪，如恐惧、悲哀、愤怒等会干扰或抑制认知功能。恐惧情绪越强，对认知操作的破坏就越大。考试焦虑就是一个典型例子，考试压力越大，考生考砸的可能性就越大。一般来说，中等程度的紧张是考试的最佳情绪状态，过于松弛或极度紧张都会瓦解学生的认知功能，不利于考生正常水平的发挥。

（三）信号功能

情绪是人们社会交往的一种心理表现形式。情绪的外在表现是表情，表情具有信号传递功能，属于一种非言语性交际。人们可以凭借一定的表情来传递情感信息和思想愿望。心理学家研究了英语使用者的交往现象后发现，在日常生活中，55%的信息是靠非言语表情传递的，38%的信息是靠言语表情传递的，只有7%的信息是靠言语传递的。表情是比言语产生更早的心理现象，在婴儿不会说话之前，主要靠表情与他人交流。表情比言语更具生动性和表现力，特别是在言语信息暧昧不清时，表情往往具有补充作用，人们可以通过表情准确而微妙地表达自己的思想情感，也可以通过表情辨认对方的态度和内心世界。所以，表情作为情感交流的一种方式，被视为人际关系的纽带。

（四）适应功能

有机体在生存和发展的过程中，有多种适应方式。情绪是有机体生存和发展的重要方式。如动物遇到危险时产生的呼救，就是动物求生的一种手段。

情绪是人类早期赖以生存的手段。婴儿出生时，还不具备独立的维持生存的能力，这时主要依靠情绪来传递信息，与成人进行交流，得到成人的抚养。成人也正是通过婴儿的情绪反应，及时为婴儿提供各种生活条件。在成人世界里，情绪直接反映着人的生存状况，如愉快表示处境良好。人们还用情绪来进行社会适应，如用微笑表示友好；通过察言观色来了解对方的情绪状况，以此维护人际关系。

第二节 大学生常见情绪困扰

大学生正处在人生最重要的可塑期和发展期，同时他们具有一定的知识积累、感情较为丰富，注重个体表达。正确认识大学生情绪情感的表现特点，了解健康的情绪标准，对于养成大学生的健全人格和维护其身心健康有着重要的意义。

一、大学生情绪发展的特点

大学生处于青年期，具有青年人共有的情绪和情感特征，感情丰富、复杂、不稳定。此外，大学生这一群体由于其独特的社会地位、知识水平、心理发展特点以及生理状况，使得他们的情绪和情感具有鲜明的个性特点。

（一）丰富性与复杂性

大学生情绪体验丰富，并随着自身发展、环境变化及自我意识的形成和迅速发展表现得更加深刻、敏感、细腻、复杂。他们对人、事、社会现象十分敏感、关注，对友谊、美、爱情、正义等的追求十分执著，爱思考、喜辩论，甚至以行动来维护心目中的真善美；他们的情感体验深刻、强烈，感情容易外露，喜怒哀乐常形于表面，在外界刺激下容易冲动、凭感情用事，过后又懊悔不已，表现出较明显的丰富性与复杂性。

（二）稳定性和波动性

大学生处于由未成年人向成年人转变的阶段，随着他们知识结构的完善，认知水平的提高和社会经验的积累，情绪日趋稳定。但与成年人相比，仍不成熟，容易出现情绪的大起大落、动荡不安，甚至在情绪的两极间快速摆动。

（三）掩饰性和压抑性

大学生随着年龄的增长，自我控制和调节情绪的能力逐步提高，但是相比中学生而言，大学生的情绪表达不再那么简单直率，在某些场合和问题上，常常文饰、隐藏和抑制自己的真实情感，表现出内隐的倾向。大学生的情绪起伏波动较大，呈两极趋势，有时兴奋激动如火山爆发，有时消沉忧郁如一潭死水，在情绪的表现上会带有掩饰性和压抑性特点。大学生会根据不同的情境表现出不同的情绪，出现内在表现和外在表现的不一致。在这种情形下，一方面可能导致大学生压抑和苦恼等负面情绪产生，另一方面也可能会产生假象，造成交流障碍。

（四）表现的差异性

大学阶段由于不同年级培养目标和培养重点不同，教育方式和课程设置有所区别，各个年级面临的问题不同，大学生的情绪情感特点也不同，呈现出阶段性和层次性特点。大学新生所面临的是环境适应，学习方法的改变，新的交往对象的熟悉、了解以及新的目标确立等问题。新生自豪感和自卑感混杂，放松感和压力感并存，新鲜感和恋旧感交替，情绪波动大。二三年级经过了一年级的适应过程，能够融于校园生活中，情绪较为稳定。毕业班学生面临毕业论文（设计）及择业等多方面的重大问题，压力大、情绪波动大，消极情绪多。另外，由于社会、家庭及自身要求、期望不同，能力、心理素质的差别，大学生也会表现出不同的情绪状态。

此外，大学生的情绪表现还体现在性别、专业、生源的差异上。比如性别差异，女生的情绪状态具有热情开放、富有激情和幻想、敢想敢做等特点，但容易出现抑郁、焦虑、多愁善感等不稳定情绪。男生的情绪状态要比女生相对趋向稳定，主动和敢为性强，更有独立性和刚毅性，但当情绪冲动时，也容易出现情绪失控现象和过激行为。

（五）爆发的冲动性

心理学家霍尔认为，青年期处于“蒙昧时代”向“文明时代”演化的过渡期，其特点是动摇的、起伏的，他把这一时期称为“狂风暴雨”时期。由于知识水平和认知能力的提高，大学生对自己的情绪能够有所控制，但由于他们兴趣广泛，对外界事物较为敏感，加之年轻气盛和从众心理，因而在许多情况下，其情绪易被激发，犹如疾风暴雨，不计后果，带有很大的冲动性。他们往往对符合自己信念、观点和理想的事件或行为迅速产生热烈的情绪，对于不符合自己信念、观点和理想的事件或行为则迅速出现否定情绪。个别大学生有时甚至会盲目地狂热，而一旦遇到挫折或失败又会灰心丧气，情绪来得快，平息也快。大学生情绪的冲动性常常与爆发性相连。大学生的自制力较弱，一旦出现某种强烈的外部刺激，情绪便会突然爆发，借助于冲动的力量驱使，以至于在语言、神态及动作等方面失去理智的控制，忘却了其他任何事物的存在，极易产生破坏性的行为和后果。

二、大学生情绪健康的标准

健康而成熟的情绪是健全人格的必要条件之一。一般而言，情绪的目的性恰当、反应适度，不带有幼稚的、冲动的特征，符合社会规范的要求，在正常情绪的范围之内，就是情绪健康的标准。

美国心理学家马斯洛在阐述关于“自我实现者”的情绪特点时，曾经提出了健康情绪的六个特征，即：（1）平和，稳定，愉悦和接纳自己；（2）有清醒的理智；（3）适度的欲望；（4）对人类有深刻、诚挚的感情；（5）富于哲理，善意的幽默感；（6）丰富、深刻的自我情感体验。

心理学家索尔也指出了情绪健康的八个特点：（1）独立，不依赖父母；（2）增强责任感及工作能力，减少与外界接纳的渴望；（3）去除自卑情结、个人主义及竞争心理；(4) 适度的社会化与教化，能与人合作，并符合个人良心；(5) 成熟的性态度，能组织幸福家庭；(6) 培养适应，避免敌意与攻击；(7) 对现实有正确的了解；(8) 具有弹性以及适应力。

一般来讲，一个情绪成熟健康的大学生应该具备以下四个方面的特征：

一是具备行为的设计与控制能力。由于认识能力的发展和逐渐成熟，大学生在面对充满矛盾的问题时，能够按照一定的观点、原则、经验比较迅速地明辨是非，作出决定并执行决定。与青少年相比，大学时期的轻率和优柔寡断都相对减少，动机的表现过程也逐渐内稳、快捷。因此从这一角度看大学生情绪成熟的标准时，就是能根据周围环境的允许限度，能够有意识地调控自己的情绪，不轻易受别人的暗示和影响，能够控制和设计自己的行为。

二是具备差异性情绪反应能力。这是指个体在情绪反应的方式上，并不是遇事便立即采取"是与否"的反应，而是使自己的情绪冷静下来后再采取比较通情达理的反应方式。

三是具备选择自己情绪的能力，促使有害情绪无害化。情绪是可以控制的，因而是可以选择的。一般人常以为是外界事物或他人使自己情绪不可控，其实不然。人总是能支配自己的情绪，因此，大学生完全有理由把情绪视为一种选择，而不是生活中的必然因素。例如，学会选择对身心健康有益的情绪，控制消极情绪向无害化发展等。

四是有科学的世界观和较强的社会洞察力。科学的世界观使大学生对客观世界持一种实事求是的态度，对自己的人生目标和处事方法有一个正确的理解和与之相适应的系统化的行为准则。这样就能够克服人生目标实现过程中出现的情绪情感障碍，促进情绪的成熟。

心理学家赫洛克认为，青年人应该对社会有一定的洞察力，能够通过自己的分析思考，对各种社会现象作出较正确的判断。这样就不会随波逐流、情绪起伏多变，导致挫折感和失败感的产生。这是情绪成熟和健康的核心标准。

总之，对大学生来说，情绪情感健康具体表现为：情绪的基调是积极、乐观、愉快、稳定的，对不良的情绪具有自我调控能力，情绪反应适度，高级的社会情感（理智感、道德感、美感等）能得到良好的发展。

三、大学生常见的情绪困扰

大学生的情绪问题主要表现为：

(一) 焦虑

焦虑是个体主观上预料将会有某种不良后果或模糊的威胁出现时产生的一种不安情绪，并伴有紧张、害怕、担忧、焦急、烦恼等情绪体验。

适度的焦虑可以唤起人的警觉，使其集中注意力，激发斗志，这是有利的。只有不适当的高度焦虑才会影响人们的学习和生活，对身心健康造成不利影响。被焦虑困扰的大学生常表现出烦躁不安、紧张着急、惶恐害怕、注意力难以集中、思维迟钝、记忆力减退、动作不敏捷，同时伴有头痛、心律不齐、失眠、食欲不振及胃肠不适等身体反应。焦虑常与抑郁同时存在。

（二）抑郁

抑郁是一种以情绪异常低落为表现的、不愉快的情绪反应，是普遍存在于人类生活中的负性情绪问题。有时候，大学生会闷闷不乐，对任何事情不感兴趣，对自己和生活缺乏信心，不想与任何人交往，伴随着沮丧、灰心、自卑、自责等心理。一般这种体验比较短暂，会随着时间的流逝恢复正常。如果长期抑郁，除带来更多的痛苦体验外，还合并愤怒、敌意、恐惧、羞愧和负罪感等情绪，则是异常情绪。

一般来说，抑郁情绪多发生在性格内向、孤僻、敏感多疑、依赖性强、不爱交际、生活遭遇挫折、长期努力得不到报偿的大学生身上。那些不喜欢所学专业，或面临人际关系处理不当、失恋等问题的大学生也会产生抑郁情绪。抑郁导致人的回避行为及自我困扰，从而极度消沉。

（三）冷漠

冷漠是一种对外界刺激漠不关心、冷淡、退让的消极情绪状态。冷漠是一种对环境和现实的自我逃避的退缩性心理反应，它本身虽然带有心理防御的性质，但是它会使当事者萎靡不振、退缩躲避和自我封闭，并严重影响一个人的身心健康。

大学生正值感情丰富、兴趣广泛、情感体验深刻强烈的时期。而情绪冷漠的学生，对外界刺激缺乏相应的情感反应，对学习应付了事、缺乏兴趣，对成绩好坏也无所谓，对集体和同学冷淡，对亲人朋友和生活中的悲欢离合无动于衷，面部表情较少，内心孤独、压抑。冷漠者生活平淡无味，缺乏创造性，从总体上讲，他们难以建立正常的人际关系，难以适应社会生活。情感冷漠的形成一般与儿童时期缺乏父母的爱有关，也可能与后天的习得性无助有关。

（四）愤怒

愤怒是由于客观事物与人的主观愿望相违背，或因愿望无法实现时，个体内心产生的一种激烈的情绪反应。研究表明，当愤怒发生时，可能导致个体心跳加快、心律失常、高血压等躯体性疾病，同时还会使人的自制力减弱，甚至丧失自制，思维受阻，行为冲动，甚或干出一些事后后悔不迭的蠢事或造成不可挽回的损失。

心理实验：美国生理学家艾尔玛通过实验研究发现，人在愤怒、生气状态下呼出的气体冷却后变成水后有紫色沉淀，将其注射在大白鼠身上，大白鼠几分钟后死亡。因此艾尔玛将这种“生气水”称为致命杀手。可见，愤怒的情绪会给人带来巨大的伤害。

（五）嫉妒

嫉妒是指因他人在某些方面胜过自己而引起的不快甚至是痛苦的情绪体验。英国科学家培根说：“在人类的一切情欲中，嫉妒之情恐怕要算作最顽强、最持久了。”嫉妒是人本质上的疵点，如果长期嫉妒，极容易产生压抑感，引起忧愁、消沉、怀疑、痛苦、自卑等消极情绪，严重损害身心健康，因此嫉妒心强的人容易得心身疾病。

嫉妒是自尊心的一种异常表现，在大学生中普遍存在。具体表现为当看到他人学识能力、品行荣誉甚至穿着打扮超过自己时内心产生不平、痛苦、愤怒等感觉；当别人身陷不幸或处于困境时则幸灾乐祸，甚至落井下石。

（六）自卑

自卑是个体由于某种生理或心理上的缺陷或其他原因所产生的对自我认识的态度体验，表现为对自己的能力或品质评价过低，轻视自己或看不起自己，担心失去他人尊重的心理状态。它是自我情绪体验的一种形式。

大学生自卑感产生的原因多种多样，不同的经历、文化差异、能力差异以及理想与现实的冲突带来的挫折是常见的引发大学生自卑的原因，归根结底是因为大学生自我意识发展和自我评价不当的结果。具有自卑感的大学生常回避与他人的交往，以免别人发现自己的缺陷而瞧不起自己，从而产生孤独、怨艾的体验，容易形成内向闭锁的人格特征。

（七）恐惧

恐惧是当一个人面对危险境地或巨大灾难时而产生的一种极度的恐慌和畏惧感。恐惧的情绪会使人感到呼吸急促、紧张、心悸、全身战栗，甚至使人本能地产生想逃离的心理。

恐惧在一定程度上对人的自身产生保护作用，但是如果过于强烈或者过于持久，会影响到个体的身心健康。比如恐惧症，它会严重影响到大学生的学习与生活效率。大学生恐惧症的产生，一般认为是与以前生活中的经历有关，或者是通过条件反射作用而建立的一种不适应的行为。如曾经被狗咬过，经过一系列的不当强化，就发展到一听到“狗”这个字就晕过去的恐狗症。此外，患有恐惧症的大学生也常常表现出一定的人格特点，如胆小、孤僻、敏感、退缩和依赖等。常见的大学生恐惧症主要表现为社交恐惧。社交恐惧症是一种对任何社交或公开场合感到强烈恐惧或忧虑的心理疾病。患有社交恐惧症的大学生往往表现出明显的焦虑和回避行为。当他们意识到将要接触到其所恐怖的交往情境（比如异性交往）时，先产生紧张不安、心慌、胸闷等焦虑症状，所以有些人也将社交恐惧症作为焦虑症的一种，称之为社交焦虑症。随着社交恐惧症症状的加重，恐惧对象还会从某一具体的事物（异性）或情境（演讲）泛化到其他无关的事物或情境。

（八）羞怯

羞怯是一种常见的心理现象，主要表现为紧张、难为情、脸红和退缩。有关资料表明，只有5%的成年人确信自己从未感到羞怯，大约80%的人认为自己在儿童和青少年期感到过明显的羞怯。羞怯是人们情感的隐含流露，但不适当和习惯性的羞怯会阻挠人们进行积极的交往，妨碍友情的发展还会影响个人才智的发挥。羞怯还会导致压抑、焦虑、孤僻、自卑等不良心态。羞怯是大学生中较为普遍存在的一种情绪，例如有些人平时侃侃而谈，而在大庭广众之下发言时却手足无措；有的见到异性浑身不自在；有的见到老师惶恐不安，不敢发表意见。羞怯不是天生的，它是在家庭、学校和工作环境中逐步形成的。羞怯心理在青少年时期最为突出。因为人进入青少年期，自我意识成熟，重视“自我形象”。大学生正处于这种自我意识高度发展时期，此时注重自我在别人心目中的地位，产生了强烈的自尊心。他们渴望得到别人的理解和尊重，但同时又经常担心、怀疑自己能否得到承认和尊重。这种心理状态在不熟悉的环境中，表现为怕被人耻笑而表现不自然、心跳加快、脸红、腼腆甚至怯场，久而久之他们就羞于交往，羞于在公开场合讲话。另外，羞怯也可能是因为生活中受到了挫折而自暴自弃，感到再也抬不起头来，羞于再与人交往，实际上是丧失自信的结果。

（九）情绪失控

情绪失控是大学生常见的一种消极情绪反应。处于精力充沛、血气方刚的青年时期的大学生，在情绪情感发展上往往带有好激动、易动怒的特点。如有的大学生因一句刺耳的话或一件不顺心的小事而暴跳如雷；有的因人际交往受阻而怒不可遏、恶语伤人；有的因别人的观点或意见与自己相左而恼羞成怒；有的因一时的成功、得意而忘乎所以；有的因暂时的挫折或失败而悲观失望、痛不欲生。如此种种遇事缺乏冷静的分析与思考，图一时之快、逞一时之勇的好激动、易动怒的不良情绪特点，在一些大学生身上时有体现。这种情绪是极其有害的，因而有人说：“愤怒和情绪失控是以愚蠢开始，以后悔结束。”

四、情绪对大学生的影响

情绪与大学生的生活、学习、人际交往、个人发展密切相关，对大学生的身心健康、学业发展和个人成长都具有直接的影响。

（一）影响身心健康

良好的情绪状态，不仅有利于大学生的学习，而且也有益于大学生的身心健康。现代医学研究证明，人们生理疾病中，70% 同时伴有心理上的病因。尤其是现代社会中的高血压、心脏病、癌症等直接威胁人类的重要病症，都与人的情绪状态有着直接的关系。在大学生中，长期的学习压力，造成一些学生的失眠、紧张、神经性头痛、消化系统疾病等，大都是因为情绪状态没能得到很好的调整。因此，保持良好的情绪状态，是大学生心理健康的重要标志。

（二）影响学习

对于大学生来讲，情绪状态对于学业有着举足轻重的影响。不少大学生都有这样的体验，当自己的情绪积极乐观时，学习的效率倍增；而当自己的情绪处于低迷、忧郁或是烦躁不安时，学习往往也是一团糟。一个人再聪明，但如果没有一个好的心态，他的能力也是无法发挥，而一个良好的心态，正是一个人最大限度地发挥自己的能力的基础和前提。

（三）影响人际关系

大学生不同的情绪状态会直接影响到大学生的人际关系状况。积极健康的情绪有助于大学生的人际交往；相反，情绪焦虑、抑郁、冷漠，或者处在应激状态都会影响大学生的社会行为，从而影响人际交往和人际关系。

（四）影响潜能发挥和成功发展

情绪不仅对大学生的身心健康至关重要，而且对于大学生的人格的形成与发展具有同样的重要作用。弗洛伊德精神分析理论和埃里克森的心理社会发展阶段理论中，都强调了情绪在人格形成和发展中的核心作用。良好的情绪有助于增加学习兴趣，提高学习效率，促进潜能开发，并有有助于人的自信心的建立。培养积极健康的情绪，是大学生心理素质的重要内容。

第三节　大学生情绪管理

情绪管理就是通过对自己情绪的察觉，并以各种建设性的方式加以调节，实现自己对情绪的有效把握和调节。情绪对一个人的心理成长和发展有着极大地影响。对于大学生来说，管理情绪、调节情绪、做情绪的主人，不仅是维护身心健康的需要，也是大学生自我发展和人格成熟的前提条件。

一、大学生情绪管理的意义

1995 年，美国《时代周刊》公布了一项较新的心理学研究成果——情绪智力比智商更重要，它与我们事业成功的关系更密切。

（一）有助于建立良好的人际关系

情绪具有信号功能，是人们交流的重要方式，是无声的语言。在人际交往过程中，情绪信号使语言内容的歧义性明确起来，成为个人态度、感受的最佳注解。大学生情绪情感的表达与接受能力，直接关系到其人际关系的好坏。人际关系的过程是一个双向沟通的过程，个体在交流过程中将内心的情绪情感准确地表达出来，是影响对方的重要方式；同时准确地把握对方的情绪与感受，设身处地考虑对方的需要和情感，才能在矛盾冲突情景中以宽容、忍让的态度来调节人际矛盾。大学生如果能够调节与管理自己的情绪，保持达观快乐的积极情绪，同时具有较高的移情能力，善解人意，就会使别人更喜欢接近自己，从而有助于建立良好的人际关系。

（二）有助于提高心理活动效率

情绪体验是心理过程的背景，对信息的接收、选择、加工、储存、提取等认识活动，对克服困难的意志过程，都有发动和协调作用。在积极稳定的情绪状态下，人的思维活动效率高，思路开阔，解决问题准确迅速，不易被困难和挫折阻止。相反，在不适度的情绪状态下，无论是积极情绪还是消极情绪，都会影响到认识过程的效率和意志活动水平。如情绪低落，则心理活动水平低，对外界刺激反应迟钝，思维行动迟缓，稍遇困难就停止行动；如激动、兴奋过度，则意识范围狭窄，考虑问题不全面，易盲目作出冲动的决策和行为。对大学生而言，情绪影响心理活动效率的典型例子是焦虑对学习效率的影响。一般而言，平时情绪稳定，不易过分焦虑的人比那些容易激动焦虑的人学习成绩好；稳定的情绪可以提高学习效率，而高度焦虑情境下的学习效率低下；适中的焦虑程度对大多数人可产生最佳的学习效果。

（三）有助于提高心身健康水平

在人的一生中，总会遇到各种困难和挫折，也总会有令人激动不已的情境，所以快乐忧愁、喜怒哀悲是人生常态。有的人能够较平稳地度过坎坷与危机带来的情绪波动，有的人则会因此出现种种心理痛苦，生活质量受到影响，严重者表现出心理疾病、心身疾病，甚者诱发严重的精神疾病。对大学生而言，其心理相对不成熟，承受能力较差，心身健康更易受到剧烈情绪体验的影响。研究表明，情绪表现本身不仅是心理健康的重要表现之一，而且可以通过多种途径影响心身健康。长期或过度的紧张、焦虑、恐惧、抑郁、自卑、强烈的挫折感等消极情绪，首先是不健康、不成熟的心理状态的表现；其次，这些心理状态可能导致神经、心血管、内分泌等生理功能紊乱，表现为心身疾病。异常的情绪可以致病，而良好的情绪则有助于疾病的康复。大学生情绪控制与调节具有预防和治疗疾病的双重意义。

二、大学生情绪管理的主要原则

（一）疏导性原则

对情绪的调节与控制不能等同于对情绪的抑制或压抑。正常的情绪体验和反应如果受到过多的压抑，会有害于心身健康。例如被激怒时，血压升高是正常的生理应激反应，如果愤怒情绪长期受到压抑，就会积怒于心，紧张情绪体验不能随愤怒的爆发而平息，其血压升高的生理反应将长期保持下去，长此以往将转变为病理状态。情绪的外部表现虽然可以人为控制，但是其内在的情绪体验及伴随的生理变化则不为主观意志所左右，对情绪的压抑并不能真正消除情绪体验和相关的生理变化。研究表明，过度压抑情绪表现可以增加多种疾病的发生率。如经常压抑不良情绪、生闷气、抑郁的人容易患癌症，因为不良情绪可以影响正常的免疫功能，降低免疫力，免疫系统识别、监视、杀灭体内变异细胞的能力下降，增加癌症发生的可能性。所以，情绪控制与调节的原则之一是合理地疏泄情绪，防止压抑情绪所致的种种不良反应。情绪的合理疏泄不仅有必要，而且有益于身心健康。

（二）科学性原则

大学生要学会认识和把握自己的情绪情感，对自己的年龄特征、人格特点和生活环境统筹考虑，形成对自己情绪情感的准确判断。要学会运用科学的方法解决情绪情感中出现的问题，比如在教师的指导下采用放松训练、系统脱敏训练方法，做好调整，促进自己的身心健康发展。

（三）建设性原则

建设性原则是指以积极主动的态度而不是消极被动的态度去对待和处理情绪与情感问题。对于大学生而言，情绪困扰时不应采取逃避、压抑、否认、沉默的消极方式，而是应积极寻找解决问题、走出困境的办法。

三、认知自己的情绪

（一）了解自己的个性特征

一个人的情绪上的特点，往往与其气质和性格特征密切相关。因此，了解自己的气质与个性，对于认识和把握自己的情绪特点有着重要的意义。例如我们可以看到每个人的情绪表现都是不尽相同的。有的人脾气急，有的人则是慢性子，有的人风风火火，也有的人多愁善感。这些都与一个人的个性心理特征有直接的关系。

（二）了解自己的情绪年龄

人的情绪表现与其情绪年龄相关。所谓情绪年龄是一个人情绪发展水平的一种衡量标志。心理学研究表明，不同年龄的人在其情绪的各方面具有不同的发展水平和特点。当一个人的情绪与其应有的情绪表现相符合，即具有相应的情绪年龄。反映人的情绪年龄水平有两点：其一是反应是否符合该年龄段的认知逻辑水平；其二是表现和调节情绪的方式。例如，一部分独生子女大学生，由于父母长期的过度照顾，情绪的自我控制能力方面滞后于他们实际的年龄。

（三）自身成长经历及早期经验

人的情绪特点往往与他们的成长经历和早期经验有关。心理学研究表明，在人的婴儿期乃至幼年期，失去家庭的关爱和父母照顾的儿童，会带来情绪上的伤害，并在以后的成长中产生不良的影响。一般而言，幼年时期或在以后的成长经历中，有比较平和、乐观的生活环境和经历的学生要比经历过挫折、创伤的学生在情绪上更趋于稳定和积极。

（四）测试自己的情绪状态

除上述情绪的自我认识外，通过一定的心理测验是了解自己的情绪状态重要方式。这里介绍几种简单的自我测评的方法。

1. 心理“气氛圈”测试

前苏联学者鲁陶什金制定了“心理气氛圈”图示分析方法，可以通过该测试，了解自己目前的心境。“心理气氛圈”分为四个象限：第一象限为“情绪饱满区”；第二象限为“不满意区”；第三象限为“悲观区”；第四象限为“愉快区”。如图 5－2 所示：

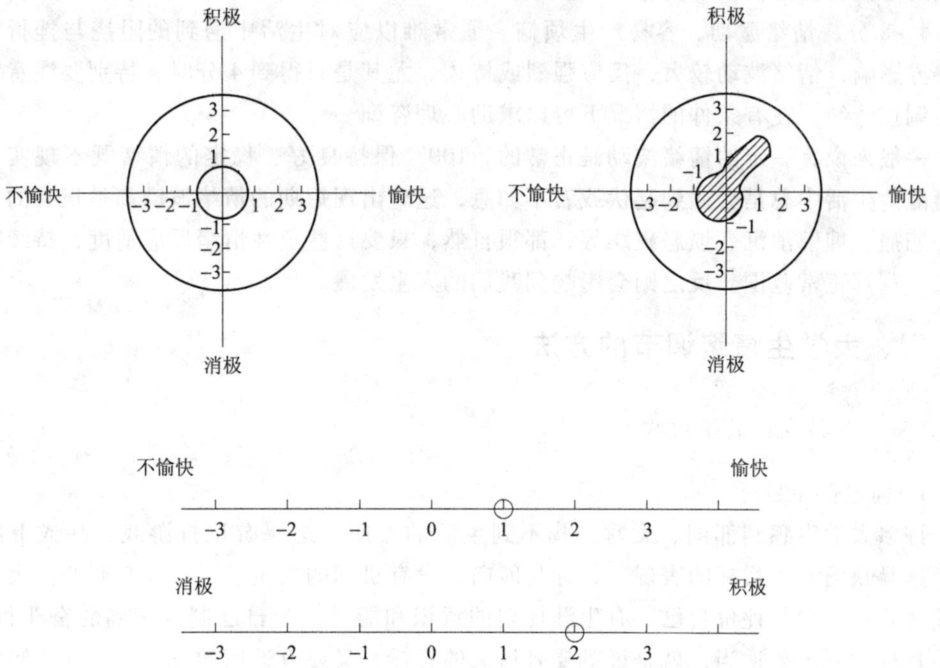

图 5－2　心理气氛圈

如图 5－2 所示：我们可以根据图中的愉快—不愉快，积极—消极等两个坐标线上的 7 个等级，确定自己一周以来每天的情绪状态，在坐标上标出情绪状态的位置，并将其相互连接划出相应的曲线；一周后，可根据两个坐标线上，画出一周以来的“心理气氛图”。

2. 情绪小测验

心理学家对符合心理健康的情绪状态，提出四项标准，请对照你的状况，看看是否符合。

A 表示从不这样；B 表示偶尔这样；C 表示有时这样；D 表示经常这样。

1. 情绪基本稳定，没有超过一周的心理冲突	A	B	C	D
2. 情绪的基调是积极、愉快、乐观	A	B	C	D
3. 对不良情绪能够调节、控制	A	B	C	D
4. 情绪的反应适度，不会过分	A	B	C	D

评分与评价：

ABCD 分别代表 1、2、3、4 分。

12～16 分，情绪稳定，性格成熟，能面对现实。通常能以良好的态度应对现实中的各种问题，有勇气，人际关系良好。

8～12分，情绪基本稳定，能沉着应对生活中的一般性问题。但在大事面前，有时会烦躁不安，注意调节才会有意外收获。

4～8分，情绪激动，容易产生烦恼。通常难以应对生活中遇到的阻挠与挫折，易受外界影响，情绪波动较大，反应强烈或持久。尤其是只得到4分时，特别要注意掌握技巧调控情绪，在有条件的情况下可以求助心理咨询。

一般来说，一定的情绪波动是正常的，100%保持良好、稳定的情绪既不现实、也不可能。生活中总是会遇到起伏或者不如意，这时出现短期的情绪波动都是正常的，如伤心悲痛、抑郁消沉、愤怒狂躁等，都很自然，只要这些负性情绪反应适度，持续时间不长，都算正常范围。反之则会影响到我们的人生发展。

四、大学生情绪调节的方法

（一）保持良好的情绪状态

1. 确定奋斗目标

许多大学生感到郁闷、无聊，找不到生活的方向，逃课游玩打游戏，甚或上网成瘾，这是缺乏人生目标的表现。目标是航向，没有目标的人生是无趣和空洞的。大学生应该客观地认识与评价自己，有生涯规划的意识和能力，为自己制定正确的奋斗目标。奋斗目标的制定要适当，就是说既要有远大的目标，又要有近期的目标。目标的制定必须在自己的能力范围之内，太低不会引起太大的兴趣，太高会挫伤自信，导致消极情绪的产生甚至泛化。

有了适合的奋斗目标，就有了克服困难和应对挫折的勇气，有了前进的动力才能使人保持积极愉快的精神状态。

2. 培养幽默感

“幽默”一词源于拉丁文，意思是“液汁”，起润滑作用。高尚的幽默是精神的消毒剂，是极有助于个人适应的工具。当一个人发现一种不调和的或对自己不利的现象时，为了不使自己陷入激动状态和被动局面，最好的办法是以超然洒脱的态度去应付。此时，一个得体的幽默往往可以使一个本来紧张的情况变得比较轻松，使一个窘迫的场面在笑语中消逝，使愤怒、不安的情绪得以缓解。善于幽默的人，不开庸俗的玩笑，更不随便拿别人开心，而是以机智的头脑、渊博的学识，巧妙诙谐地揭露事物的不合理成分，既一语破的，又使人容易接受。在一些非原则问题上，宁可自我解嘲，而不去刺激对方、激化矛盾。

小故事：苏格拉底的妻子是一位性格暴躁的人，经常当众给这位哲学家难堪。有一次，苏格拉底在同几位学生讨论某个学术问题时，他的妻子不知何故，忽然叫骂起来，震撼整个课堂。继而他的妻子又提起一桶凉水冲着苏格拉底泼了出去，致使苏格拉底全身湿透。当学生感到十分尴尬又不知所措的时候，苏格拉底诙谐地笑了起来，“我早知道打雷之后一定要跟着下雨的”。这一忍让的幽默虽然只是一句话，但是却使妻子的怒气出现了“多云转晴”的变化。大家听了也都欣然大笑，更敬佩这位智者的文化素质和坦荡胸怀。

3. 学会恰当地表达情绪

情绪伴随我们左右，需要有表达的机会。比如要把你的美好感受毫不吝啬地告诉你周围的人，与人分享；遇到情绪困扰的时候告诉能帮助你的人。但是只有恰当地表达才能使你进行和谐的交往，保证身心的健康。

如何恰当地表达情绪呢？

（1）察觉并分析自己的情绪。有时我们要学会整理复杂的情绪。举例来说，心理学者Tyber认为有两种常见的情绪组型："生气—受伤—羞耻"，"悲伤—生气—罪恶"。我们是因为受伤而生气还是因为生气而显得悲伤？只有先察觉并分析自己的各种情绪，才能精确地传达出自己的体验。

（2）选择情绪表达的时机。情绪是否要表达出来？有的人为了保留隐私或表达这个情绪会使别人受伤就选择不表达，但一旦决定要表达情绪时就要注意两点：第一，在极端情绪状态时，为避免说出日后会后悔的话而暂停情绪表达；第二，选择讨论情绪体验的时机。有些人喜欢在人多时或仗着权势来表达情绪，事实上这并不好，应选择那些能够专注，没有压力、疲倦的时机来表达。

（3）使用"我讯息"表达自己的情绪。例如对方多次以不友善、不尊重的语气和你说话，此刻的你可使用"我讯息"说"我不喜欢你用这种口气对我说话"来代替对他大吼说"你给我闭嘴"（你讯息）。前者在传达自己的情绪，后者在大声制止对方的行为。

4. 用积极的态度看待事物

爱比泰德说："人的烦恼不是起于事，而是起于他对事的看法。"莎士比亚也说过："世事无好坏、思想使之然。"任何一件事情都可以从不同的角度来看待，很多看来使人悲伤痛苦的事情也有其积极的意义。我们改变不了事情，就改变对这个事情的态度；事情本身并不重要，重要的是我们对待它的态度。例如：塞翁失马，焉知非福。我们从不同角度、不同立场来观察事物，可以是"横看成岭侧成峰"。有人说："背向太阳看到的是自己的阴影，而面向太阳则是满天霞光。"所以，假设我们用积极的态度去看待事物，所获得的就是健康的情绪体验。

5. 主动体验积极的情绪

亚里士多德说："生命的本质在于追求快乐，使得生命快乐的途径有两条，第一，发现使你快乐的时光增加它；第二，发现使你不快乐的时光减少它。"经常做一些你感兴趣的事情，并且使它成为你生活的一部分。比如听音乐、散步、读书、参加体育锻炼、旅游等，从而增加快乐的时光和体验。

6. 积极热情地对待他人，拓展社会支持网络

你如何对待别人，别人就如何对待你。用积极、热情、善良、友好、宽容的态度对待家人和朋友，给自己创造一个良好的生活氛围。因为良好的人际交往可以满足大学生归属与安全的心理需要，能够消除孤独、寂寞，能增强大学生的自信心和自尊心，对大学生建立友谊、获得支持和帮助其情绪情感的稳定发展具有重要作用；而不良的人际交往则阻碍大学生基本需要的满足，容易激化心理矛盾和冲突，导致情绪困扰。因此，在情绪不稳定的时候，应当积极争取亲朋好友的支持和帮助，共同协商解决办法，消除不

良情绪。当情绪困扰较为严重、长期持续、心理负担过重时，还应及时到心理咨询机构寻求帮助。

积极参加社团活动，扩大自己的交往圈子，结交一些密友，同他们分享感受、快乐和忧虑。发展、保持和拓展你的社会支持网络，促进情绪健康。

（二）有效调控情绪

小故事：有一个男孩脾气很坏，于是他的父亲就给了他一袋钉子，并且告诉他，当他想发脾气的时候，就钉一根钉子在后院的围篱上。第一天，这个男孩钉下了40根钉子。慢慢地，男孩可以控制他的情绪，不再乱发脾气，所以每天钉下的钉子也跟着减少了，他发现控制自己的脾气比钉下那些钉子来得容易一些。终于，父亲告诉他，现在开始每当他能控制自己的脾气的时候，就拔出一根钉子。一天天过去了，最后男孩告诉他的父亲，他终于把所有的钉子都拔出来了。于是，父亲牵着他的手来到后院，告诉他说："孩子，你做得很好。但看看那些围墙上的坑坑洞洞，这些围篱将永远不能回复从前的样子了，当你生气时所说的话就像这些钉子一样，会留下很难弥补的疤痕，有些是难以磨灭的呀！"从此，男孩终于懂得管理情绪的重要性了。

情绪调控是个体管理和改变自己或他人情绪的过程，在这个过程中，通过一定的策略和机制，使情绪在生理活动、主观体验、表情行为等方面发生一定的变化。

1. 善于控制负性情绪

在各种负性情绪中，冲动和愤怒是大学生最为常见的负性情绪。在日常生活中，虽然我们不能选择何时生气，但是却可以控制自己生多大的气、生多久的气以及生气时我们该怎么办。因此，生气是可以选择的，愤怒也可以掌控。当你出现愤怒的情绪时，你可以选择适当的处理愤怒的方式。

2. 学会自我平衡情绪

一般来说，人的心理有两个层面，一个是情绪层面，一个是认知层面。宣泄法是通过心理宣泄解决情绪层面的问题，情绪层面的问题解决了，人的理智就会逐渐恢复。但是，有时人的认知层面的问题不解决，情绪层面问题的解决也是暂时的，以后遇到问题仍然会受挫。因此，解决认知层面的问题对于调控情绪是非常必要的。运用此种方法时可以从以下几个方面入手。

（1）不要期望值过高，不要过分苛求自己。俗话说：希望越大，失望也就越大。在现实生活中，不少人的挫折感均来源于对自己的期望值过高、苛求自己。因此，我们要学会以平和的心态待人处世，学会给自己留下一定的空间，把目标锁定在能力所及的范围之内，而不是好高骛远，四处出击，要求自己事事都超过别人。同时，对任何人、任何事都不必期望过高，这样，当事物没有朝着你期望的方向进展时，你就不会产生强烈的挫败感。

（2）学会妥协和放弃。人的一生会有许多愿望和追求，但由于主客观条件的限制，不可能一一得到实现。这样，就需要我们学会放弃和妥协。否则，我们就会被这些目标和欲望所累，而失去了人生的洒脱和生活的乐趣。如果一个登山者，一心想登上顶峰而急于赶路，结果忘了欣赏沿途的风景，那么，登山的乐趣也无从体现。即使站在山顶，想想自己的付出与所得，也会有不平衡的感觉。

（3）学会自我安慰。自我安慰也称合理化，指个体遭受挫折后，为了维护自尊，减少焦虑，就找出种种理由为自己辩解，增加自己行为的合理性和可接受性，以起到减轻心理压力的作用。自我安慰又有两种具体表现形式：酸葡萄式和甜柠檬式。

一种是酸葡萄式。“酸葡萄”一词源自寓言《狐狸与葡萄》。狐狸因得不到自己想吃的葡萄，就说葡萄是酸的，根本就没法吃。用这个寓言比喻人们对于自己想要但又得不到的东西就故意说它不好，从而弱化其意义和价值，以起到平衡心态的作用。比如，有人没有当上先进，就故意说：“当先进有什么用啊，又不当饭吃！”

一种是甜柠檬式。甜柠檬式的自我安慰是指人们对于自己的某种行为明知不妥，但又不愿意承认，只好找出各种理由来增加行为的合理性，以获得自我安慰，减轻心理压力。正如花钱买了柠檬，吃到嘴里是酸的，但还得想办法证明自己的行为是正确的，所以只得说，加点糖就甜了。比如，有人上街买东西上了当，心里十分窝火。但别人问起此事，还不能承认是自己经验不足造成的，于是他说：“不是我无能，而是对方太狡猾。”平时，我们也经常用这种“甜柠檬式”的自我安慰方法来安慰自己和他人。比如，摔碎了东西，人们会说“碎碎（岁岁）平安”；丢了东西，人们会说“破财免灾”，“旧的不去，新的不来”等等。

在社会生活中，人们的需要不可能全部获得满足，进行自我安慰可以使人的内心达到平衡。因此，在某种情况下，它不失为一种自我防卫的方法。

此外，还可以与境况不如自己的人比较，通过比较产生“比上不足，比下有余”的心理。俗话说“人比人，气死人”。人们的许多不平衡源于人与人之间的比较。因此，我们要想减少不平衡的心理，就要学会和境遇不如自己的人比较，不要总是和比自己强的人比较，那样，会加重心理不平衡。

3. 给自己积极的心理暗示

心理学的研究发现，人们都有接受自我暗示的能力。当你产生负性情绪时，可以通过给自己积极的心理暗示来化解不良情绪。你可以这样对自己说：

（1）我不会因为这种小事跟自己过不去，让自己焦急难过。

（2）保持平静和控制情绪的感觉真是太棒了！

（3）我觉得肌肉开始紧绷了，现在开始深呼吸、放松、慢慢放松……

（4）光生气对事情是没有帮助的，只要平静下来、控制情绪，自然会有解决的办法。

（5）控制住，我慢慢平静下来了，这样的感觉真好！

（6）我正努力地控制情绪，让自己镇静，没有人可以打败我。

（7）我真是太棒了！我一定可以把情况掌控得很好。

（8）想到这些快乐的事情，感觉真好，这总比在那些让人烦心的事情上钻牛角尖值得。

（9）很显然他做不到我对他的期望，从现在开始我不再期望他做什么了。

（三）常用的几种行为调控方法

行为调控是个体通过控制和改变自己的表情和行为来进行情绪调控的方式。在心理咨询与治疗中，行为学派的治疗家运用行为训练的理论和技术手段，成功地帮助情绪失调的人恢复了正常。而且行为训练已经扩展到了创造力开拓、潜能开发和专业能力的提高等方面。这里介绍几种简便易行的情绪调节技术。

1. 感觉反馈训练

心理学家艾克曼（Paul Ekman）通过实验指出，让人作出特定情绪的表情如惊讶、厌恶、忧伤、愤怒、恐惧和快乐等，实验结果是当受试者表现害怕、忧伤等表情时，他们的身体就作出真的害怕或忧伤那样的反应。他说："我们都晓得，人的情绪会呈现在脸上，不过现在我们发现，这种说法倒过来看也对，那就是人的情绪会随着脸上的神情而变。如果你在痛苦时能大笑，那么在你内心就不觉得痛苦；如果你面现悲伤，你的内心就会有此感受……"

所以，当心情不好的时候，不妨装着快乐的样子，可以透过幽默和笑来改善。斯蒂帕尔（Stepper，1993年）的研究也证实，伸展体姿能振奋精神，收缩姿势会降低活力。如同时在桌旁写字，坐直的被试者比蜷成一团的被试者更多地报告骄傲情感。所以作为风华正茂的大学生，要从表情及体态上体现出更多的精神和风采，久而久之，会形成自信、快乐、稳定的情绪情感状态。

2. 放松训练

又称为松弛反应训练，是一种通过肌体的主动放松来增强人对自我情绪的控制能力的有效方法。它对于应付过度焦虑、恐惧，稳定情绪具有特殊效果。放松训练的基本原理是通过训练放松所产生的躯体反应，如减轻肌肉紧张、减慢呼吸节律、减慢心律等，使焦虑情绪得到缓解。放松训练通常可分为深度呼吸训练、肌肉放松训练、静默术、意象训练等。深度呼吸训练最简单易行，不受场所、时间等条件的限制。渐进肌肉放松训练是最普遍、最常用的放松训练。它的训练要求是选择一个安静、光线柔和的环境，请练习者舒适地躺好、做好、站好，闭上双眼。然后开始做深呼吸，慢慢吸气然后呼出。每当呼气的时候，心里默念"放松"。放松的身体部位依次是手臂、下肢、躯干、面部。当然这一顺序并非固定不变。先收紧某一部位，保持5～10秒，再放松。意象训练就是通过想象轻松、愉快的情境（比如大海、山水、蓝天、白云等），达到身心放松、情绪舒畅的目的。

常用的想象举例：我静静地俯卧在海滩上，周围很安静。我感受到了阳光的温暖照射，触到了柔软的沙子。我全身感到无比的舒适，微风带来一丝丝海腥味，海涛有节奏地唱着自己的歌，我静静地、静静地聆听这永恒的波涛声。

静默术（静坐与冥想）分为开放式与专注式。开放式是指心中不做任何期待，完全以一种纯然空无的心态去迎接任何进入头脑的想法。基本方法是：在光线柔和、安静的房间内，盘腿坐好，闭上眼睛；尽量放松全身肌肉，用鼻子呼吸，静坐过程中不将任何问题带人头脑，不求任何目的，只需完全放松自己的肉体和心灵，不加任何控制，使自己的意识像飞鸟飞过天空，像波浪涌起的海面一样自然，随遇而安，只需保持感觉、身心便可获得放松。

专注式是指静坐时将意识活动专注于眼前一个目标物，借以达到暂时排除环境中外在刺激，达到忘却自我、忘却一切烦恼的超脱境界。

3. 系统脱敏训练

主要有两种，包括想象系统脱敏和现实系统脱敏：想象系统脱敏是指在一个较为安静的环境中，当自己已经完全处于放松状态时，进行恐惧（焦虑）事件的想象。从等级层次中最低的一个事件开始，当能清楚地想象并进入此事的情境感受时，保持这一想象中的情境30秒钟左右，并充分体验其不适的感受。之后停止想象，重新进人放松阶段……循环往复，直到该情境焦虑度降低（不再焦虑或恐怖）为止，再进行下一情境的训练，直到完成整个的脱敏训练。

现实系统脱敏也称接触脱敏法，整个操作过程与想象系统脱敏类似，只是让来访者在真实的（而非想象的）情境中进行。该脱敏法的实施一般是建立在想象脱敏训练的基础上。

小资料：

生活中的不合理信念和艾里斯的合理情绪理论

艾里斯对人的本性的看法可归纳为以下几点：

(1) 人既可以是有理性的、合理的，也可以是无理性的、不合理的。当人们按照理性去思维、去行动时，他们就会很愉快、富有竞争精神及行动有成效。情绪是伴随人们的思维而产生的，情绪上或心理上的困扰是由于不合理的、不合逻辑的思维所造成。

(2) 人具有一种生物学和社会学的倾向性，倾向于存在有理性的合理思维和无理性的不合理思维。即任何人都不可避免地具有或多或少的不合理思维与信念。

(3) 人是有语言的动物，思维借助于语言而进行，不断地用内化语言重复某种不合理的信念，这将导致无法排解的情绪困扰。

(4) 情绪困扰的持续，实际上就是那些内化语言持续作用的结果。正如艾里斯所说："那些我们持续不断地对自己所说的话经常就是，或者就变成了我们的思想和情绪。"

他通过临床观察，总结出日常生活中常见的产生情绪困扰，甚至导致神经症的11类不合理信念，并分别对其做了分析（Ellis 1967年、1973年）。现分述如下：

(1) 每个人绝对要获得周围环境尤其是生活中每一位重要人物的喜爱和赞许。

这个观念实际上是个假象，是不可能实现的事。因为在人的一生中，不可能得到所有人的认同，即便是父母、老师等对自己很重要的人，也不可能永远对自己持一种绝对喜爱和赞许的态度。因此，如果他坚持这种信念，就可能千辛万苦、委曲求全以取悦他人，以获得每个人的欣赏，但结果必定会使他感到失望、沮丧和受挫。

(2) 个人是否有价值，完全在于他是否是个全能的人，即能在人生中的每个环节和方面都能有所成就。

这也是一个永远无法达到的目标，因为世界上根本没有十全十美、永远成功的人。一个人可能在某方面较他人有优势，但在另外方面却可能不如别人。虽然他以前有过许多成功的境遇，但无法保证在每一件事上都能成功。因此若某人坚持这种信念，他就会为自己永远无法实现的目标而徒自伤悲。

(3) 世界上有些人很邪恶，很可憎所以应该对他们做严厉的谴责和惩罚。

世上既然没有完人，也就没有绝对的区分对与错、好与坏的标准。每个人都可能会犯错误，但仅凭责备和惩罚则于事无补。人偶然犯错误是不可避免的，因此不应根据一时的错误就将他们视为“坏人”，以致对他们产生极端排斥和歧视。

(4) 如果事情非己所愿，那就是一件可怕的事情。

人不可能永远成功，生活和事业上的挫折是很自然的，如果一经遭受挫折便感到可怕，就会导致情绪困扰，也可能使事情更加恶化。

(5) 不愉快的事总是由于外在环境的因素所致，不是自己所能控制和支配的，因此人对自身的痛苦和困扰也无法控制和改变。

外在因素会对个人有一定影响，但实际上并不是像自己想象的那样可怕和严重。如果能认识到情绪困扰之中包含了自己对外在事件的知觉、评价及内部言语的作用等因素，那么外在的力量便可能得以控制和改变。

(6) 面对现实中的困难和自我所承担的责任是件不容易的事情，倒不如逃避它们。

逃避问题虽然可以暂时缓和矛盾，但问题却始终存在而得不到解决，时间一长，问题便会恶化或连锁性地产生其他问题和困难，从而更加难以解决，最终会导致更为严重的情绪困扰。

(7) 人们要对危险和可怕的事随时随地加以警惕，应非常关心并不断注意其发生的可能性。

对危险和可怕的事物有一定的心理准备是正确的，但过分地忧虑则是非理性的。因为坚持这种信念只会夸大危险发生的可能性，使人不能对之加以客观评价和有效地去面对。这种杞人忧天式的观念只会使生活变得沉重和没有生气，导致整日忧心忡忡、焦虑不已。

(8) 人必须依赖别人，特别是某些与自己相比强而有力的人，只有这样，才能生活得好些。

虽然人在生活中的某些方面要依赖于别人，但过分夸大这种依赖的必要性则可能使自我失去独立，导致更大的依赖从而失去学习能力，产生不安全感。

(9) 一个人以往的经历和事件常常决定了他目前的行为，而且这种影响是永远难以改变的。

已经发生的事实是个人的历史，这的确是无法改变的。但是不能说这些事就会决定一个人的现在和将来。因为事实虽不可改变，但对事件的看法却是可以改变的，从而人们仍可以控制、改变自己以后的生活。

(10) 一个人应该关心他人的问题，并为他人的问题而悲伤、难过。

关心他人，富于同情，这是有爱心的表现。但如果过分投入他人的事情，就可能忽略自己的问题，并因此使自己的情绪失去平衡，最终导致没有能力去帮助别人解决问题，却使自己的问题更糟。

(11) 对人生中的每个问题，都应有一个唯一正确的答案。如果人找不到这个答案，就会痛苦一生。

人生是一个复杂的历程，对任何问题都要寻求完美的解决办法是不可能的事。如果人们坚持要寻求某种完美的答案，那就会使自己感到失望和沮丧。

我们从上述论述可以看出，许多不合理信念就是将“想要”、“希望”等变成“一定要”、“必须”、或“应该”的表现。一个情绪沮丧的人总是坚持他必须要有某事物，而不只是想要或喜欢它而已。因此，他会把这种过度极端化的需求应用到生活的各个方面，尤其是关于成就或获得别人赞赏上。而当他不能满足这种需求时，就容易产生焦虑、自卑、沮丧等情绪。如果他将这种需求应用到他人身上，要求别人应该或必须怎么做时，一旦别人不能符合其意，他就会对人产生敌意、愤怒等情绪。

一般来说，不合理的信念有三个特征：（1）绝对化的要求。指一个人以自己的意愿为出发点，对事物怀有认为其必定会发生或者不发生的信念。它通常与“必须”、“应该”这类字眼连在一起。比如“我必须要成功”、“别人必须很好地如我一样对待他人”、“生活应该是容易的”等等。事实上，一切事物的发生和发展都有其规律，不可能按照某一个人的意志去运转。（2）过分概括化。这是一种以偏概全的不合理思维方式。一方面，是由于一个人对自己的不合理评价，如面对失败时认为自己一无是处，或者以自己所做的一件事的结果来评价自己整个人，甚至评价自己做人的价值；另一方面，是由于对他人的不合理评价，如他人稍有差错就认为无可救药，导致一味责备他人，并产生轻蔑和敌意的情绪。（3）糟糕至极。一件自己不愿发生的事情发生后，便认为非常可怕、非常糟糕，甚至是灾难性的，致使自己陷入极端不良的情绪体验如耻辱、自责、焦虑、悲观、抑郁等恶性循环当中，难以自拔。

艾里斯提出的合理情绪理论认为，在人们情绪产生的过程中有三个重要的因素，即诱发事件（Activating events），人们对诱发事件所持有的相应的信念、态度和解释（Beliefs），由此引发的情绪和行为的结果（Consequences），情绪并不是由诱发事件直接引起的，而是通过人们对这一诱发事件的解释和评价所引起的，对事件正确的认识一般会导致适当的行为和情绪反应，而错误的认识往往会导致不良情绪。ABC 理论如图 5 - 3 所示。

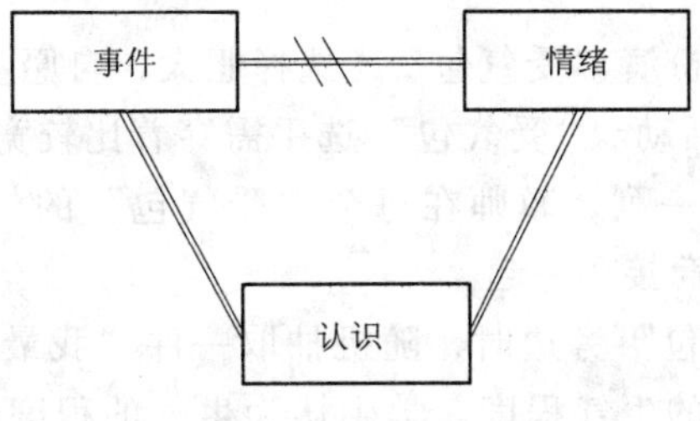

图 5 - 3　ABC 理论图

通过改变不合理观念，建立合理观念，就会产生出积极的情绪反应，该理论正是通过对不良情绪的非理性观念的纠正，来达到改善情绪的目的。见图 5 - 4 所示。

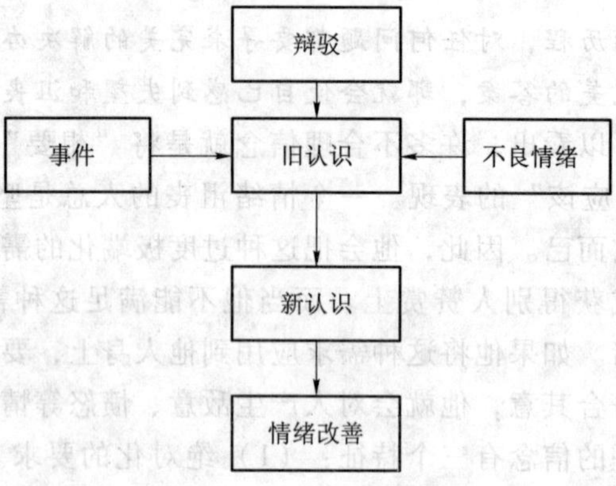

图 5-4

课堂互动游戏：炸弹受气包

活动目的

1. 引导学生体验和分析愤怒情绪。
2. 帮助学生了解到“怒气”积累的危险性和宣泄情绪的重要性。
3. 指导学生学习处理压力的有效方法。

活动时间：约 30 分钟

活动形式：分组游戏

活动准备：若干白纸、耐用不易破的大气球、脚踏打气筒

活动过程：

1. 暖身与分组

通过游戏活动，将全班学生分成若干组（每组 10 人）

2. 预备活动

分发每组学生一张白纸，要求组内讨论“我最生气的事情是……”每组至少写出五件引发愤怒的事情，越多越好，越详细越好。把所有白纸放在一起。

3. 活动实施

邀请每组派一名选手扮演“受气包”（选择胆大，自愿参与的男生），一名选手扮演“小天使”，上台参与活动。“受气包”选手需穿着比较宽大的衣服，且外衣下面有内衣。两类选手分别站成一列，教师在每个“受气包”的外衣下面放入一个大气球，气球的进气口与脚踏打气筒接在一起。

教师站在一个“受气包”旁边时，随机抽取一件“我最生气的事情”，大声读出，询问台下的组员对这件事的生气程度。学生认为生气的程度越大，就往“受气包”衣服下的气球中打入越多的空气。随着气球的膨胀，这个“受气包”所在小组的其他成员会变得很紧张，可以邀请他们回答：“你遇到这样的事情会怎样做?”如果回答得好，就给“受气包”适当消气；如果回答不好，可以宣布：“使用这种方法似乎效果不好，‘受气包’反而更生气了，然后往气球中适量打气。此时，本组的“小天使”可以安慰台上的“受气包”。教师引导学生观察他们是如何互动的，摸索安抚他人情绪的方法。

4. 讨论与分享：

游戏结束后，引导学生讨论处理愤怒情绪的方法。

复习思考题

1. 大学生常见的情绪问题有哪些？

2. 你知道哪些调控情绪的方法？

3. 完成下面的句子：哪些事件会引起你生气、难过、焦虑、害怕、丢人、无助的感觉呢？

我最生气的一件事：________________

我最难过的一件事：________________

我最焦虑的一件事：________________

我最害怕的一件事：________________

我最丢人的一件事：________________

我最无助的一件事：________________

4. 阅读下面一个女大学生的自述，思考她该怎么办？请列出可行的改善方法。

刚上大学时，我有些不习惯，但不觉得生疏，与同学相处比较好。但总觉得压力很大，没有精神，情绪很不稳定。

我经常一个人单独行动（上课、自习、吃饭、逛街），感觉一个人自在，不受约束，习惯了独处。当情绪不好的时候，就吃东西。常常是在这个食堂吃过，又跑到另一个食堂去吃，然后再到超市买一大堆饼干或者其他东西回宿舍吃，我觉得我近乎疯狂，不可理喻。就想让胃撑满，有时近于疼痛，好像这样我会得到快感和满足。买东西的次数越来越多，也越来越贵，家里承受不起，我觉得对不起父母，因而自责。越是这样，就越想放松自己。好像是有两个我在作斗争，一个让我恢复理智，另一个在让我奢侈、放纵，而我总是屈服于后者。

我觉得生活学习一团糟，对什么都没信心，也许这就是我情绪不稳定、对什么都没兴趣的原因。我对不起很多人，对不起所有对我有期望的人，可是我还是控制不了自己的情绪，我觉得好像有两种人格在厮杀。我很害怕，但是不知该如何做……（摘自：大学生的情绪问题，http：//www.htrch.com）

5. 面对生活中的挫折或不如意，该怎么样管理情绪？阅读《六只狐狸的命运》，请思考现实生活中你是哪一只狐狸？你愿意做哪一只狐狸？为什么？

一个炎热的夏天，几只口干舌燥的狐狸，来到一个葡萄架下。抬头仰望，晶莹剔透的大个葡萄挂满枝头，狐狸的口水就流下来了。第一只狐狸开始跳，够不着；咬牙、跺脚、使劲，再跳，还是够不着；再使劲，再跳，葡萄还是高高挂在上面；去周围找找，梯子、板凳、砖头、瓦片、竹竿等，什么都没有。“这葡萄肯定是酸的，不好吃。走吧，捉只鸡，喝杯可乐、矿泉水，什么不行嘛！”于是乎，这只狐狸心安理得，哼着小曲，高高兴兴地走了。第二只狐狸使劲跳，同样也是够不着葡萄，心想：“我吃不着葡萄，死不瞑目。”于是从天亮跳到天黑，又从天黑跳到天亮，结果呢，这只狐狸累死在葡萄架下，两眼圆睁，望着高高挂在枝头上的葡萄。第三只狐狸吃不着葡萄，开始骂大街："谁这么缺德，把葡萄栽这么高，让老子吃不着！"结果骂出老农，"怎么着？这葡萄是我栽的，你骂什么，偏不让你吃。再骂，再骂就打死你。"于是老农抡起锄头打狐狸，狐狸含恨而死。第四只狐狸也没有办法吃到葡萄，还挺内向，憋在心里，就这样整天压抑、愁眉苦脸，结果抑郁成疾，得癌症而死。第五只狐狸心想："想吃葡萄都吃不着，真没用，还活着干嘛，活着还有什么意思呀？"于是乎，找棵歪脖树，上吊而死。第六只狐狸，跳了几下，吃不着葡萄，一气之下就精神分裂了，整天蓬头垢面，满大街转悠，口中念念有词："吃葡萄不吐葡萄皮，不吃葡萄倒吐葡萄皮。"

（摘自：做情绪的主人，让情绪 High 起来，http：//www. jyge2. com）

第六章

大学生挫折应对

本章学习重点

1. 掌握挫折的概念、理论、类型
2. 了解挫折的原因和反应
3. 了解大学生的挫折状况及常见类型
4. 掌握正确认识挫折的态度和应对挫折的有效方法

先行案例

求助者，工某，女性，21 岁，汉族，来自贫困地区，大学二年级学生，中兽医专业。主诉：大二上学期期末考试中一门公共课程作弊，学校教务处给予处分，觉得影响了自己的前途，使自己原先心中的愿望（考取公务员）破灭，心情烦闷，焦虑。来访者自述大一时自己是学习委员，现在觉得大一自己表现得比较好，整个大一阶段还是过得比较充实的。但求助者反映自己不喜欢自己现在所读的专业，没有兴趣，觉得自己喜欢和人打交道，无法从事枯燥的工作。从大一时，自己就有一个目标，很想从事公务员的工作。经常看公务员考试的书籍，有时上课也看，大一时考试分数还是不错的。同一个专业有 110 人，在自己的班级排 21 名，在年级排第 32 名。上了大二后，状态有了一些改变，觉得有些课程也没有什么意思，平时也不看什么专业书籍。大二上学期期末考试中一门公共课程作弊，学校教务处给予处分。当时自己所在的班级正处于评优，结果因为她的作弊行为，致使班级被取消评优资格。求助者说这件事情对她打击很大，觉得不仅影响了自己的前途，而且还影响了班集体的评优。自己由原来大一时的班长到现在却做出对不起班级、对不起同学的事情，心中无法接受这个现实。大二下学期开始上课时不能集中注意力，晚上失眠，白天无精打采，学习效率下降，觉得自己一无是处，受了处分考公务员会受到影响，心情烦闷、焦虑、不安。

此案例中的来访者面对专业不理想，自己理想的职业规划又因作弊受到处分而受阻的挫折情境，产生了典型的挫折反应，这是一个典型的大学生挫折案例，也是一个常见案例。可见，提高大学生正确应对挫折的能力，培养大学生坚强的意志力是大学生心理健康教育的应有之义。

第一节 挫折概述

一、什么是挫折

（一）挫折的概念

挫折就是指人们在某种动机的推动下，在实现目标的活动过程中，遇到了无法克服或自以为无法克服的障碍和干扰，使其动机不能实现、需要不能满足时，所产生的紧张状态和情绪反应。比如有一位大学生，入学之后，就进行了精心的生涯规划，对自己要求很高，学习非常刻苦，不仅英语过了六级，还向第二外语发出了挑战，要在上大三之前能用日语自由交谈。为了完成这个目标，每天要求自己在完成正常学习之外，听 4 个小时的日语。为了充分利用时间，他利用晚上回宿舍后睡前的时间听听力，但是同学们闲谈打闹，他受到干扰。为了不受干扰，他就把耳机音量调到最大，在坚持了几周之后，他发现耳朵开始流血，听力下降，最后导致了器质性耳聋，无法继续学业。这名大学生面对这残酷的事实，感到无奈与悔恨。

（二）挫折的产生过程

挫折的产生主要经历以下五个步骤：一是个体需要在诱发刺激的作用下形成动机。二是在动机驱使下采取有目的的行为。三是使需要不能获得满足或目标不能实现的内外障碍或干扰目标实现的情境状态或条件，称为挫折情境。挫折情境可能是实际存在的客观实在，也可能是当事人想象的，自以为无法克服的障碍和干扰。例如大学英语四级考了三次还没通过，申请贫困生认定没有成功，竞选班干部落选等。四是对挫折情境的知觉、认识和评价，称为挫折认知，不同的人对相同挫折情境所进行的知觉、认知、评价不同，个人的过去经验，知识结构，个性也会影响当事人对挫折情境的知觉判断。对挫折的认知直接影响到当事人对挫折的反应。五是因感受到挫折而产生的情绪和行为反应，称为挫折反应，如焦虑、悔恨、自责、愤怒、冷漠、攻击、逃避等。

在挫折产生的过程中，挫折认知是挫折产生的最重要因素，因为只有在挫折情境被知觉后人们才会产生挫折感。比如一位服装表演专业的女大学生，因为自卑而寻求心理咨询。她自卑的原因是身高太低，而事实上她身高 175 厘米。在上大学以前身高是她自信的来源，在高中阶段，漂亮高挑的她备受老师同学的关注，是整个校园的焦点。上大学之后，同班同学都在 180 厘米以上，过去的光环和赞美一去不复返，她感到成为名模的理想是那样的虚无缥缈，身高成了她挫折感的来源。这个案例让我们看到，同样的事实，不同的认知，就会有不同的感受。所以，挫折感的实质是当事人的一种主观感受，当事人是否有挫折感和挫折反映的强弱，主要取决于当事人对挫折情境以及对自己动机、目标与结果之间关系的知觉、认识和评价。

（三）挫折产生的原因

1. 挫折产生的客观因素

（1）自然因素。个人能力无法预料或避免的天灾、意外事件、衰老、疾病、亲友的生离死别等。比如1976年唐山大地震，1998年特大洪灾，2008年的汶川地震，都是人类不可预期和规避的特大灾难。在这样的灾难面前，不仅当事人，甚至整个人类都感到无能为力、无可奈何，感到不安、恐惧，陷入深深的挫折感。

（2）社会因素。个人在社会生活实践中，遭受来自政治、经济、法律、道德、风俗、习惯、人际关系等方面的挫折。比如“文化大革命”，9.11恐怖事件，错误的政治运动和恐怖活动让无数人的远大理想成为泡影，美好生活成为回忆，处于一种不知路在何方的茫然体验中，感到挫折、无奈。

（3）家庭因素。家庭变故、家庭教育不当容易使孩子产生心理上的紧张、焦虑和失落，对大学生的挫折心理都有直接或间接的影响。比如有一位大学生小刘，从小家境殷实，环境优越，考上了理想的大学，并做好了毕业后和女友一起出国留学的准备。但是不幸发生了，父亲做生意被骗，一夜之间倾家荡产，祸不单行，父亲急火攻心，瘫痪在床。原来活在蜜罐中的小刘需要为学费发愁，还要照顾父亲，非常的辛苦。这时女友也提出要分手。经历了这一系列的挫折，小刘痛苦不堪，不再相信爱情，不愿与人交往，变得冷漠、麻木。还有一位大学生小母，积极向上、努力学习，父亲在内蒙老家办养牛场，身体很好，感冒了，找中医调理，没想到一副药下去，立即死亡。原来卖药的服务员抓错了药，错放了有毒药品。这一变故如同晴天霹雳，小母面对这突如其来的打击，本来积极向上的小母变得消极低沉，经常一句话挂在嘴边：“这有什么用呢？谁知道什么时候死呢？何必那么努力呢！”

（4）学校因素。学校环境对大学生的心理挫折有直接影响。例如，大一新生往往对大学校园与大学生活有着美好的憧憬，但现实中的大学校园环境及设施往往与大学生想象中的“天堂”有一定差距，学校硬件设施、教室环境、食宿环境不能满足学生的需要；个别教师授课内容陈旧、教学方法单一等问题；学校在管理上过分强调统一，不能兼顾学生个性差异；校园文化生活单调，甚至缺乏校园文化生活等。这些因素都会引发大学生的挫折感。

2. 挫折产生的主观因素

挫折产生的主观因素是指挫折来自受挫折本人的因素，包括生理因素和心理因素。

（1）生理因素：身材、容貌、健康状况、生理缺陷等先天因素所带来的限制。比如一位女生，身高160厘米，但想考服装表演专业，屡试不第，备感挫折。一位大学生想修心理学第二学历，但是天生色弱，体检不能通过，感到很失望。

（2）心理因素。引发大学生挫折产生的心理因素主要有认知方式、归因方式、既定目标、能力、气质、性格、自我意识、挫折容忍力等。

第一，个人认知方式。所谓认知就是人们看待事物的方式，包括一个人的思想观点、对待客观事物的思考模式、评价标准、对人对事物的基本信念等。正如合理情绪疗法的基本观点，我们的情绪不取决于事件本身，而是取决于我们对事件的看法。任何心理问题都有其根源，而最普遍的根源就是对生活事件的不合理认知。有的人面对挫折情境，总能看到危机中蕴含的转机，而有的人则唉声叹气，觉得到了山穷水尽的地步。

第二，既定目标。挫折与个人的目标相关。个人的目标应当符合自己的实际。如果一个人制定的目标过高，超越了自己的实际能力，目标不能实现时，就会感到挫折。如果一个人制定的目标过低，轻易就能实现，对自己没有挑战性，那么虽然不会因为目标无法实现遭受挫折，但是如果长期如此，则会能力没有发展，落后于同龄人而备感挫折。可见，目标过低或过高都会导致挫折，只有立足自己的现实情况，树立中等强度的目标，"跳一跳，摘苹果"，才有利于一个人体验成功，培养自信，发展能力，完善自我，才能从根本上减少和应对挫折。

第三，个性心理特征。一个人总是在个性倾向性（如需要、动机、兴趣、理想、信念、价值观等）的作用下，在一定活动中表现出特定的个性心理特征。一般来讲，个性有缺陷的人容易遭遇挫折，因为他们往往以偏激、消极、悲观、敌对的态度来看待客观世界，他们很少看到危机中的转机，看到挫折积极的一面。他们的挫折阈限较低，容易产生挫折心理。性格孤僻、敏感多疑、内向害羞的大学生，在人际交往中容易过于敏感，别人一些无意的小动作，都能被他们理解为某种特定含义，是对方敌意的行为，进而影响到他们的情绪。他们易于感到焦虑、抑郁，又难以排解这些消极情绪，因而更容易陷入挫折体验。

第四，自我意识。自我意识在大学生对自己的自我认识、自我评价、自我调节，对一个人认识自我、认识外部世界起着关键的作用。如果一个人自视甚高，没有缘由的具有我与众不同的优越感，觉得别人应该尊重自己，重视自己，当面对现实挫折情境时就会觉得怀才不遇，别人轻视自己，故意和自己作对，从而产生强烈的挫折感，甚至会产生攻击行为。如果一个人自卑心理严重，觉得自己一无是处，不敢尝试新的行为，个人能力的发展就会受到限制，真的变成一个能力不如别人的人，面对现实问题，无法解决，经常遭遇挫折。

第五，个体挫折容忍力。"人生不如意事十有八九"。在个人的成长过程中，挫折难以避免，但是不同的人面对同样的挫折情境反应非常不同。有的人反应强烈，痛不欲生；有的人若无其事，谈笑风生；有的人越挫越勇，百折不挠；有的人一蹶不振，自暴自弃；有的人念念不忘，耿耿于怀；有的人拿得起，放得下，重起炉灶，东山再起。这种种不同，就体现着个体挫折容忍力的不同。什么是挫折容忍力呢？美国心理测验专家罗森茨威格如是说："挫折容忍力就是抵抗挫折而没有不良反应的能力"，即个体对社会生活中的挫折在心理上的适应性、耐受性和应对能力。

挫折容忍力与下列因素有关：

（1）生理因素：人的心理和生理是相互影响的，不管是从我国中医学的实践经验还是从现代医学的实证研究都得到了很好的证明。神经类型属于强、平衡、灵活型的人比弱型或强而不平衡型的人挫折容忍力高；疲倦、睡眠不足、饥饿、经常倒班的人更容易体验到挫折感。一个四肢健全的人可能不会太在意他人在自己旁边议论一个残疾人，而一个残疾人可能会非常敏感，觉得在说自己。一个体弱多病的人遇到挫折可能会加重已有疾病或容易患其他疾病，所以会回避挫折，缺乏面对挫折的勇气。而一个身强体壮的人会较少考虑挫折对自身健康的影响。

(2) 社会经验：一个从小到大没有受过挫折的人，长大后对挫折的承受力便会比其他曾经历过挫折的人低。生活阅历丰富、饱经风霜的人，从小受到适当的教育和训练的人，学会了摆脱挫折技巧的人，挫折容忍力就高。当然，任何事物都有个适度的问题。若小时候受到的挫折太多太严重，可能很难恢复，导致挫折容忍力也比较低。此外，挫折容忍力与人们对困难、失败和不幸的预期也有关系。

(3) 文化素质：不同文化背景的人，对于同一事物的态度不同，所造成的打击、压力、威胁也就不同。

(4) 人格因素：情绪不稳定的人，意志薄弱的人，在童年时遭受冷遇的人或受到溺爱的人，没有学会摆挫折情境的技巧，就容易遭受挫折。

(5) 挫折频率：同一个人，在一段时间内如果频繁遭遇挫折，一波未平一波又起，面对这种叠加性的挫折，挫折容忍力就会下降。平常不会引起很大情绪反应的挫折情境在这个时候也会引起个体强烈的情绪反应。例如，一向大度开朗的小荀，作为班长，工作积极，乐于助人，很少与人斤斤计较，可是最近考试挂科了，班委换届选举又失败了，女友又分手了，心情极度郁闷，好朋友一句无心的玩笑话惹得他火冒三丈，与好朋友大吵了一架。

(6) 社会支持：社会支持指的是个体在社会上能够获得情感支持或物质支持的地方。通常包括父母、亲人、朋友、老师、同学和社会上的支持机构。如果一个人处于一个大家族中、朋友多，自己又善于向社会支持机构求助，则挫折容忍力高。因为当个体遭遇挫折时，可以寻求社会支持来改变挫折情境，即使不能改变，也可以有很多出口倾诉、宣泄。当获得朋友、家人的支持安慰时，痛苦就减轻了。而当一个人家庭不幸福，没有朋友，内向孤独，不敢或不愿、不会向他人求助，则这种人挫折容忍力低，容易陷入强烈的挫折体验中，不能自拔。针对自杀个案进行分析发现，选择结束自己宝贵生命来应对挫折的人，他们的社会支持系统和寻求社会支持的能力大多很弱。

(四) 挫折的类型

1. 一般性挫折和严重性挫折

按挫折的严重程度可将挫折分为一般性挫折和严重性挫折。一般性挫折是指人们在一些不太重要的事情上遇到的挫折，通常对人的影响较小；严重性挫折是指个体在与自己关系密切和意义重大的事情上受到的挫折，常常引起强烈的情绪反应，对人的影响较大。需要特别注意的是，挫折具有累积作用，长期、频繁的一般性挫折和严重性挫折造成的伤害一样，甚至更甚。

2. 暂时性挫折和持续性挫折

按挫折持续的时间可将挫折分为暂时性挫折和持续性挫折。暂时性挫折是指持续时间较短的挫折，一般情况下，随着事情的发展，挫折感会自然消失；持续性挫折，又称逆境，是指持续时间较长的挫折或连续发生的挫折，通常挫折情境持续时间较长并具有稳定性，使人处于长期、持续的紧张焦虑和挫折感之中。持续性挫折对人的影响较大，可能导致个体适应不良、社会功能受损甚至个性改变。

3. 实质性挫折和想象性挫折

按挫折的现实性可将挫折分为实质性挫折和想象性挫折。实质性挫折是指实际存在的挫折；想象性挫折是指挫折并没有实际发生，是当事人对未来受挫情境和后果的想象。想象性挫折有时会给当事人带来很大的消极影响，使人在没有受到实际挫折的情况下，极度紧张焦虑，不敢去采取行动，尝试新行为。

4. 外部挫折和内部挫折

按挫折产生的来源可将挫折分为外部挫折和内部挫折。外部挫折是由于外部条件的限制产生的挫折；内部挫折是指由于自身条件的限制所产生的挫折。

二、挫折的理论

有关挫折的研究，一直是心理学界关注的热点，不同学派对于挫折有不同的假设与理解，从而形成了不同的挫折理论。

（一）挫折的本能学说

美国心理学家麦独孤（W. Mcdougall）20世纪提出，个体受挫折而产生的种种行为，均起源于本能。他在《社会心理学引论》一书中给出本能的定义为，本能是在长期进化过程中自由选择所提供的一种遗传的心—物倾向，这种倾向决定它的所有者去感知和注意一定的对象，体验一定的情绪，进行一定的动作，或者至少会体验到进行这种动作的冲动。他还认为人和动物的行为都是有目的性的，只是目的性的程度高低不同。一切行为都是为达到一定的目的，而策动和维持这些行为的动力是本能，如果消除这些本能倾向极其有力的冲动，有机体将不能进行任何活动。此外，本能和情绪关系密切，似乎每种本能都有其对应的特殊情绪。在麦独孤看来，人在活动中遭受挫折而产生的情绪及由此而引发的各种挫折行为反应都是本能冲动的结果。

（二）精神分析学派对挫折的理解

弗洛伊德把人格分为本我、自我和超我，把人的意识分为无意识、前意识和意识三个水平。无意识即潜意识，由许多原始的冲动、本能及被压抑的欲望所组成，其中以性欲为主。弗洛伊德认为，当一个人的本能和欲望受到压抑而无法满足时，就会产生挫折感，被压抑在潜意识中，成为支配行为的动机。弗洛伊德认为，无意识是心理活动的基本动力，是人的动机、意图和行为的源泉。在意识和潜意识之间，存在着前意识。所谓前意识，就是无意识中可以意识化的部分。“本我”代表潜意识，是最原始的、与生俱来的部分，但他不能与外界直接接触，而是隐藏起来的部分；“超我”代表良心、社会准则和自我理想，是一个人道德感的部分；“自我”则处在“本我”和“超我”之间，以社会所允许的方式表达，并根据外部的需要而活动。弗洛伊德认为“自我”是“检查员”，它的很大一部分能量消耗在压制和控制“本我”的冲动上，以此保持相对平衡。但“本我”也不是总受压抑的，一旦释放出来，就可能会遭遇到“挫折”，继而失去平衡，导致精神疾病的发生。

（三）挫折—攻击理论

挫折—攻击理论是由美国耶鲁大学社会心理学家多拉德（J. Dollard）、杜波（L. Doob）等人提出的。他们认为，攻击行为往往是挫折的结果，攻击行为的发生总是以挫折的存在为先决条件，同时，挫折的存在也总是会导致某种形式的攻击行为。他们曾经进行过“剥夺睡眠”的实验，实验结果表明，当被试被剥夺睡眠 24 小时，并被禁止自由活动及不给吃早点后，他们往往采取不友好的语调相互交谈，或通过一些非难性问题等形式攻击实验者。挫折的这种作用可以在广泛的社会关系中充分体现出来。如当经济萧条或战乱之后，人们就容易产生挫折心理；当人们找不到工作，买不到需要的物品，生活的各方面受到限制时，各种形式的攻击行为就会到处可见。

哈弗兰德等人作了历史考察之后提出“挫折—攻击”原则：攻击行为的产生与其受挫折驱动力的强弱与范围、以前遭受挫折的频率、对攻击行为后果的评估等有关。

1969 年，波克维茨对“挫折—攻击”理论进行了较大的修正。他提出，应该区分“挫折”和“被剥夺”两个不同的概念。一个人不会单单因为某种东西而遭受挫折，只有当一个人在既定的情境中无法获得他想要的东西时，才会遭受挫折。

三、挫折反应

（一）情绪反应

人们在受到挫折时伴随着强烈的紧张、愤怒、焦虑等情绪反应，可能表现为强烈的内心体验，也可能表现为特定的表情或行为反应。挫折的情绪性反应多为消极情绪，主要表现为焦虑、冷漠、退化、幻想、逃避、固执、攻击、自杀等。

课堂活动：人生曲线

指导语：请在纸上以时间为横坐标，以挫折体验的程度为纵坐标，将过去某个时间点发生的挫折事件根据挫折体验程度在坐标系中描点，回忆印象最深刻的五次。和同学一起分享，说一说：

（1）自己印象最深刻的挫折是哪一次？

（2）当时你的心情怎么样？

（3）该次经历对自己有何影响？

（4）现在重新体验后有何改变？

（5）如果现在遇到类似的挫折，你会如何看待，如何应对？

（二）理智反应

人们受到挫折后，采取积极进取的态度，在理智的控制下所做出的反应。通常，人们在遭受挫折后都会出现紧张状态，都会在某种程度上作出某种情绪性反应，其中，有些人始终被情绪所控制不能摆脱，而有些人则能够及时调整，保持冷静，面对现实，审时度势，采取积极的态度和方式对待挫折。例如曹操，在华容道面对挫折，大笑三次，大笑虽然是情绪的表现形式，但此时曹操的笑不是情绪反应，而是理智反应。这时曹操只有笑，才能稳定军心，鼓舞士气，带领部队杀出一条血路，将损失降低到最低。所以曹操华容道之笑，是理智反应，反映了曹操超强的挫折耐受力和乐观应对挫折的能力。

（三）个性变化

挫折对个性的影响，很大程度上取决于人们对挫折的适应情况，一般是在人们连续经历挫折，对挫折的消极反应如果得不到及时纠正；或者遭受特别重大挫折的情况下产生的。由于导致挫折的情境和条件相对稳定并长期持续，由此产生的紧张状态和挫折反应就会反复出现，久而久之这些反应方式就会逐渐固定下来，使受挫者形成了习惯和一些突出的个性特点。

科学家做过一个有趣的实验：他们把跳蚤放在桌上，一拍桌子，跳蚤迅即跳起，跳起高度均在其身高的100倍以上，堪称世界上跳得最高的动物。然后在跳蚤头上罩一个玻璃罩，再让它跳；这一次跳蚤碰到了玻璃罩。连续多次后，跳蚤改变了起跳高度以适应环境，每次跳跃总保持在罩顶以下高度。接下来逐渐改变玻璃罩的高度，跳蚤都在碰壁后主动改变自己的高度。最后，玻璃罩接近桌面，这时跳蚤已无法再跳了。科学家于是把玻璃罩打开，再拍桌子，跳蚤仍然不会跳，变成“爬蚤”了。跳蚤变成“爬蚤”，并非它已丧失了跳跃的能力，而是由于一次次受挫学乖了，习惯了，麻木了。最可悲之处就在于，实际上的玻璃罩已经不存在，它却连“再试一次”的勇气都没有。玻璃罩已经罩在了潜意识里，罩在了心灵上。行动的欲望和潜能被自己扼杀！科学家把这种现象叫做“自我设限”。

很多人的遭遇与此极为相似。在成长的过程中，特别是幼年时代，遭受外界（包括家庭）太多的批评、打击和挫折，没有得到及时的疏导与激励，于是奋发向上的热情、欲望被“自我设限”压制封杀。既对失败惶恐不安，又对失败习以为常，丧失了信心和勇气，渐渐养成了懦弱、犹疑、狭隘、自卑、孤僻、害怕承担责任、不思进取、不敢拼搏的精神面貌。这样的性格，在生活中最明显的表现就是随波逐流，与生俱来的成功火种过早地熄灭。

（四）行为反应

根据多拉德和米勒的挫折—攻击理论，攻击必然是挫折的结果，但挫折不一定必然导致攻击。不同的情境和个体，面对挫折具有不同的行为反应。内向忧郁者会变得冷漠，攻击自我，诸如生气，自责，甚至自杀。外向宣泄者攻击他人：采取暴力，报复他人，变得易激惹、退化、固执。例如震惊全美的卢刚事件，让人痛心的马加爵杀舍友事件。

第二节 大学生常见挫折及其影响

一、大学生常见挫折

大学生处于青春后期和青年前期的过渡阶段，面临着从幼稚走向成熟，由依赖走向独立，由家庭学校走向社会的成长，成长是快乐的，同时成长也是痛苦的，就像从爬到走的过程，在享受成长的快乐，塑造自身能力，实现个人理想的过程中，总会有跌跌撞撞、磕磕绊绊。毋庸置疑，大学生仍然是一个学生，生活在学校里，身份依然是学校的学生和父母的孩子，主要任务还是学习，所处的环境相对简单。但是由于自身自我意识的发展，大学生渴望友谊，希望有知心朋友，并且由于生理心理的发育，开始思考爱情、渴望得到爱情，同时也面临着离开父母步入社会，开始独立的生活。由于这些变化，也由于应试教育限制了人的全面发展，大学生面对这些扑面而来的人生课题有点应接不暇，常常会在学业、人际交往、求职就业、恋爱、生活适应等方面体验到挫折。一般而言，低年级学生，将面临大量适应新的成长环境的问题，在生活习惯、专业学习、人际关系、经济来源等方面经常会遇到各式各样的挫折。高年级学生，越来越关注就业问题，在求职择业过程中也常常会遇到这样或那样的挫折。

（一）大学生活适应不良

大学生活不适应常从大学一年级开始，随着时间的推移，不适应的同学逐渐减少，只有少部分大学生整个大学期间都不适应。大学生活与中学生活有很大的不同，学习方面，学习主要靠自学，课程要自己选，没有人监督，没有平时测验；生活方面，大多数大学生来自外地，生活要自己安排，要自己理财，自己买衣服等；人际方面，有的同学第一次住校，不适应集体生活，不会处理宿舍关系，各方面人际关系复杂，同学关系、宿舍关系、同乡关系、恋爱关系、学生组织中的同事关系、师生关系，对大学生来说都是不可回避的现实。哪一个方面不能及时调整、积极适应，都可能成为挫折的来源。

大学生最常见的不适应，主要表现在感到迷茫痛苦，找不到自己的位置。上大学后，同学之间的比较不再以学习成绩作为唯一指标，多才多艺有能力的同学容易成为大家关注的焦点。面对来自五湖四海的同样优秀的同学，很多原来中学时代的宠儿，也不再是尖子生。面对这样的现实，大一新生很容易找不到自己的位置，感到挫折。

例如，一年级男生振玺从小学到高中从未交过学费，还多次获得奖学金，升高中时，各校展开生源大战，振玺被市一中以五万元的高价“买到”自己的学校。振玺老家养牛为生，邻居羡慕地说：养牛不如养个好孩子，既光宗耀祖，还能赚钱。他一向都是老师的宠儿、家族的骄傲、同学羡慕的对象。当他以优异的成绩考入天津一所以纺织闻名的高校后，却突然发现自己很多方面都不如同学，自己不会唱歌，不会跳舞，不会说相声，不会弹琴，口才也不好，长相也不好，简直是一无是处。他把唯一的希望寄托在学习上，那是他一切荣誉的来源，所以他天天去上自习，泡图书馆，老师也经常以他为例教育其他同学。他一向以学习刻苦为荣，觉得自己得到了老师和同学的认可，虽然嘴上说没什么，但心里很高兴。可是没有想到的是，期末考试结束了，自己的成绩也不好了，竟然有一门功课不及格，而那些天天参加社团活动的成绩却很不错。他觉得特别委屈，觉得老天不公，痛苦不已，感觉自己在同学面前无法抬头，认为大家都瞧不起自己，老师也会对自己失望。同时觉得自己没脸回家，无法面对父母、过去的老师和同学。当老师再以他为例教育大家的时候，他觉得老师在故意侮辱自己。于是他选择了逃避，悄悄地离开了学校，回了家乡。后来老师劝说无效，他最终选择了退学。

大一一个普遍的现象就是“白天鹅变丑小鸭”现象。很多同学无法接受自己失去昔日众星捧月的地位，无法接受自己的“平凡”，不愿面对自己感受到的同学“比自己强”，并且没有发现自己的与众不同之处，很多同学为了不去面对这种内心痛苦，宁愿放弃与同学比较，而选择休学或者退学。还有的同学身体上出现了许多问题，诸如胃疼、偏头疼、疲倦无力等。

（二）人际交往中的冲突

人有其自然属性和社会属性，人的社会属性是人区别于动物的重要标志之一，没有一个人可以完全脱离其他人独自快乐地生活。如果大学生善于与周围人保持良好的关系，维持顺畅的信息沟通和情感交流，有助于大学生快速适应环境，获得安全感、归属感、获得相互的尊重和理解，促进相互学习、能力的发展。如果人际关系不良，就会使人处于莫名的焦虑不安中，感到无助、孤独，甚至引起心理疾病和行为问题。

下面介绍一个缺乏主动交往、融入集体能力的大学生的例子。一个不善于主动交往，但又渴望别人和自己主动交往的男生小霸，以表面上不屑一顾、无所谓的态度来应对人际关系。随着入学时间的增长，大家越来越熟悉，而小霸则感觉大家都不愿意和他交往，觉得大家在孤立他，所以经常找茬，语言攻击那些他认为组织大家孤立自己的同学。这样一来，大家都真的不愿意和他交往了。他只要一回宿舍，本来谈得热闹的同学们立即安静下来，转身做其他事了，并且其他同学做什么都呼朋唤友，大家一起做，唯独他从来都是独来独往。但是他一直抱有你们不理我，我凭什么先理你们的想法，觉得大家都在和他作对，觉得什么都不顺利，变得脆弱敏感，总觉得大家在奚落他，经常和同学吵架，心情非常苦闷。

下面介绍一个由于同学之间的竞争导致人际紧张的案例。小李和小王是舍友，脾气相投，成为了好朋友，他们能力都很强，一个是班长，一个是学习委员，平常在一起无话不谈。最近班里要改选，小李想继续担任班长的职务，并将自己的愿望向小王表达了。小王对他说没问题的，他一定会支持他的。可是改选结果出乎小李的预料，小王当上了班长。小李百思不得其解，后来才知道原来小王也想当班长，并且在改选前一直在拉票，还请班里的多个同学吃饭，请他们支持自己。得知这件事后，小李非常气愤，找到小王理论，两人吵了起来，并大打出手，结果两人反目成仇，昔日的朋友成了冤家对头，两个人还都受到了学校的处分。

（三）能力与期望之间的矛盾

学习与社会能力的锻炼是大学生生活的两个重要方面。很多同学在这两个方面无法协调，顾此失彼，手忙脚乱。有的同学花百分百的时间学习，追求成绩优秀，忽略了能力的锻炼，结果在毕业找工作时后悔莫及；有的同学致力于能力的锻炼，忽略了学习，结果有功课不及格；有的同学什么都追求完美，结果把自己折磨得精疲力竭，得不偿失。所以大学生一定要对自己的能力，包括实际能力和潜能都有一个很好的认识，同时对自己的期望，也要基于对能力的认识，实事求是的评价自己，建立合理的期望。期望太高，不顾现实条件，妄想抓住自己的头发离开地球是徒劳的，注定会饱受挫折的。如果对自己的期望太低，不能充分发掘自己的潜能，看着和自己差不多的人，一个个成功，自己和他们差距越来越大，也会自觉形惭，备受挫折感的侵袭。所以大学生客观认识自己的能力，建立适当的期望，是减少挫折的有效手段

（四）求职就业路上的坎坷

每个人都希望自己考上好大学，上个好专业，将来能找到一份满意的好工作，当然在寻找工作的过程中，不同的人会有不同的表现。有的人从兴趣出发，专注于自己的内心的需要，为自己量身定做了适合自己的职位和职业发展方向，成为了自己的作品；有的人专注于目前的社会需要，考虑现实的问题而选择了自己的工作，按照工作要求塑造自己的能力结构；还有的人对自己需要的东西还不是很明确，习惯了和同学比较，习惯了在比较中获得满足感，而工作之间实际上是不具可比性的，一个人喜欢的工作，对另一个人来说可能是一个苦差，结果习惯于比较的同学在求职过程中不可避免地会遭遇挫折。

下面让我们来看看小胡的例子。小胡是北京某著名高校电气与自动化专业的学生，学习成绩优秀，性格外向活泼，组织能力强，担任院学生会主席，人际关系好，有上进心，具有远大的理想，一直希望找到一个各方面都非常好的工作单位。在面试中他表现突出，参加了几家公司的面试，几家单位对他都很满意，向他发出了录用通知。可是他总是和同学比较，一看到别人找到一份不错的工作，心里就会比较，自己比他强，怎么工作也不能比他差吧，于是拒绝了对他有意的单位，继续寻找更好的单位。这样来回耽搁，最后毕业时也没找到工作。

大学过程中，一方面是学习专业知识，一方面是培养能力，同时还要在过程中思考自己需要的是什么样的生活，需要什么样的工作，规划好自己的人生。

（五）缺乏专业兴趣

很多大学生缺乏学习动力，在学习上经历挫折是由于对自己所学专业不感兴趣。据调查，大学生在选择专业时除了根据自己的兴趣（47.7%）报考外，考虑的因素还包括热门专业、就业市场、易录取、名校效应等因素。因此当这些大学生进入到大学后发现自己所学的专业与自己想象中的就业前景和兴趣完全对不上，就会感到前途暗淡、心灰意冷，行为上得过且过，没有长远打算，处于一种茫然之中。

例如小超，就读于北京某著名大学的理论物理专业，报考时觉得只要能进入这所高校就实现了自己的理想，不管哪个专业都可以，所以填了服从分配，被调剂到理论物理专业。过了刚入学的兴奋期，一上专业课，问题来了。自己根本不愿上那些专业课，觉得自己当时太虚荣，选错了专业，从此开始羡慕那些选对了专业的同学，情绪一直低迷。不知不觉，期中考试到了，他又遭受了当头一棒，有一门功课竟然不及格。小超心里痛苦极了，他默默地问自己，这还是那个努力学习，考试游刃有余的我吗。

小超只是众多缺乏专业兴趣，导致学业受挫的同学的一员，每年都有许多大学生因为专业没选对而苦恼，甚至有一部分调整无效而草草结束大学生涯，选择退学。

（六）生活上的创伤

失去亲人或重大生活变故都可能给大学生造成巨大的精神打击。

下面介绍一个因亲人突然亡故遭受挫折的个案。一个本来性格外向开朗的小伙子，在他上大二的时候，父亲突然得了癌症，住进了医院。小伙子为了给父亲筹集医药费，每天都坚持做家教，到医院伺候父亲。父亲心疼儿子，趁家人和医护人员不注意选择了自尽以减轻家人的负担。小伙子受到沉重的打击，一下子变得少言寡语，生活陷入一片混乱，最后精神抑郁而无法继续求学。

下面介绍一个因得病造成挫折的例子。一名艺术学院的女生，才上大二就先后获得多项服装表演大奖。接二连三的比赛让她应接不暇，倍感压力，可怕的是大二下学期她患了白癜风，开始只是出现在臀部，还可以继续参加比赛，但是特别担心进一步恶化，四处求医，然而医治无效。祸不单行，本来和他如胶似漆，已经同居的男友，也因为她的病而离开了她。她伤心欲绝，心理压力巨大，但是皮肤疾病与心情有很大关系，她的病情进一步恶化，逐渐到了脸上、手上，她再也无法走上 T 台。走在校园里，同学们对她的回头率依然很高，当然是由于不同的原因。面对这突如其来的变故，她无法自我调节，走进了咨询室。

（七）恋爱中的痛苦

大学生谈恋爱已经是一个比较普遍的现象，据调查，正在恋爱或准备恋爱的大学生，大学一年级占到 15%，大学二年级占到 25%，大学三年级占到 40%，大学四年级占到 65%。恋爱中的挫折很容易让受挫折与自己的形象、自我价值联系起来，自尊心强，性格内向的人较难面对恋爱失败。

权莞是一个品学兼优，长相端庄的女孩，从小家教甚严，性格内向，很少与男生交谈，上中学时老师一直将她作为教育早恋同学的例子，夸奖她有女孩子的样子，不和男生瞎说话。但是上了大学后，不知怎么总是不自觉地看一个叫小强的男生，小强个头不高，但男人味十足，行为处事让人佩服，是班里男生公认的大哥。权莞觉得小强就是特别好，对他产生了好感，但又不知该怎么去和他交往。终于有一天，权莞实在受不了了，于是鼓起勇气写了一封信给小强。权莞写了改，改了写，最后终于满意了。权莞像做贼一样，悄悄将信放在了小强的书里。但遗憾的是小强并不想在大学谈恋爱，他一心只想把学习搞好，交朋友的事情他还没有时间认真考虑，于是将权莞约出来，婉言拒绝了权莞。权莞受不了这个打击，一下子变得沉默寡言，神情恍惚，自我否定，认为自己什么都不好，是个书呆子，觉得学习好没用，开始逃课，自暴自弃。

二、挫折对大学生心理的影响

挫折对大学生的心理具有消极和积极两个方面的影响。人都会面临挫折，挫折情境是客观存在的，关键在于大学生怎样去认识和看待挫折，如果认识得当，吸取经验教训，则挫折可以成为成功的垫脚石；反之，则可能从此一蹶不振，不思进取，挫折成了成功的绊脚石。

（一）挫折对大学生心理的消极影响

挫折引发的消极效应是普遍的、严重的，具体来说有以下几个方面。

1. 降低大学生的学习效率

学习是一种复杂的智力活动，学习的效果和效率受到多方面因素的影响，除了智力水平和知识基础的制约之外，还与学习者的非智力因素有关，诸如学习动力、学习兴趣、学习时的情绪状态、自信心、对学习结果的预期都影响着学习的效率。当大学生遭遇到挫折时，一方面自信心下降，产生自卑无能的感觉；另一方面，情绪状态长期处于焦虑不安之中，使原有的思维能力受到影响，从而大大地降低学习效率。

2. 降低大学生的思维能力与生活能力

大学生受到挫折后，容易出现情绪波动和行为问题。如果持续频繁遭受挫折，则可能导致神经系统功能失调，失眠、多梦、易激惹、情绪低落等症状出现。这样不但会大大降低大学生的思维能力，无法正常学习，还可能会使大学生生活能力和工作能力下降，人际回避，无法正常完成学业。

3. 损害大学生的身心健康

大学生遭遇到挫折，不能实现目标，其整个身心状态都处于一种紧张、压抑、焦虑不安的状态。这种消极的心理能量如果长期得不到释放，就会损害大学生的身心健康，有时可能成为发病的诱因。如果长期处于压抑焦虑之中，一个人的食欲便会明显下降，睡眠也会出现反常，这样就会严重影响身心健康，严重的会导致神经衰弱、神经官能症等。

4. 促使大学生改变性格与出现行为偏差

当大学生遭到重大挫折或持续挫折而又无法做出相应的调整时，就会使某些行为反应形成相应的习惯模式或人格特征。受挫的大学生处于应激状态下，感情易冲动，自控能力较差，不能正确评价自己的行为及其后果，就可能会作出违反社会规范的行为。如有些大学生受挫后，容易酗酒闹事或挑衅斗殴，甚至走上犯罪道路。

（二）挫折对大学生心理的积极影响

挫折也有积极作用，挫折孕育成功。对大学生来说，挫折的积极作用具体表现为以下几个方面。

1. 有利于磨炼大学生的性格和意志

坚强的性格和意志，往往是长期磨炼的结果。多数大学生生活在较好的家庭与学校环境里，虽然这种环境有利于他们的成长，但也降低了他们对挫折的适应能力，不利于坚强性格的形成。一旦遇到挫折，将会承受更大的压力，那么他们承受挫折的能力可能就会更强，就能更清醒，更深刻地认识所面对的问题，其性格也就变得更坚强。

2. 有利于增强大学生的情绪反应能力和解决实际问题的能力

当大学生面临困难或挫折时，其神经中枢受到强烈的刺激会引起情绪激动、精神集中。使整个神经系统兴奋水平提高，在这种情况下，人的精神焕发，思维加快，情绪反应能力大大提高。同时，在解决困难和对付挫折的过程中，大学生可以从中学到经验和方法，正所谓“吃一堑，长一智”。

3. 有利于大学生正确地认识自我，提高生活适应能力

许多大学生对社会、对自己有一些不切实际的想法，当他们用这些想法来指导自己的行动时，就容易出现挫折。挫折的产生无疑给他们吃下一粒清醒丸，使他们对自己作出一个合乎实际的评价，同时也使他们对生活、对社会有一个较为客观的认识，从而增强其适应现实生活的能力。

第三节 挫折的认知与应对

一、对挫折的正确认识

在挫折产生的过程中，挫折认知是挫折产生的最重要因素，因为只有在挫折情境被知觉后人们才会产生挫折感。所以正确的认识挫折对个体摆脱挫折困扰，克服困难，走向成功具有举足轻重的作用。

1. 挫折的客观性

“人有悲欢离合，月有阴晴圆缺，此事古难全”。人们在日常生活和工作中，并非总是一帆风顺的。在人的一生中，只要有需要，就会有追求，就会有欲望，就会有失望、有失败、有挫折。每个人都享受过成功的喜悦，也品尝过失败的沮丧。挫折和成功一样，是一个人成长和发展过程中必然要经历的。人们不仅要有迎接成功的准备，还要有面对挫折的勇气。如果把人生比作一个钟型曲线，前半生是一个上升阶段，不断取得一些东西，大家比谁得到的多；大学生就处在这个上升阶段最陡峭的那一段，需要去追求许多东西，构建自己人生的基础。大学生在成长道路上总会面临学习、生活、交友、就业等问题，同样不可避免地会遭遇到各种各样的挫折。因此，挫折会伴随人的一生，大学阶段是人生取得成功的关键期，也是面临挫折最多的人生阶段，有的学者把它叫做疾风怒涛阶段，这是人生发展的客观规律。

关于大学生挫折状况的调查也从数据上支持了上述观点。

表 6-1

类　型	大一	大二	大三	大四
学习困难	51.7	64.9	45.5	28.6
经济拮据	33.6	43.2	36.4	38
人际关系障碍	48.3	62.2	27.3	42.9
性格缺陷	32.8	32.4	18.2	14.3
情感缺乏	37.1	30	36.4	42.9
理想与现实冲突	44.8	46	63.6	52

但是面对每个人都会遭遇到的挫折，大多数人获得成长、努力前行，而有一些人却

回避退缩、自怜自艾，被挫折所打到。为什么会如此不同？究其实质，被挫折打败的人有一个显著的特点就是觉得自己是倒霉的，怎么这么倒霉的事都让我摊上了。也就是他们否认挫折的客观性与普遍性，认为遇到挫折是自己的独特经历，别人做什么事都一帆风顺，并且好面子，怕别人笑话，不和别人交流。这样就使自己的注意力全部集中于挫折的消极体验，思维局限于自己是倒霉的，丧失了自我反省总结经验的机会。缺乏总结，下次实践，又归于失败，更强化了他认为只有我最倒霉，总是遭遇挫折的认识，逐渐形成一个恶性循环，最后真的成为了一个失败的人。所以，要想应对挫折，体验成功，大学生要形成的第一个正确认识就是：挫折是客观的、普遍的。只有承认了挫折的客观普遍性，也就纠正了自己要求每次行动必须成功的不合理信念，避免了遭遇失败后的自我否定，找到了在遭遇挫折后，面对实际分析问题、总结经验、酝酿成功的金钥匙。

2. 挫折的差异性

挫折有不同的类型，面对不同的挫折也应该采取不同的态度，有时我们需要努力，有时需要接受，有时需要选择。对于来自外在因素的挫折，如果大学生归因于自己，则会扩大挫折的影响。以大学生就业挫折为例，随着国际经济形势和国内大环境的变化，除了一些特殊专业的学生，大学生都需要自己择业，在求职的过程中很少会出现一招命中的情况，所以面对一次的求职失败，如果我们客观地分析原因，就会明白是客观条件使然，我们就会选择不断的尝试。如果我们内归因，认为是自己不好，一无是处，能力不强。那么我们就会对下一次求职的预期是失败的，就会产生退缩行为，而遗憾地错过本来可以把握的机会。对于来自内在因素的挫折，则需要通过反省自身、积极改变、发展自我去克服困难，战胜挫折，走向成功。例如，有一个名校毕业的研究生，学习刻苦、成绩优异，毕业后找到了一份满意的工作，可是实习期还没结束，就丢了工作。他凭着良好的教育背景，很快又找到了一份工作，但是同样的事情发生了。这位研究生面对两次挫折，心情非常的苦闷，但是他没有选择逃避。他找了两家公司的领导，询问自己不能胜任工作的原因。他发现原来是单位觉得他理论性太强，实际技能太欠缺。这位研究生悄悄地拿着自己的高中毕业证，隐瞒了自己的高等教育经历，又一次以农民工的身份进入了第一家公司。他进入公司后在一线工作，积极学习各种基本技能，经常加班加点，很快就熟练掌握了公司业务需要的基本技能。因为工作出色，又高中毕业，他被提升为生产组长。更为重要的事，他还从研究的角度，对现在生产流程优缺点作了全面分析，写出了可行性报告。当领导看到他的报告，想提拔他为车间主任，又因为他学历低而犹豫时，他拿出了自己的本科学历。当上了车间主任的他并没有松懈，利用自己在研究生学习期间掌握的研究方法，悄悄地做起了实验。当他的实验报告公开发表，震惊全公司的时候，小伙子拿出了自己的研究生学历。后来小伙子成为公司研究机构的负责人，成为公司的骨干和董事。这一事例充分证明，挫折是强者的铺路石，面对挫折，我们查找差距，努力奋斗，一定会雨过天晴，看到美丽的彩虹。

当然无论来自外部因素还是内在因素的挫折，都有一些是无法克服改变的，我们要接受人的能力是有限的这一现实，学会接受不能改变的事实，这也是一个人心理成熟的重要标志。比如，“5·12”汶川特大地震中的幸存者，面对家园被毁、亲人亡故，只能接受这一现实，开始新的生活，越早接受这一事实，对当事人的心理康复，社会功能的恢复，以后的生活幸福越有好处。当然接受需要一个过程，需要积极地寻求社会支持，在重建家园的过程中，在现实的生产生活活动中获得现实感，走出挫折的阴影。对于产生挫折感的个人不可改变的因素，我们也只能以一颗平常心去接纳，接纳自己的不完美，同时也是在承认自己与众不同。例如有一名机械专业的工科生张三，脑子非常聪明，学习非常刻苦，人缘非常好，还非常具有营销天分，在校期间给一家电子产品做代理，干得有声有色。张三的理想是当一名机械设计师，但是他有一个致命的不足，那就是缺乏空间想象能力，工程绘图屡考屡挂。面对挂科，张三心急如焚，因为这不仅关涉到毕业与否，更可怕的是工程绘图能力是一个机械设计师的必备素质，这将会影响自己理想的实现。而空间想象能力每个人的差异很大，通过后天训练提高的效果很有限。经过职业生涯规划咨询，张三接受了这一现实，客观评价了自己的能力结构，选择了一家大型机械企业的营销工作，规避了自己的不足，发挥了自己的特长，既懂业务又善于营销的张三，干得风生水起。通过上边的例子可以看出，面对挫折，接受现实，并不等于逃避、投降，而是立足现实，分析自我，让损失降到最低，让自己的潜能得到更好地发挥。“骏马行千里，耕地不如牛”；“寸有所长，尺有所短”说的就是自我悦纳，积极发展的道理。

3. 挫折的二重性

挫折的消极性和积极性都是相对的，也是可以转化的，当然这种转化是有条件的。挫折的转化是指当人们遇到挫折时，以积极的态度向挫折学习，将挫折变为动力，以顽强的毅力继续奋斗，或重新调整目标，从而使需要或动机获得新的满足的心理过程和实践过程，即减少挫折的消极因素，积极寻找挫折积极的一面，促使挫折产生的消极因素向积极方面转化。

俗话说“吃一堑，长一智”，“失败是成功之母”，这些话都很有道理，说的就是挫折的消极性可以向它的对立面挫折的积极性转化。挫折的消极面可以向积极面转化，并不等于必然转化，否则就不会出现那么多一蹶不振的失败者了。可见，这种转化是有条件的，那么满足什么条件才会发生这种转化呢？

首先要有坚强的个性。正如著名作家巴尔扎克所言，挫折“对于强者它可以成为垫脚石，让人站得更高；对于弱者它可以成为绊脚石，使人一蹶不振。”这可以说是巴尔扎克亲身经验的总结。1850 年 8 月 21 日，在巴尔扎克的葬礼上，雨果所致的悼词有这样的话：“在伟大的人物中间，巴尔扎克是最伟大的一个；在优秀的人物中间，巴尔扎克是最优秀的一个。可叹啊！这个坚强的、永不停止奋斗的哲学家、思想家、诗人、天才作家，在我们中间，他过着风风雨雨的生活，遭逢了任何时代一切伟人都遭逢过的不幸。如今，他走了，他走出了纷扰和痛苦。”是的，巴尔扎克一生坎坷。幼年就缺乏母爱，家庭和母亲对他冷漠无情，他好像是家庭里多余的人。巴尔扎克后来回忆这段生活，曾愤愤地说：“我从来不知道什么叫母爱”，“我经历了人的命运中所遭受的最可怕的童年”。巴尔扎克长大后立志要从事清苦的文学创作，当一个文坛国王。从 1819 年夏天开始，他整天在一间阁楼里伏案写作，楼阁咫尺见方。他的居所简陋寒酸，夏天热气腾腾，冬天寒风飕飕。他没有白天，没有黑夜，没有娱乐，总是不停地写。结果在与书商打交道过程中不断受骗，以致负债累累，债务高达10万法郎。为了躲避债务，他曾经6次迁居。他对朋友说："我经常为一点面包、蜡烛、纸张发愁。债主迫害我像迫害兔子一样，我常像兔子一样四处奔跑。"巴尔扎克一生勤奋写作，一天常常连续工作18个小时，在不到20年的时间里，他共创作91部小说，在世界上有广泛影响；但他一生却是在贫穷和痛苦中度过的。他曾经用一句话概括自己："一生都在痛苦和贫困中度过，经常不为人理解。"

巴尔扎克正是凭借自己坚强的毅力，克服重重困难，变挫折、压力为动力，写下了不朽的篇章。正如美国政府第一任华裔内阁部长，布什政府最年轻的现任内阁成员，出任联邦政府第二十四任劳工部长的赵小兰女士所说："失败没有关系，只要爬起来，永远不要放弃。事实证明，坚持不懈，最后一定能成功。唯一能打败你的，只有你自己。只要你自己不被自己击败，就没有人能击败你。"

其次要有自我反思的能力。

如果说失败是成功之母，那么反思就是成功之父。把挫折的消极面转化为积极面确实离不开坚强的意志，屡败屡战的决心，但是如果没有反思能力，屡败屡战，那么最后只能一败涂地。摔倒一次就不敢站起来的人是懦弱的人注定失败。在同一个地方摔倒无数次的人，则是缺乏反思能力，偏执的人，这种人即使凭借坚强的毅力取得了成功，但也注定会做许多无用功，承受许多没必要的痛苦，就像前文讲到的巴尔扎克，他屡遭书商的欺骗，本身就说明他缺乏反思能力。

让我们来看一个既有坚韧不拔的毅力又善于自我反思的例子。20世纪90年代，在一趟开往西部的火车上，梳着分头、戴着近视眼镜的他看上去朝气蓬勃，内心却带有微微的彷徨。那时的他严肃乏味，常常独坐好几个小时不说话。后来转行做主持人，1998年他第一次主持的电视节目播出时，他发现自己说的话几乎全被导演剪掉了。他让身为制片人的妻子准备了一个笔记本，把自己在主持中存在的问题一一记录下来，哪怕是最细微的毛病都不肯放过，然后逐条探讨、改正。即使今天其身价已逾4亿，成为中国最具影响力的主持人，他仍未放弃面"本"思过。这个人就是著名节目主持人李咏，他在成名之前也经历过这样的挫折，但是他选择了面对挫折，接受现实，面"本"思过，自我反省，所以他实现了失败到成功的转化。作为一名大学生，不要抱怨贫富不均，生不逢时，社会不公，机会不等，制度僵化，条理繁复，伯乐难求。要知道：其实每个人都平等地享有出人头地的机会，明天，或者明年，同样会诞生像他们一样成功的人，就看今天的你，是不是有着和他一样的毅力和耐力，善于自我反思。

综上所述，没有失败就没有成功；如果面对失败，缺乏坚强的个性，软弱退缩，也不会成功；如果面对失败，个性坚强，但缺乏反思能力，可能成功，但极可能会遭受很大的痛苦。所以，大学生要认识到挫折的客观性，积极面对挫折，坚忍不拔，克服困难，积极反思，总结经验，只有这样才能在失败的基础上实现挫折消极面向积极面的转化，获得成功。

4. 积极地认识挫折

阅读下面的故事，让我们学会以积极的心态认识挫折。

雕鹰的故事

在辽阔的亚马逊平原上，生活着一种叫雕鹰的鸟，有“飞行之王”的称号。它的飞行时间之长、速度之快、动作之敏捷，堪称鹰中之最，被它发现的小动物，一般都难以逃脱它的利爪。

但谁能想到那壮丽的飞翔后面却蕴藏着泣血的悲壮？

当一只幼鹰出生后，没享受几天舒服的日子，就要经受母亲近似残酷的训练。在母鹰的帮助下，幼鹰没多久就能自行飞翔了，但这只是第一步，因为这种飞翔只比爬行好一点儿。幼鹰需要成百上千次的训练，否则，就不能获得母亲口中的食物。

第二步，母鹰把幼鹰带到高处，或悬崖上，然后把它们摔下来，有的幼鹰因为胆怯而被母亲活活地摔死。但母鹰不会因此而停止对它们的训练。母鹰深知：不经过这样的训练，孩子们就不能飞上高远的蓝天，即使能够，也会因难以捕捉到食物而被饿死。

第三步则充满着残酷和恐怖。那些被母亲推下悬崖而能胜利飞翔的幼鹰面临着最后的，也是最关键、最艰难的考验。因为它们那正在成长的翅膀会被母鹰残忍地折断大部分骨骼，然后再次从高处推下，有很多幼鹰就是在这时成为飞翔悲壮的祭品。但母鹰同样不会停止这“血淋淋”的训练，因为它眼中虽然有痛苦的泪水，但同时也在构筑着孩子们生命的蓝天。

有的猎人动了恻隐之心，偷偷地把一些还没来得及被母鹰折断翅膀的幼鹰带回家里喂养。但后来猎人发现那被喂养长大的雕鹰至多飞到房屋那么高便要落下来，它们那两米多长的翅膀已成为累赘。

原来，母鹰“残忍”地折断幼鹰的翅膀中的大部分骨骼，是决定幼鹰未来能够在广袤的天空中自由翱翔的关键所在。雕鹰翅膀骨骼的再生能力很强，只要在被折断后仍能忍受痛苦不停地振翅飞翔，使翅膀不断地充血，不久便能痊愈，而痊愈后翅膀则似神话中凤凰一样死后重生，长得更加强健有力。如果不这样，雕鹰也就失去了仅有的一个机会，永远与蓝天无缘了。

自古英雄多磨难，纨绔子弟少伟男。“失败也是我所需要的，它和成功对我一样有价值。”这是爱迪生一生奋斗的经验的总结。爱迪生一生大约有两千项发明，其中每一项发明都不是一帆风顺的。正是在这一次次失败中爱迪生总结经验，锻炼了发明创造的能力，掌握了科学发明的方法，取得了举世瞩目的成就。就像那些雏鹰在妈妈的挫折教育中，经历了苦难的洗礼，长长的翅膀变得强劲有力，最后一跃而起，搏击长空。我们的理想越远大，目标越高，遭遇挫折的可能性越大，能力增长也就越快。所以作为一名大学生应该敢于主动参与竞争，承担社会事务，积极参加社会实践，在做事的过程中必然会遇到挫折，通过这种方式，主动“寻找挫折”，在战胜挫折的过程锻炼能力，完善自我，服务社会。

二、采取积极的心理防御机制

心理防御机制是指人在遇到挫折时，有意无意地摆脱挫折产生的心理压力，减轻精神痛苦，恢复正常情绪，获得心理平衡的自我保护和自我调节的行为。对挫折进行防御的方式有很多，弗洛伊德对此进行了总结。常见的心理防御机制包括升华、补偿、认同、抵消、幽默、合理化、压抑、投射、反向、幻想、否定、退化、移位等。心理防御机制都对人有保护功能，任何一种心理防御机制都有其积极作用。但是有的心理防御机制具有短期效应，短期对受到挫折的个体具有保护作用，但是如果长期使用这种心理防御机制，则会导致更大的挫折。而有的心理防御机制不仅具有短期效应，长期使用会促进人的发展，发挥人的潜能。据此，一般将心理防御机制分为具有消极作用的防御机制和具有积极意义的防御机制，这只是从人的长期发展出发作出的分类。而实质上，能够灵活地运用各种心理防御机制才是上上策，一个人以积极的心理防御机制为主，适当运用多种心理防御机制，是一个人灵活成熟的重要表现。

1. 运用心理防御机制的积极作用

积极的心理防御机制是对挫折的理智反应行为，即在理智的指导下，使挫折反应产生建设性的效果，不仅对个人具有心理平衡、平复情绪的作用，而对社会也有积极作用。

（1）升华作用

升华是指将那些因受种种因素制约而无法实现的目标或不能为社会所接受的原始冲动或欲望加以改变，用另外一种更高尚的、富有创造性和社会价值的目标取而代之，从而减轻挫折带来的精神痛苦。升华不仅需要一个人具备理性思考的能力，而且需要坚强的意志品质和开阔的心胸。弗洛伊德认为，人类很多文学创作，大多是作家把内心不合理的冲动升华而以社会能接受的正当形式表现出来。例如，有一位大学老师，在“文革”期间被下放到农村养猪，他每天都观察猪的心理和行为，进行记录，获得了第一手资料，“文革”后成为著名心理学家，他就是曾担任中国心理学会主席的荆其诚教授。无独有偶，心理学家阎克乐教授，在“文革”期间被下放到煤矿井下工作，每次从地下一出来，看到明媚的太阳，就觉得郁闷的心情一扫而光。“文革”后阎教授研究抑郁症的治疗，特别强调晒太阳的重要性，他把挫折的痛苦经历转化为治疗的思路。

（2）补偿作用

补偿是在实现既定目标的过程中因主客观条件的限制而无法达成时，设法以新的目标代替原来的目标，以现在的成功体验去弥补原有失败的痛苦，进而找回失去的东西和自尊，达到“失之东隅，收之桑榆”的目标。补偿是一个积极的心理防御机制。比如个体企图用种种方法来弥补其因生理或心理缺陷而产生的不适感，从而在某些方面出类拔萃。再如，这次期中考试没考好，及时吸取教训，调整了学习方法，争取期末把分考高一点，补回来。或者呢，反正算总分，我这边丢一点分没关系，把那边的分提高。

补偿包括两层含义：一是改变策略和行为方式。当目标无法实现时，应该及时调整策略，寻求一种新的行为方式实现目标。我们常说的“迂回战术”、“围魏救赵”等就是一种策略上的替代与补偿。二是目标的改变，诸如降低目标和重新选择目标等。当既定目标需要付出的代价过大或无法实现时，可以重新定位目标或重新选择目标，以期通过新目标的达成满足自己的心理需要。如一个相貌平凡或生理残疾的女孩，无法与其他漂亮女生相媲美，把目标定位为做一名学者，发奋学习，在学术研究上取得了突出的成绩，从而获得了其容貌不能赢得的社会声望和关注，这就是一个典型的补偿作用实例。

从广义上讲，它是个体通过自身努力，扬长避短，以成功的做法代替失败的行动，以发挥长处来弥补短板。补偿是潜在力量的发挥，是对自己客观分析后的理性选择，是一种较好地适应生活环境的方式。

在使用补偿作用时，要注意补偿行为的积极性和社会意义，要避免补偿的消极作用。例如有的大学生考试不及格或生活不顺心，于是就沉迷网络，这就是消极意义上的补偿。

(3) 认同

认同（Identification）是指一种无意识的，有选择性地吸收、模仿或顺从另外一个人，一般是自己敬爱和尊崇的人或团体的态度或行为的倾向，以对方之长归为已有，作为自己行为的一部分去表达，以此吸收他人的优点以增强自己的能力、安全感以及接纳等方面的感受。一般说来认同的动机是爱慕，是正常的心理现象，也是儿童早年的心理防御机制，对儿童的社会化和性别角色的获得具有重要意义。例如：有许多人以在天安门广场见过毛主席为荣；某人以与某富豪见过一面为荣；某些大学生常以见过一些名人来说事，用名人的成长经历进行积极的自我激励与暗示，用优越感代替挫折感；个子低的同学喜欢读拿破仑传，从中汲取力量和勇气。这都属于认同作用。

认同有两种，一种近似模仿。例如毛泽东对曾国藩的认同，激励着毛泽东以天下为己任，担当起民族解放的大任；另一种是利用别人的长处，满足自己的愿望、欲望。例如，一个不漂亮的女孩子喜欢和一个漂亮的女孩子做朋友，她可以因为别人夸奖她的女友而感到自豪；一个学习暂时不良的孩子，喜欢和几个学习好的孩子一起玩，慢慢的这个孩子变得学习好起来。

(4) 幽默

当一个人处境困难或陷于尴尬境地时，有时可使用幽默来化险为夷、渡过难关；或者通过幽默间接表达潜意识意图，在无伤大雅的情形中，表达意见，处理问题。我们将这种心理防御机制称之为幽默作用。

幽默是一种良好的心理防御机制，但一定要注意，不能幽别人的默，一定要幽自己的默，要学会自嘲。一个人要是会自嘲了，那他的心理就成熟了。说明他认识了自己，社会适应能力强了。幽默很容易缩短你与周围人的距离，而且能够帮助你有效地寻求社会支持。即使你这次没做好，别人也能容忍你。一般而言，人格比较成熟的人，常懂得在适当的场合使用适当的幽默，转变困难的境地，大事化小，小事化了，让自己顺利渡过难关。这不仅是一种智慧的做法，更是个人良好修养的表现。

(5) 利他作用

利他作用是指，采取一种行动不仅能直接满足自己的欲望与冲动，同时所表现的行为又可帮助他人、有利于他人，受到社会赞赏的一种心理防卫术。它是一种与升华作用类似的心理防卫机制。例如，一名大学生入学后想锻炼自己的组织能力，想当学生干部，积极竞选班长，失败了，又竞选学生会干事，又失败了。面对挫折，他没有消沉，经过考虑，他参加了志愿者协会，在服务同学的过程中锻炼了能力，同时得到了同学的认可，被推选为志愿者协会实践部部长。

2. 避免自我防御的消极作用

当愤怒、委屈、感到无助、沮丧、挫折的时候，很多人通常是回避的，他们不愿意体验伤痛的感觉。为了暂时避免这种痛苦，人们就会使用合理化、退化、冷漠、否认、压抑等自我防御机制，但这样往往能够缓解情绪，但不能够解决问题，当下一次这样的情绪又来临的情况下，还是会让自己不知所措。因此大学生要避免将这样的心理防御机制作为应对挫折的主要手段，避免这些心理防御机制的消极作用。

（1）合理化

合理化作用又称文饰作用，是指个人遭受挫折或无法达到所要追求的目标，以及行为表现不符合社会规范时，用有利于自己的理由来为自己辩解，将面临的窘迫处境加以文饰，以隐瞒自己的真实动机或愿望，从而为自己进行解脱的一种心理防御机制。通俗地讲合理化就是个体无法达到目标时，给自己一个好的借口。虽然这个借口往往是不真实的、不合逻辑的，但面对挫折者本人却能借此说服自己，感到心安理得。合理化有三种表现：一是酸葡 萄心理，即把得不到的东西说成是不好的；二是甜柠檬心理，即当得不到葡萄而只有柠檬时，就说柠檬是甜的；三是推诿，此种自卫机制，是指将个人的缺点或失败，推诿于其他理由，找人承担其过错。三者均是为了掩盖其错误或失败，以保持内心的安宁。

例如，有的学生人际关系不好时，自己的解释是“我的性格不善于交往”、“我就是这样的人”、“我这个人太直”。一旦将这种行为合理化，他就不用自我反思了，避免了面对自己缺点的压力，也不去完善自己了。这样虽一时取得了心理平衡，但是遗患无穷，人际关系紧张的情形一再重现。

（2）退化

退化，也称为倒退，退行。当人感受到严重挫折时，放弃成人方式不用，而退到困难较少、较安全的时期——儿童时期，使用原先比较幼稚的方式去应付困难和满足自己的欲望，完全地放弃努力，让自己恢复对别人的依赖，从而彻底地逃避成人的责任。而临床上歇斯底里和疑病症常见这种退性行为。短时间、暂时性的退行现象，不但是正常的，而且是极其需要的。譬如一个大学生，当遇到困难无法对付时，便觉得自己身上的“病”加重了，需要休息，以此来退回到儿童时期被人照顾的生活中去，这就是无意识地使用精神防御的退行机制。例如，已经成年的大学生，受到老师批评或与同学发生争执时就会失声痛哭，以哭来表达对挫折的处理，以求得到他人的同情和照顾。还有的大学生遇到挫折后蒙头大睡，或装病不起，都是常见的退化行为。

易受暗示性也是退化的一种表现。其典型行为表现是人在受挫后，对自己丧失信心而盲目地相信别人或盲目地执行别人的指示。例如，有的大学生受到挫折后，不假思索地听信别人谣言；有的大学生极易被他人所左右，盲从别人，甚至犯错误乃至犯罪。

（3）固着

固着又称病态固执，指个体受到挫折后，采取刻板的方式盲目重复某种无效的行为。尽管反复进行这些行为并无任何效果，但仍要继续这种无效的行为方式，而不能以更适当的行为取而代之。例如，有的大学生学习方法不科学，致使学习成绩总是很差，当别人提出改进建议时，依旧我行我素，不予采纳。心理学研究表明，严厉的或长时间的惩罚，会造成挫折情景而产生固着行为。同时，固着往往与对犯错误者的批评教育方式的不妥有直接关系；一般来说，如果采取简单粗暴的强硬手段，人为地使犯错误者感受到一种强烈的挫折，则会导致其继续坚持原来的错误，甚至出现比原来更错误的行为。

（4）逃避

逃避是人在受挫和预感到受挫时表现出来的一种消极行为反应。在大学生的现实生活中，个体受挫或预感受挫，便逃避到自认为比较“安全”的情境中。

逃避主要有三种表现方式。第一种情况就是逃到另一个“现实”中。这种情况在大学生中比较常见。某大学生过去在学习上一直很努力，但由于种种原因受到挫折后，他往往不从主观上分析原因，而一改过去刻苦学习的状态，对学习漫不经心、得过且过，把大量的时间用在娱乐、谈女朋友上，他以学习之外的活动回避学习压力给自己带来的焦虑和不安。第二种情况是逃向幻想世界。大学生在受挫之后，往往沉溺于不切实际的幻想之中，以非现实的想象方式来应对挫折。比如，有一名大学生大学英语四级连考了四次都没有过，他想教育部马上就要取消四级考试了，那些考了的人都白通过了。第三种情况就是逃向疾病。在日常生活中人们对一个人的行为总是有一定要求的，但如果对象是一个病人，社会对他的各种要求就可能暂时取消或减轻，对他的过失，也会有更多的包容。例如，有的大学生遇到困难就会出现身体的不适，他有真实的病感，但其实没有器质性病变，而是一种机能性障碍。这些人无意识地将心理方面的困难，转换成为身体方面的症状，借以逃脱他人责备及自己的内疚，而维护了自己的利益和尊严。

（5）反向

反向是指对内心的一种难以接受的观念或情感以相反的态度与行为表现出来。

一般来说，个人的行为方向和他的动机方向是一致的，即动机激发符合动机方向的行为。但是个体受到挫折之后，个体的内在动机不能为社会所容忍或个体自认为内在动机不能为社会所容忍。由于他不敢正面表露自己的真实动机，于是便从相反的方向表现出来，即把自己的一些不符合社会规范、不被允许的愿望和行为，以一种截然相反的态度或行为表现出来，以掩盖自己的真实愿望，避免或减轻心理压力的心理防御机制。例如，一些内心强烈自卑的大学生，往往在同学面前夸夸其谈、狂妄自大，用夸张的自我炫耀方式掩盖自己内心的自卑；有的大学生挺想谈恋爱，然而由于害怕拒绝却向同学大谈大学生恋爱的坏处，对异性同学表现出满不在乎的样子。

反向行为由于与动机相互矛盾，因而表现得过分夸张、做作、偏激。它虽然在一定程度上掩饰了个体的真实动机，回避了压力，但是，掩饰包含着压抑，长期如此会从根本上扭曲自我意识，使动机与行为脱节，造成心理痛苦。

（6）压抑

压抑指当一个人的某种观念、情感或冲动不能被超我接受时，下意识地将极度痛苦的经验或欲望就被潜抑到无意识中去，以使个体不再因之而产生焦虑、痛苦，这是一种不自觉的主动性遗忘（不是否认事实），有时表现为口误笔误。例如，一位大学生的母亲在她 6 岁时死于车祸，事情发生在十月份。当时她非常痛苦，经过一段时间以后，她把这不堪忍受的情绪抑制、存放到潜意识 中去，“遗忘”了。可以说感情留在意识之中，而观念却被忽视了。这些潜意识中的情绪不知不觉地影响她的情绪，果然她每年十月份均会出现自发抑郁情绪，自己不知道为什么，药物治疗也无效。

(7) 投射

投射，也称外射，是主观地将属于自身的一些不良的思绪、动机、欲望、或情感，赋予到他人或他物身上，推卸责任或把自己的过错归咎于他人，从而得到一种解脱。它包括严重的偏见、因为猜疑而拒绝与人亲热、对外界危险过分警觉。例如，一个学生平素学习不努力，考试作弊，则认为别的同学学习也不努力，考试善于作弊，而且与自己比较有过之而无不及。"以小人之心度君子之腹"也属于这种情况。

投射作用与合理化在性质上较接近，同样是以某种理由来掩饰个人的过失，但二者是有区别的。在一般情况下，运用合理化行为反应的人都能了解自己的缺点，主要是找冠冕堂皇的理由为自己的缺点辩护。例如，有的大学生考试失败了，明明自己不用功，却说老师教的不好，或出题不明确、评分不公等。运用投射行为反应的人否认自己具有社会不认可的某种品质，反而将其加之于他人予以攻击。

消极的心理防御机制具有极大的盲目性、冲动性，这类反应短期有效，可以缓解大学生受挫后的紧张、焦虑，但是这种行为反应歪曲现实，缺乏积极的社会价值，长期使用对大学生成长成才极为不利。所以，大学生还需要多运用积极的心理防御机制。

为了让大家对防御机制有一个更通俗易懂的了解，请阅读下面的故事。

你排长队准备上厕所，好不容易终于轮到你，你刚要动作，一个年轻姑娘矫健地一闪，捷足先登了。你站在原地，无动于衷——这是"压抑"。姑娘出来了，你刚要动作，一个小女孩像离弦的箭一样抢先钻进蹲位，你在外面心平气和地继续等待，心里还是什么感觉也没有——这是"隔离"；小女孩出来了，你刚要动作，一位老太太夺门而入，你想："年轻人让老人，应该、应该"。——这是"合理化"；老人出来了，你刚要动作，一个孕妇高喊着"对不起让让我"一头扎了进去，你咬咬牙对自己暗暗地说："要是换了别人，早上去把她们臭骂一顿了。可是，我可不是这样没有涵养的人。"这是"否认"；孕妇出来了，你刚要动作，一个外国女人打着手势正要往里挤，你突然冲上去，怒不可遏地劈手两耳光，并纵身骑到她身上一边暴打一边咆哮着"你还得寸进尺了?! 老娘对你们这种卑劣行径早已经忍无可忍了!"——这是"移情"；警察接到群众举报说你殴打外宾，于是前来干预：他们救走了外国女人，并把你带上了警车，你想："他们只是碍于中外邦交的'面子'而走走过场、骗骗老外而已。其实，他们心里是站在我这边的。"——这是"投射"；你被带进了派出所，出乎你预料的是，警察居然要对你来真格的！于是，你对问题拒不回答，一屁股躺在地上开始又哭又闹撒泼打滚——这是"退行"；你被家人从派出所交罚金领了回来，从此闭门思过，于一年后出版一本五万言畅销书《排队引发的人生思考》——这是"升华"。

三、积极地调试策略

1. 认知减压法

第一步：先毫不害怕而且诚恳地分析整个情况，然后找出失败可能发生的最坏的情况是什么。

第二步：找出可能发生的最坏情况之后，就让自己在必要的时候能够接受它。

第三步：从这以后，平静地把时间和精力拿来试着改善在心理上已经接受的那种最坏情况。

第四步：充分认识挫折对人生的积极意义。

2. 阅读减压法

阅读你喜欢的书籍、杂志转移注意力，或者看有关心理调适类的书籍，根据书籍的指导进行心理自我调节。

3. 运动减压法

从事各种球类、田径类运动，或者其他感兴趣的活动如爬山等，是排解郁闷、培养积极乐观态度的好办法。运动减压的关键在于形成习惯，长期坚持，运动可以起到消遣和娱乐的作用，但绝非仅是消遣和娱乐。

4. 社交减压法

饥饿的时候，如果口袋里有块糖，可以减缓饥饿的痛苦；当一个人遭遇到挫折的时候，如果有一个地方可以让自己放心地倾诉，有一个人可以真诚地陪伴自己，则挫折感会降低很多，受挫者的情绪也会好很多，不再感到孤独害怕。所以，大学生要积极参加多种群体活动，在平时多结交朋友，多与同学、朋友、师长交流，开阔视野，释放紧张情绪。另外，平时要注意多积攒有关的社会支持系统的联系方式，比如带班党员、辅导员、学院副书记、班长、团支书的电话，一旦遭遇挫折，可以给他们打电话。

5. 咨询减压法

找心理咨询辅导员寻求帮助。心理咨询包括障碍性咨询、适应性咨询和发展性咨询等多种，如发展性咨询是人人都需要的。心理健康，在贫困时代是奢侈品，在发展中国家是点缀品，在发达国家是必需品。作为一名大学生，要科学地认识心理咨询，必要时积极寻求帮助。

6. 名言警句法

座右铭是中国人经常用到的挫折调节方法。早在商代就有印有“苟曰新，又曰新，日日新”的铭盘。人们经常在书的扉页、床头、墙上等自己经常出入地方显眼的位置贴上有针对性的格言、名言、警句，以提醒自己，客观面对挫折，控制过激情绪，激励自己上进。下面是一些关于挫折应对的格言：

(1) 挫折是人生路上的一个音符，只有保持欢快、愉悦的心情，才能弹奏出美妙的乐章。

(2) 挫折是良师益友，认真向它学习可使我们不断认识自己，完善自己。

(3) 把挫折放在面前挫折就成了拦路虎，把挫折踩在脚下挫折就成了垫脚石。

(4) 燧石只有经过磨砺才能溅出火星，人只有经历挫折才能变得坚强。

(5) 没有礁石的阻挡，哪能激起美丽的浪花。

(6) 希望是忽明忽暗的星星，不要怀疑它的存在，关键在于你是否有拨云破雾的本领。

(7) 挫折并不可怕，可怕的是受“挫”即“折”。

(8) 只要心中有了希望之灯和勇气之灯，我们就不怕海上的黑暗和风浪的凶险。

(9) 挫折是块磨刀石，善磨者能让人生之剑更锋利，不善磨者会让人生之剑卷刃。

(10) 人生不如意者八九，常想一二。

(11) 自古英雄多磨难。

(12) 自然界没有不凋谢的花，人世间没有无曲折的路。

(13) 自古英雄多磨难，纨绔子弟少伟男。

(14) 不经历风雨，怎能见彩虹。

(15) 莎士比亚说：患难可以试验一个人的品格，非常的境遇方才显出非常的气质。面对挫折要勇敢，抛开忧愁，不放弃努力，就会从挫折中提炼出成功……

(16) 我们对自己抱有的信心，将使别人对我们萌生信心的绿芽。——拉劳士福古

(17) 躺在向日葵上，即使沮丧，也要面向太阳。

复习思考题

1. 什么是挫折？挫折是如何产生的？
2. 影响挫折产生的因素有哪些？
3. 简述挫折对大学生的影响。
4. 面对挫折有哪些心理防御机制，那些是积极的心理防御机制？
5. 大学生如何正确认识挫折？
6. 面对挫折，有哪些积极的调试策略？

课后补充

没有谁能阻止你出人头地

其实和你一样：他出身卑微，却心怀远大理想。多年前，他在1983年版的《射雕英雄传》中扮演那个宋兵乙，为增添一点点戏份，他请求导演安排“梅超风”用两掌打死他，结果被告知“只能被一掌打死”。这个年轻时被称作“死跑龙套”的卑微小人物，第一次当着导演的面谈到演技的时候，在场的人无一例外都哄堂大笑，但他仍然不断思索、不断向导演“进谏”，直至2002年自己当上导演。那年，他获得了金像奖“最佳导演奖”。

其实和你一样：10年前，他是大学里的“小混混”，由于经常逃课而被老师责备。毕业后被分配到当地的电信局当小职员，面对冗杂的机关工作，他感到既劳累又苦恼，后来他勇敢而果断地辞了职，然后自创网站，从而走向中国互联网浪潮的浪尖，他在2003年福布斯中国富豪榜中位居第一位。

其实和你一样：5年前的他是一个防盗系统安装工程师，依他的说法“就是跟水电工差不多的工作”。“有时候装监视系统要先挖洞，一旦想到歌词就赶快写一下！”当年的他就是这么边干活边写词，半年积累了200多首歌词，他选出100多首装订成册，寄了100份到各大唱片公司。“我当时估计，除掉柜台小妹、制作助理、宣传人员的莫名其妙，减半再减半地选择性传递，只有12.5份会被制作人看到吧，结果被联络的几率只有1%。”其实那1%就是100%！1997年7月7日凌晨，他正准备去安装防盗系统，有人打电话给他，给他打电话的那个人叫吴宗宪。同时走运的还有另一个无名小卒——

周杰伦。从他和周杰伦合作的歌没人要，到要曲不要词，慢慢地曲词都要，之后单独要词，但还会有三四个作者一起写，直到最后指定要他的词。

可能你已经猜到他们是谁了，一个是周星驰，一个是丁磊，一个是方文山。他们是目前中国最具知名度的人中的一部分。他们在成名前和你并无多大不同。不要抱怨贫富不均，生不逢时，社会不公，机会不等，制度僵化，条理繁复，伯乐难求。要知道：其实每个人都平等地享有出人头地的机会，明天，或者明年，同样会诞生像他们一样成功的人，就看今天的你，是不是有着和他们一样的毅力和耐力。

心理承受力问卷

指导语：请阅读每一题目，并用是或否回答。

1. 你认为自己是个弱者吗？
2. 你是否喜欢冒险和刺激？
3. 你目前是否生活在快乐和温暖的集体中？
4. 如果现在就去睡，你是否担心自己会睡不着？
5. 生病时，你依然快乐吗？
6. 你是否认为家人需要你？
7. 晚睡两个小时，你第二天是否精神不振？
8. 看完惊险片后，很长时间内，你会感到心有余悸？
9. 你常常觉得生活很累吗？
10. 你是否有一些无话不说的知心朋友？
11. 当工作业绩非常不理想时，你会感到非常沮丧吗？
12. 你认为自己健壮吗？
13. 当你与某个同事闹意见后，是否无法消除相处时的尴尬？
14. 大部分时间里，你对未来充满信心吗？
15. 你有一个温馨、爱护你的家吗？
16. 当你在某个场合，回答不出问题，事后会久久感到烦恼吗？
17. 每到一个新地方，你是否常常会出现问题？如吃不下饭，睡不着觉，拉肚子等。
18. 即使在困难时，你是否相信它终将过去？
19. 你明显偏食吗？
20. 当你与家人发生不愉快时，想过离家出走吗？
21. 你是否每周至少进行一次喜欢的体育运动？
22. 你觉得自己有些神经衰弱吗？
23. 你认为你的上司喜欢你吗？
24. 心情不愉快时，你的饭量和平时差不多吗？
25. 看到苍蝇、蟑螂时，你会感到害怕吗？
26. 你相信自己能够战胜任何挫折吗？
27. 你是否常常和同事交流看法？

28. 你常常因为想心事，躺在床上久久不能入睡吗？

29. 在人多的场合说话，你是否感到窘困？

30. 你是否认为，自己受到的挫折和别人相比，根本算不了什么？

计分标准

2、3、5、6、10、12、14、15、18、21、23、24、26、27、30，以上15题，回答是，得1分，回答否，得0分。

其余15题，回答是，得0分，回答否，得1分。

0～9分　心理承受能力差。遇到困难容易灰心，经常有挫折感。

点评：这类人要特别注意，遇到困境时，千万不要沉溺其中，或许情况并没有想象的那么严重，要通过各类锻炼，充分提升自信心。

10～20分　心理承受能力一般。能轻松承受小压力，但遇到大的压力时，仍会出现心理危机。

点评：属于正常承受能力范围内，大部分人都处于这种状态。如没有遇到接二连三的灾难，应该不会出大问题，自我能主动调节好。

21～30分　心理承受能力强。能在各种艰难困苦面前，保持旺盛的兴致。

点评：属于挫折耐受力强的群体，个性坚韧不拔，能够乐观面对挫折，善于从挫折中学习，克服困难，走向成功。

第七章

大学生职业生涯规划

本章学习重点

1. 职业生涯规划相关概念
2. 系统的职业生涯规划法
3. 大学生职业生涯规划中常见的心理冲突
4. 大学生职业生涯规划中的心理调节

先行案例

★一开学，A同学该上大学三年级了。随着大学时光的逐渐减少，她成了校园里的老生，天天都很忙，上课、谈恋爱、考证、听讲座、打工、参加社团活动、和同学逛街……但她又不知道自己在忙什么，也不知道将来会有什么结果。有时觉得很累，有时又很茫然，甚至有点沮丧，可想到要为毕业后的工作打个基础，就觉得这些付出也许是值得的吧，但因为忙得无头绪，不知道这样的付出对未来的发展有没有作用。

★B同学觉得自己的大学生活没有意思。自己没什么爱好，每天除了学习还是学习，但90分的考试成绩和60分没有什么区别，所以学习没什么动力，后来在网络游戏中找到了乐趣。偶尔想起未来的发展，他有些迷茫和焦虑，但觉得那应该是大四时考虑的事情，得快乐且快乐，先享受现在再说。

★C同学是大学三年级的学生。刚进入大学的时候，她目标很明确——考研究生。这主要来自父母的期望和意见："大学毕业生每年以几十万的速度增长，不读研，怎么能找到好工作?"她开始还挺认同，但随着大学生活的深入，生性活泼的她参加了很多社会活动，当上了学生会主席，乐在其中并小有成绩。她开始觉得继续读研究生并不是她喜欢的，自己更喜欢做与人交往的工作。可是，对大学毕业生能否找到好工作，她没有把握。所以，她依然选择准备考研，尽管心不在焉，知道这样自己考不上，又不敢放弃。

你身边是否有类似的故事？在大学生中，有人对自己的未来想得很清楚，按部就班地往前走。但是，更多的同学要么不关心未来，寄希望于大四，一天天堆积焦虑，如无头苍蝇，不知力该往何处用；还有一些同学看似对未来发展有些想法，但又不能确定，甚至对达到目标缺乏信心。总结以上几种情况，同学的困惑主要在两方面：我要去哪里，我如何去。

人的生命通常可分为自然生命和有效生命，自然生命是指从生到死期间的简单时间计算，而有效生命则主要是指为实现自身理想和服务社会所耗费的时间之和。人的有效生命主要集中在职业期，职业期往往会占据人的自然生命的一半，而且是人的黄金年龄阶段。因此，能否从事适合自己的职业，不仅关系到个人价值的实现度和对社会的贡献度，而且也关系自身的幸福快乐和社会的和谐稳定。大学阶段是职业生涯的准备期，大学生除了学习专业知识技能，培养综合素质，能否明确自己的人生发展目标，科学规划自己的职业道路，切实地为自己的职业发展做好准备，对适应大学生活，保持健康心理，塑造健全人格都具有重要意义。

第一节　职业生涯规划基本理论

一、职业生涯规划相关概念及特征

（一）职业生涯规划相关概念

1. 职位（Professional Position）

是和分配给个人的一系列具体任务直接相关的。因此，职位和参与工作的个人相对应，有多少参与工作的个人，就有多少个职位。例如，一个足球队需要 11 个队员，意味着这个足球队中有 11 个职位，而无论这些职位是前锋还是后卫。

2. 工作（Job）

是由一系列相似的职位所组成的一个特定的专业领域。例如，一个足球队中有左前锋和右前锋，而它们都是一个工作，即前锋。

另解，工作（Work）

是指体能或心智上的努力，以产生某事或结果。

3. 职业（Occupation）

是在不同的专业领域中一系列相似的服务，多指在许多工商事业或机构中的一群类似工作（Job）。例如，运动员是一种职业。

4. 事业（Enterprise）

在华人社会文化中，指值得个人投注一生心力，以获得最大实现可能性的生涯目标。

5. 职业生涯（Career）

也称生涯，个人一生中所经历的一系列职业与角色的总称。即个人终身发展的历程。生涯也是人自青春期以至退休后，一连串有酬或无酬职位的统合。除了职业之外，还包括任何与工作有关的角色，如学生、退休者，甚至包含了家庭和公民的角色。

职业生涯（Career）这个概念的含义曾随着时间的推移发生过很多变化。在 20 世纪 70 年代，职业生涯专指个人生活中和工作相关的各个方面。随后，又有很多新的意义被纳入到“职业生涯”的概念中，其中甚至包含了生活中关于个人、集体以及经济生活的方方面面。从经济的观点来看，职业生涯就是个人在人生中所经历的一系列职位和角色，它们和个人的职业发展过程相联系，是个人接受培训教育以及职业发展所形成的结果。

从职业发展的过程来看，职业生涯被看成是“在个人的一生中，由于心理、社会、经济、生理及机遇等因素相互作用所造成的工作、职业的发展变化。职业的发展是个人发展中的一个最主要的方面，它跨越人的整个一生并涵盖个人的自我概念、家庭生活以及个人所处的环境、文化氛围的方方面面”。

6. 职业生涯规划

是指个人结合自身情况、当前的机遇和制约因素，为自己确立职业方向、职业目标，选择职业道路，确定教育计划、发展计划，为实现职业生涯目标而确定行动时间和行动方案。

生涯设计的目的绝不仅是帮助个人按照自己的资历条件找到一份合适的工作，实现个人目标，更重要的是帮助个人真正了解自己，为自己定下事业大计，筹划未来，拟定一生的发展方向，根据主客观条件设计出合理且可行的职业生涯发展方向。

一份行之有效的职业生涯规划将会引导个人正确认识自身的个性特质，现有与潜在的资源优势，重新对自己的价值进行定位并使其持续增值；引导个人对自己的综合优势与劣势进行对比分析，使之树立明确的职业发展目标与职业理想；引导评估个人目标与现实之间的差距，进行合理的职业定位，搜索或发现新的或有潜力的职业机会；使人们学会如何运用科学的方法采取可行的步骤与措施，不断增强职业竞争力，实现自己的职业目标与理想。

一个人的职业生涯是一个漫长的过程。也许一生只从事一种职业，也许一生中从事多种职业，但每个人都希望找到一种相对稳固、适合自己的职业。如何选择和规划自己的职业生涯，这往往受学识、爱好、机遇、工作环境等主客观条件的制约，只有根据现行的工作需要改变原来的职业目标和兴趣，调整心态，培养对所从事的职业的敬业精神，在实践中产生对事业的热爱，才能集中精力全身心投入工作，实现个人价值，做出成就。

（二）职业生涯规划的特征

1. 可行性

职业生涯规划必须依据个人及其所处环境的现实来制定，才能成为能够实现和落实的计划方案，而不是没有依据或不着边际的幻想。比如大学生进行职业生涯规划，要考虑所学的专业或今后从事的职业需要的知识和能力。如果所学非所用，或者不具备理想职业所要求的能力，职业生涯规划就不可行。现实中，所学非所用的现象比比皆是，那都是没有进行职业生涯规划或者职业生涯规划失败的结果。

2. 适时性

职业生涯规划是对未来的职业生涯目标和未来职业行动的预测。因此，各项活动的实施及完成时间，都应该有时间和顺序上的安排，以便作为检查行动的依据。

3. 灵活性

规划未来的职业生涯目标与行动，涉及很多不确定因素，因此，规划应有弹性。随着外界环境和自身条件的变化，个人应及时调整自己的职业生涯规划方案，以增加其适应性。

4. 持续性

职业生涯目标是人生追求的重要目标，职业生涯规划应贯穿人生发展的每个阶段，通过不断的调整和持续的职业活动安排，最终实现职业生涯目标。

二、职业生涯规划意义、原则和基本方法

（一）职业生涯规划的意义

大学是人生中最宝贵的时光，更是职业生涯的重要准备期。掌握职业生涯规划的知识和方法，合理规划好大学四年的时光，不仅能够提高大学生的就业竞争力，而且还能够帮助大学生科学选择职业发展道路，进而在未来的职业生涯中获得成功。成功的职业生涯规划将使大学生对自己的职业科学定位，正确认识社会竞争和自身在社会中的价值，比较顺利地解决就业问题，施展自己的才华，创造社会价值，促进社会的和谐发展和进步。而在就业压力逐渐增大的今天，大学生对自身的职业规划普遍存在着茫然和困惑。因此，高校对大学生进行"全程化"的职业生涯规划辅导，对于提高大学生的就业竞争力，提升综合素质，提高学校的就业质量，促进高等教育事业持续健康和谐发展，都具有重要的战略意义。

第一，职业生涯规划可以发掘自我潜能，增强个人实力。

一份行之有效的职业生涯规划将会：

（1）引导你正确认识自身的个性特质，现有与潜在的资源优势，帮助你重新对自己的价值进行定位并使其持续增值；

（2）引导你对自己的综合优势与劣势进行对比分析；

（3）让你树立明确的职业发展目标与职业理想；

（4）引导你评估个人目标与现实之间的差距；

（5）引导你前瞻与实际相结合的职业定位，搜索或发现新的或有潜力的职业机会；

（6）使你学会如何运用科学的方法采取可行的步骤与措施，不断增强你的职业竞争力，实现自己的职业目标与理想。

第二，职业生涯规划可以增强发展的目的性与计划性，提升成功的机会。

生涯发展要有计划、有目的，不可盲目地"撞大运"，很多时候我们的职业生涯受挫就是由于生涯规划没有做好。好的计划是成功的开始，古语讲，凡事"预则立，不预则废"就是这个道理。

第三，职业生涯规划可以提升应对竞争的能力。

当今社会处在变革的时代，到处充满着激烈的竞争。物竞天择，适者生存。职业活动的竞争非常突出，尤其是我国加入 WTO 后。要想在这场激烈的竞争中脱颖而出并保持立于不败之地，必须设计好自己的职业生涯规划。这样才能做到心中有数，不打无准备之仗。而不少应届大学毕业生不是首先坐下来做好自己的职业生涯规划，而是拿着简历与求职书到处乱跑，总想会撞到好运气找到好工作。结果是浪费了大量的时间、精力

与资金，到头来感叹招聘单位有眼无珠，不能“慧眼识英雄”，叹息自己英雄无用武之地。这部分大学毕业生没有充分认识到职业生涯规划的意义与重要性，磨刀不误砍柴工，有了清晰的认识与明确的目标之后再把求职活动付诸实践，这样的效果要好得多，也更经济、更科学。

（二）制定职业生涯规划的基本原则

1. 利益结合原则

即个人发展、企业发展和社会发展相结合。

（1）寻找个人发展、企业发展和社会发展的结合点（想干、能干、社企需要）。

（2）个人的职业生涯规划要符合企业发展、社会发展趋势。

（3）没有个人、企业、社会三者利益的结合，就不会有职业生涯的成功。

2. 时间坐标原则

是指职业生涯规划中的每一个目标都要有两个时间坐标，即开始的时间和预期实现的时间。

3. 发展创新原则

是指在职业生涯规划中提倡用新的观念处理常规问题并解决新的问题。

4. 全面评价原则

是指对职业生涯进行全过程、全方位的评价。

（三）系统化的职业生涯规划的基本方法

系统的职业生涯规划是一个循环的过程，具体分为六个阶段，如图 7－1。

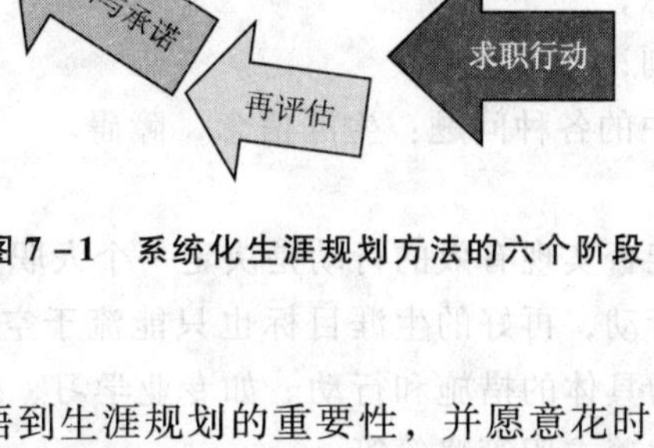

图 7－1　系统化生涯规划方法的六个阶段

1. 觉知与承诺

在这个阶段，你已觉悟到生涯规划的重要性，并愿意花时间来规划自己的生涯；但也要了解：有时我们所播下的种子，未必能马上发芽。所以对生涯规划要有合理的预期。

生涯路上常见的两个问题：

（1）我不知道该往哪里去；

（2）我不知道如何去那里。

从这两个问题出发我们开始规划自己。

2. 自我探索

系统化职业规划是一个“从内而外”的过程，因此在职业规划时，要先认识自己。诚实地自问：

（1）我有哪些人格特质？

（2）我的兴趣是什么？

（3）哪些东西是我生命中不能缺少的？

（4）我有哪些技能是与众不同的？赖以为生的？

（5）其他：健康、性别、民族等。

3. 探索工作世界

工作世界信息和自我信息是生涯规划中重要和基础的部分。对工作世界的了解具体包括：

（1）职业的分类和内容；

（2）专业与职业的关系；

（3）具体职业对工作人员的要求、条件和待遇；

（4）教育方面的选择。

4. 科学决策

生涯决策是职业生涯规划的重要组成部分，是对自我和职业社会的充分探索与匹配的基础上，确定生涯目标和职业发展路线的过程。职业生涯目标的确定包括人生目标、长期目标、中期目标与短期目标的确定，它们分别与人生规划、长期规划、中期规划和短期规划相对应。首先要根据个人的专业、性格、兴趣和价值观以及社会的需求情况、发展趋势确定自己的人生目标和长期目标，然后再把人生目标和长期目标细化并逐步分解，制定出相应的中期目标和短期目标。

决策是综合整理和评估信息的部分，在决策时有可能因信息不全而重新回到前面两个步骤，具体内容包括：

（1）综合与评估信息；

（2）目标设立与计划；

（3）处理决策过程中的各种问题：生涯信念，障碍。

5. 求职行动

生涯目标确定后，能否实现有效的行动是决定一个人职业生涯成败的关键因素。如果没有积极有效的实践行动，再好的生涯目标也只能流于空谈，更说不上事业的成功。要切实把生涯目标落实为具体的措施和行动。如专业学习、就业实习、社会实践、参加培训、提升求职技巧、改善求职策略等等。

行动是将全部的探索和思考落实的阶段。学生要通过行动来实现自己设立的工作目标。通常包括：

（1）具体的求职过程；

（2）制作简历、面试。

6. 再评估

当学生在实践中迈出生涯的重要一步——进入工作世界时，随着外部环境的变化，他们或许会继续沿着过去的规划前进，也有可能发现过去规划已不适合自己，或者发现过去的规划不尽如人意。这就需要再次进行生涯探索，修正生涯规划。所以说，生涯规划是一个循环的过程，需要一辈子来探索。本部分具体内容包括：

（1）走进职场；

（2）职业生涯规划档案。

【案例】（资料来源：规划你的一生．时代金融．2006 年 10 期）

一个美国小伙子立志做一名优秀的商人。

中学毕业后考入麻省理工学院，没有去读贸易专业，而是选择了工科中最普通最基础的专业——机械专业。

大学毕业后，这位小伙子没有马上投入商海，而是考入芝加哥大学，攻读为期三年的经济学硕士学位。

然而出人意料的是，获得硕士学位后，他还是没有从事商业活动，而是考了公务员。在政府部门工作了五年后，他辞职下海经商。又过了两年，他开办了自己的商贸公司。20 年后，他的公司资产从最初的 20 万美元发展到 2 亿美元。

这位小伙子就是美国知名企业家比尔·拉福。

1994 年 10 月，比尔·拉福率团来中国进行商业考察，在北京长城饭店接受《中国青年报》记者采访时，他谈到他的成功应感激他的父亲的指导，他们共同制定了一个重要的生涯规划。最终这个生涯设计方案使他功成名就。

我们来看一下这个成功的简图：工科学习→工学学士→经济学学习→经济学硕士→政府部门工作→锻炼处世能力，建立广泛的人际关系→大公司工作→熟悉商务环境→开公司→事业成功

第一阶段：工科学习

选择：中学时代，比尔·拉福就立志经商。他的父亲是洛克菲勒集团的一名高级职员，他发现儿子有商业天赋，机敏果断，敢于创新，但经历的磨难太少，没有经验，更缺乏必要的知识。于是，父子俩进行了一次长谈，并描绘出职业生涯的蓝图。因此升学时他没有像其他人一样直接去读贸易专业，而是选择了工科中最基础最普通的机械制造专业。

评析：做商贸必须具备一定的专业知识。在商品贸易中，工业品占绝对多数，不了解产品的性能、生产制造情况，就很难保证在贸易中得到收益。工科学习不仅是知识技能的培养，而且能帮助建立一套严谨求实的思维体系。清楚的推理分析能力，脚踏实地的工作态度，正是经商所需要的。

收获：比尔·拉福在麻省理工学院的四年，除了本专业，还广泛接触了其他课程，如化工、建筑、电子等，这些知识在他后来的商业活动中发挥了举足轻重的作用。

第二阶段：经济学学习

选择：大学毕业后，比尔·拉福没有立即进入商海而是考进芝加哥大学，开始了为

期三年的经济学硕士课程。

评析：在市场经济下，一切经济活动都通过商业活动来实现的，不了解经济规律，不学习经济学知识，就很难在商场立足。

收获：比尔·拉福掌握了经济学的基本知识，搞清了影响商业活动的众多因素，还认真学习了有关法律和微观经济活动的管理知识。几年下来，他对会计、财务管理也较为精通，在知识上已完全具备了经商的素质。

第三阶段：政府部门工作

选择：比尔·拉福拿到经济学硕士学位后考取了公务员，在政府部门工作了五年。

评析：经商必须有很强的人际交往能力，要想在商业上获得成功，必须深知处世规则，善于与人交往，建立诚信合作关系。这种开拓人际关系的能力只有在社会工作中才能得到提高。

收获：在环境的压迫下比尔·拉福养成了强烈的自我保护意识，由稚嫩的热血青年成长为一名老成、处世不惊的公务员，并结识了各界人士，建立起一套关系网络，为后来的发展提供大量的信息和便利条件。

第四阶段：通用公司锻炼

选择：五年的政府工作结束之后，比尔·拉福完全具备了成功商人所需的各种素质，于是辞职下海，去了通用公司。

评价：通过各种学习获得足够的知识，但知识要通过实践的锻炼才能转化为技能。

收获：在国际著名的通用公司进行锻炼，比尔·拉福不仅为实践所学的理论找到了一个强大平台，而且学习到了丰富的管理经验，完成了原始的资本积累。这也是大学生创业应该借鉴的地方，除了激情还应该考虑到更多的现实。

第五阶段：自创公司，大展拳脚

两年后，他已熟练掌握了商情与商务技巧，便婉言谢绝了通用公司的高薪挽留，开办了拉福商贸公司，开始了梦寐以求的商人生涯，实现多年前的计划。

评析：时机成熟后，应果断决策，切忌浪费时间，应抓住契机实现计划。

收获：比尔·拉福的准备工作，几乎考虑到了每个细节。拉福公司的成长速度出奇地快，二十年后，拉福公司的资产从最初的 20 万美元发展为 2 亿美元，而比尔·拉福本人也成为一个奇迹。

结论：比尔·拉福的生涯设计脉络清晰，步骤合理，充分考虑了个人兴趣、个人素质，并着重职业技能的培养，这种生涯设计在他坚持不懈的努力下，终于变为现实。

亲爱的同学们，也许他的这套生涯方案并不完全适合你，但是却带给你一个重要的信息：人生是可以设计的！只要你有信心、恒心加上科学的规划和设计，案例的主角也许就是明天的你。

三、职业生涯规划基本理论

随着职业生涯规划的发展，形成了很多职业生涯规划理论。各种理论从不同角度进行分析和阐述，但其核心均围绕着对自我的认识、对职业的认识以及决策执行的方法。本文主要介绍舒伯的生涯理论，认知信息加工理论以及霍兰德的职业兴趣理论。

(一) 舒伯的生涯发展理论

1. 人生发展阶段划分

从20世纪50年代初开始，许多学者开始研究职业和生涯发展的问题，形成了一系列的理论学说，其中舒伯（Super）的生涯发展理论是最有代表性的理论之一。

舒伯认为，人的每一个年龄阶段都与职业发展有着相互配合的关系，人的生涯发展会伴随着年龄的成长而递进，每个年龄阶段各有其生涯发展的任务。他将人的生涯发展分为成长 growth（儿童期）、探索 exploration（青春期）、建立 establishment（成年前期）、维持 maintenance（中年期）、衰退 decline（老年期）五个阶段，每一阶段又分别包含几个子阶段。

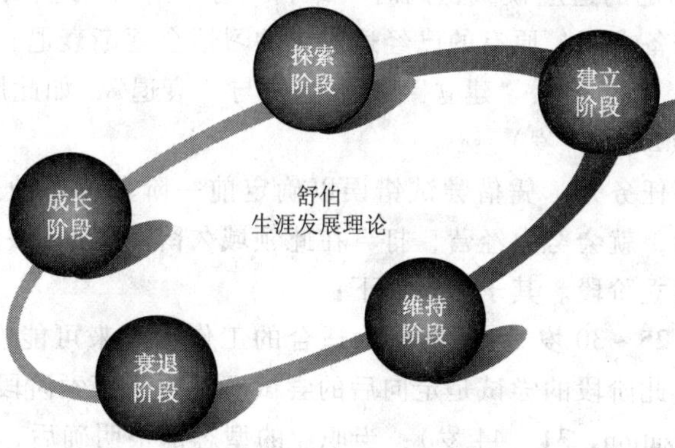

图7-2 舒伯生涯发展理论人生发展阶段划分

(1) 成长阶段（出生~14岁）

这一阶段的主要任务是：经由与家庭、学校中重要人物的认同，而发展出自我概念。此阶段的一个重点是身体与心理的成长。透过经验可以了解周围环境，尤其是工作世界，并以此作为试探选择的依据。成长阶段的三个子阶段如下：

① 幻想（fantasy，0~10岁）：以需求为主，角色扮演在此阶段很重要。

② 兴趣（interest，11~12岁）：喜欢是抱负与所从事活动的主因。

③ 能力（capacity，13~14岁）：能力占的比重较大，也会考虑工作要求的条件。

(2) 探索阶段（15~24岁）

这一阶段的主要任务有：自我概念与职业概念的形成、自我检视、角色尝试、学校中的职业探索、休闲活动与兼职工作。探索阶段的三个子阶段如下：

① 试探（tentative，15~17岁）：会考虑自己的需求、兴趣、能力、价值与机会，并会透过幻想、讨论、课程、工作等尝试做试探性的选择。此时的选择会缩小范围，但因仍对自己的能力、未来的学习与就业机会不是很确定，所以现在的一些选择以后并不会采用。

② 过渡（transition，18~21岁）：更加考虑现实的状况，并试图将自我概念实施。

③ 尝试（trial，22~24岁）：已确定了一个似乎是较适当的领域，找到一份入门的

工作后，并尝试将它作为维持生活的工作。此阶段所选择的工作范围会更缩小，只选择可能提供重要机会的工作。

大学生的生涯发展阶段属于探索期。这个阶段主要的生涯发展任务是从多种机会中探索自我，逐渐确定职业偏好，并在所选定的领域中开始起步。

在舒伯的生涯发展阶段理论中，每一阶段都有一些特定的发展任务需要完成，每一阶段需达到一定的发展水平或成就水准，而且前一阶段发展任务的达成与否关系到后一阶段的发展。

舒伯认为在人一生的生涯发展中，每个阶段都同样面对成长、探索、建立、维持和衰退的问题，因而形成"成长—探索—建立—维持—衰退"的小循环。

例如，一个大一新生，必须适应新的角色与学习环境，经过"成长"和"探索"，一旦"建立"了较固定的适应模式，同时"维持"了大学学习生活之后，又要开始面对另一个阶段——准备求职。原有的已经适应了的习惯会逐渐衰退，继而对新阶段的任务又要进行"成长"、"探索"、"建立"、"维持"与"衰退"，如此周而复始。

(3) 建立阶段（25～44 岁）

这一阶段的主要任务是：凭借尝试错误以确定前一阶段的职业选择与决定是否正确。若自觉决定正确，就会努力经营，打算在此领域久留。但也有一些专业的领域，还未尝试就已开始了建立阶段。其子阶段如下：

① 尝试（trial，25～30 岁）：原本以为适合的工作，后来可能发现不太令人满意，于是会有一些改变，此阶段的尝试是定向后的尝试，不同于探索阶段的尝试。

② 稳定（stabilization，31～44 岁）：当职业的型态都很明确后，便力图稳定，努力在工作中谋取一个安定的位子。

(4) 维持阶段（maintenance，45～65 岁）：主要任务是守住这份工作，继续将它做好，并为退休做计划。

(5) 衰退阶段（decline，65 岁至死亡）

这一阶段的主要任务：在体力与心理能力逐渐衰退时，工作活动将改变，必须发展出新的角色，先是变成选择性的参与者，然后成为完全的观察者。子阶段如下：

① 减速（deceleration，60～70 岁）：工作速度变慢，工作责任或性质亦改变，以适应逐渐衰退的体力与心理。许多人也会找份代替全职的兼职工作。

② 退休（retirement，71 岁至死亡）：有些人能很愉快地适应完全停止工作；有些人则适应困难、郁郁寡欢；有些人则是老迈而死。

2. 舒伯的生活/生涯彩虹图

在这些不同的阶段，人所扮演的角色也不同，且通常要同时扮演几个角色，如子女、学生、工作者、配偶、家长等。1980 年以后，舒伯提出了一个更为广阔的新观念——"一生生涯彩虹图"来表示不同角色在人生各个阶段的地位。

综合阶段理论和角色理论，舒伯把人生发展分为三个层面：第一是时间层面，即一个人的年龄或生命的历程；第二是广度层面，也即一个人终其一生所扮演的各种不同角色；三是深度层面，即一个人在扮演每个角色时投入的程度，比如有的人在工作角色上投入程度多一些，有的人则在家庭角色上投入更多一些等。

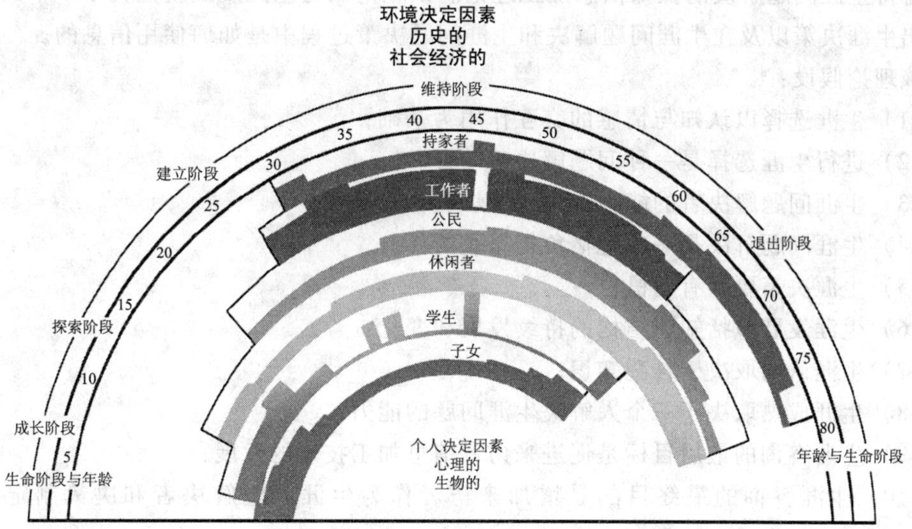

图 7-3 舒伯提出的“一生生涯彩虹图”

在一生生涯的彩虹图中，横向层面代表的是横跨一生的生活广度。彩虹的外层显示人生主要的发展阶段和大致估算的年龄：成长期（约相当于儿童期）、探索期（约相当于青春期）、建立期（约相当于成人前期）、维持期（约相当于中年期）以及衰退期（约相当于老年期）。

纵向层面代表的是纵贯上下的生活空间，是由一组职位和角色所组成。舒伯认为人在一生当中必须扮演 9 种角色，依序是：子女、学生、休闲者、公民、工作者、夫妻、家长、父母和退休者。各种角色之间是相互作用的，一个角色的成功，特别是早期的角色如果发展得比较好，将会为其他角色提供良好的关系基础。但是，在一个角色上投入过多的精力，而没有平衡协调各角色的关系，则会导致其他角色的失败。

在每一个阶段对每一个角色投入程度可以用涂颜色来表示，颜色面积越多表示该角色投入的程度越多，空白越多表示该角色投入的程度越少。生涯彩虹图的作用主要是对自身未来的各阶段如何调配做出各种角色的计划和安排，使人成为自己的生涯设计师。

从舒伯的生涯彩虹图中，我们可以看到生涯规划立体化了。从长度上，它包括了一个人从生到死的全部生命历程；从空间上，并不局限于对职业角色的关注，同样重视非职业角色对一个人生涯的影响。舒伯认为，持家者、公民、休闲者、学生、子女、配偶、退休者等的角色和工作者的角色都是一个人自我概念的具体表现。自我概念包括个人对自己在兴趣、能力、价值观以及人格特征等方面的认识，是个人生涯发展历程的核心。工作与生活满意的程度，有赖于个人能否在工作上、职场中以及生活形态上找到展现自我的机会。

（二）认知信息加工理论

1. 基本内容

20 世纪 90 年代初期，彼得森（Peterson）和里尔登（Reardon）提出了从信息加工取向看待生涯问题解决的认知信息加工理论。该理论认为生涯发展就是关于一个人是如何做出生涯决策以及在生涯问题解决和生涯问题决策过程中是如何使用信息的。

该理论假设：

(1) 生涯选择以认知与情感的交互作用为基础；

(2) 进行生涯选择是一种问题解决活动；

(3) 生涯问题解决者的能力取决于知识和认知操作；

(4) 生涯问题解决是一项记忆负担繁重的任务；

(5) 生涯决策要求有动机；

(6) 生涯发展包括知识结构的持续发展和变化；

(7) 生涯认同取决于自我知识；

(8) 生涯成熟取决于一个人解决生涯问题的能力；

(9) 生涯咨询的最后目标是促进来访者信息加工技能的发展；

(10) 生涯咨询的最终目的是增加来访者作为生涯问题解决者和决策制定者的能力。

该理论把生涯发展与咨询的过程视为学习信息加工能力的过程。该理论的提出者按照信息加工的特性构成了一个信息加工金字塔，如图 7－4 所示。位于塔底的领域是知识的领域，包括自我知识和职业知识。中间领域是决策领域，包括了沟通—分析—综合—评估—执行五个阶段。最上层的领域是执行领域，也称为元认知。元认知是一个人所具有的关于自己思维活动和学习活动的知识及其实施的控制，是任何调节认知过程的认知活动，即是任何以认知过程与结果为对象的知识。包括自我言语、自我觉察、控制与监督。

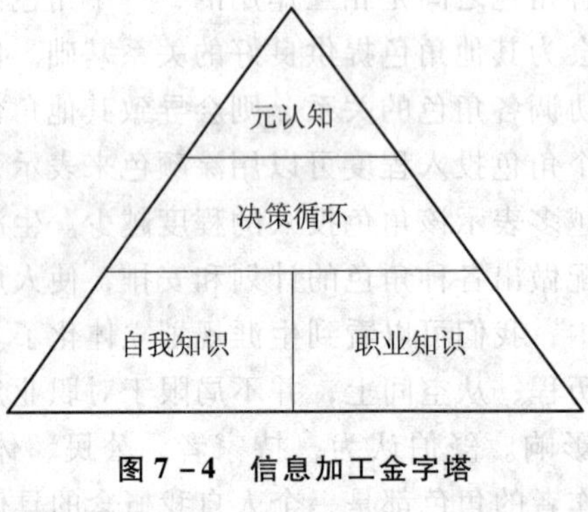

图 7－4 信息加工金字塔

该理论认为，知识领域相当于计算机的数据文件，需要我们进行存储。决策领域是计算机的程序软件，让我们对所存储的信息进行加工处理。执行领域相当于计算机的工作控制功能，操纵电脑按指令执行程序。决策技能可以通过学习五阶段循环模型获得，这五个阶段是：

(1) 沟通（确认需求）：个人开始意识到问题的存在；

(2) 分析（将问题的各组成部分相互联系起来）：对所有的信息进行分析；

(3) 综合（形成选项）：个人形成可能的解决方法并寻求实际的解决方法；

（4）评估（评估选项）：评估每种选项的优劣，评出先后顺序；

（5）执行（策略的实施）：依照选择的方案做出行动。

2. 咨询上的应用

金字塔模型可以作为了解生涯发展的一个框架，决策技能的五阶段循环可以有助于学习制定生涯决策的技能。在生涯咨询中，可以针对金字塔模型中的每一个方面，使用相应的咨询策略和方法。使用该理论进行咨询包括以下几个步骤：

（1）与来访者建立关系和收集信息的初始访谈；

（2）确定来访者是否对问题解决和职业决策做好准备的初步评估；

（3）确定问题和分析原因；

（4）与来访者共同形成咨询目标；

（5）帮助来访者形成个人学习计划（与来访者一起列出一系列可供其使用的活动和资源）；

（6）要求来访者执行他们的个人计划。

总结来访者所取得的进步，并将在咨询中所学到的东西概括运用于今后所遇到的职业问题中。

3. 评价

该模型强调职业生涯咨询是一个持续的学习过程，它区别于其他理论的最主要方面是着重强调了认知信息加工（CIP）的重要性。认知信息加工金字塔模型为咨询师提供了帮助来访者的理论框架，决策制定的五阶段循环模型可用于发展来访者问题解决的能力，生涯决策能力的获得可以被视为是一种学习策略。该模型不同于其他理论的地方还在于其强调了元认知在生涯问题解决中的作用。促进元认知的发展 也是该理论用于咨询所强调的重要方面。

（三）霍兰德的职业兴趣理论

职业兴趣理论主要是由美国著名的职业指导专家霍兰德提出和发展。他认为人的一生中，面临许多选择，职业方面的选择是关乎一生幸福的重要内容之一。这其中职业兴趣起到了极为重要的影响。

霍兰德提出了四个基本假设：大多数人可以归纳为六种人格类型，即现实型、研究型、艺术型、社会型、企业型、传统型；工作也可以划分为相应的六种基本类型，或者其中几种基本类型的组合；人们一般都倾向于与其个性类型相一致的职业类型，以求充分施展个人的技术与能力，体现个人价值；个人的行为由人格与环境的交互作用决定。六边形的六个角分别代表霍兰德提出的六种类型。相邻的两个维度各种特征相近，相关程度高，距离越远两个维度之间的差异越大，相关程度越低。如图 7－5。

1. 社会型（S）

共同特征：喜欢与人交往、不断结交新的朋友、善言谈、愿意教导别人。关心社会问题、渴望发挥自己的社会作用。寻求广泛的人际关系，比较看重社会义务和社会道德。

典型职业：喜欢要求与人打交道的工作，能够不断结交新的朋友，从事提供信息、

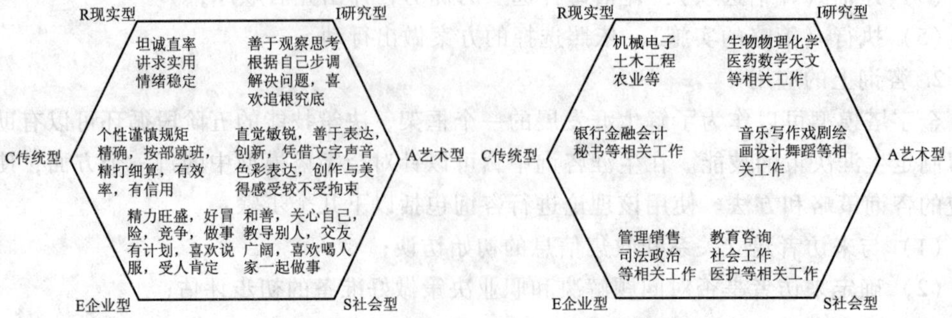

图 7-5 霍兰德六种个性类型和相应职业

启迪、帮助、培训、开发或治疗等事务，并具备相应能力。如教育工作者（教师、教育行政人员），社会工作者（咨询人员、公关人员）。

2. 企业型（E）

共同特征：追求权力、权威和物质财富，具有领导才能。喜欢竞争、敢冒风险、有野心、抱负。为人务实，习惯以利益得失、权力、地位、金钱等来衡量做事的价值，做事有较强的目的性。

典型职业：喜欢要求具备经营、管理、劝服、监督和领导才能，以实现机构、政治、社会及经济目标的工作，并具备相应的能力。如项目经理、销售人员、营销管理人员、政府官员、企业领导、法官、律师。

3. 传统型（C）

共同特征：尊重权威和规章制度，喜欢按计划办事，细心、有条理，习惯接受他人的指挥和领导，自己不谋求领导职务。喜欢关注实际和细节情况，通常较为谨慎和保守，缺乏创造性，不喜欢冒险和竞争，富有自我牺牲精神。

典型职业：喜欢要求注意细节、精确度、有系统有条理，具有记录、归档、据特定要求或程序组织数据和文字信息的职业，并具备相应能力。如秘书、办公室人员、记事员、会计、行政助理、图书管理员、出纳员、打字员、投资分析员。

4. 现实型（R）

共同特征：愿意使用工具从事操作性工作，动手能力强，做事手脚灵活，动作协调。偏好于具体任务，不善言辞，做事保守，较为谦虚。缺乏社交能力，通常喜欢独立做事。

典型职业：喜欢使用工具、机器，需要基本操作技能的工作。对要求具备机械方面才能、体力或从事与物件、机器、工具、运动器材、植物、动物相关的职业有兴趣，并具备相应能力。如技术性职业（计算机硬件人员、摄影师、制图员、机械装配工），技能性职业（木匠、厨师、技工、修理工、农民、一般劳动）。

5. 研究型（I）

共同特征：思想家而非实干家，抽象思维能力强，求知欲强，肯动脑，善思考，不愿动手。喜欢独立的和富有创造性的工作。知识渊博，有学识才能，不善于领导他人。考虑问题理性，做事喜欢精确，喜欢逻辑分析和推理，不断探讨未知的领域。

典型职业：喜欢智力的、抽象的、分析的、独立的定向任务，要求具备智力或分析才能，并将其用于观察、估测、衡量、形成理论、最终解决问题的工作，并具备相应的能力。如科学研究人员、教师、工程师、电脑编程人员、医生、系统分析员。

6. 艺术型（A）

共同特征：有创造力，乐于创造新颖、与众不同的成果，渴望表现自己的个性，实现自身的价值。做事理想化，追求完美，不重实际，具有一定的艺术才能和个性。善于表达、怀旧、心态较为复杂。

典型职业：喜欢的工作要求具备艺术修养、创造力、表达能力和直觉，并将其用于语言、行为、声音、颜色和形式的审美、思索和感受，具备相应的能力。不善于事务性工作。如艺术方面（演员、导演、艺术设计师、雕刻家、建筑师、摄影家、广告制作人），音乐方面（歌唱家、作曲家、乐队指挥），文学方面（小说家、诗人、剧作家）。

第二节　大学生职业生涯规划发展中常见的心理矛盾与心理现象

一、大学生职业生涯规划发展中的主要心理矛盾

（一）理想与现实的矛盾

当代大学生的理想丰富多彩，大学生在择业中对理想的追求更加强烈，更加远大，他们踌躇满志、豪情满怀，准备在社会上大干一番。但由于他们涉世尚浅，对社会了解还不够深，对未来抱有幻想和不现实的成分，在择业上与社会需要存在着差距，个人理想往往脱离客观现实与主观条件。大学毕业生普遍留恋条件舒适的大城市，追求社会地位高，经济效益好的工作岗位，而不愿到边远地区或条件较差的地区去工作。在择业中他们并未真正思考自己理想与现实之间的差距，也较少考虑所定的目标是否有利于个人的发展，甚至不了解自己的气质、能力、兴趣适合于何种工作，一味地跟风追潮，一旦理想在现实上碰壁，便会失落、空虚，出现理想与现实之间的剧烈心理冲突，常常仰天长叹“理想很丰满，现实太骨感”。

（二）“鸡头”与“凤尾”的矛盾

在大学生中经常会发生做“鸡头”和“凤尾”的辩论，也就是到小地方做人才还是到大地方做闲人。这个问题由来已久，但至今也是见解各异。在大城市或者沿海开放城市，经济发展迅速，机遇相对较多，但这类地区人才相对饱和，如北京、上海这类城市，大学生到处都是，本科生不足为奇，因而，在这些地方工作只能做“凤尾”。相反，一些中等城市和广大农村地区，人才相对匮乏，本科生都不多见，到这样的地方工作，必然会做“鸡头”。然而，“鸡头”虽好但吃苦较多，“凤尾”虽然埋没人才但很安逸，这是一个矛盾，对于许多毕业生来说，是一个“两难选择”。“鸡头”与“凤

尾”的矛盾不仅表现在择业地域方面，也表现在对工作单位的选择上。

（三）所学专业与未来工作的矛盾

不少大学生对自己的专业看得很重，在择业中只要是专业不对口就认为不适合自己，但在现实社会中，真正完全与所学专业对口的工作是不多的，于是就产生了所学专业与未来工作不对口的矛盾。其实，大学教育更多的是学习能力的教育，是接受新事物能力的教育，是适应环境能力的教育，因此，毕业生完全不必为学不能致用而苦恼。当前，许多大学都在强化对学生的基础知识的培养，一些高校对入学新生不分专业，这些做法都是在淡化学生的专业意识。国内许多大公司更是对专业看得很淡，如宝洁公司在招收毕业生时就根本不限制专业，仅对应聘者进行基本能力测试和面试。

（四）择业工作与继续求学的矛盾

在高校中，考研的学生逐年递增，这一方面是因为大学生已经充分认识到知识的重要性，另一方面也说明学历在择业中仍然起着举足轻重的作用。大城市对学历的限制比较严，好单位也要求高层次人才，因而，不考研就很难找到好工作。但择业与继续求学之间常存在矛盾冲突，一是时间上的矛盾，二是用人单位限制的矛盾（说明自己已考研的毕业生往往签不到单位），这两方面的矛盾解决不好，很可能既耽误了考研又延误了找工作。

（五）亲情与爱情的矛盾

亲情与爱情的矛盾也是毕业生经常遇到的烦恼。现在的大学生中独生子女增多，父母大多希望他们毕业后回到自己身边，尤其是女生，家长更加不放心她们独自在外地生活。那些在读书期间谈恋爱的大学生们，毕业时为了能到一起，想尽了办法，但由于父母的期盼，又增添了许多烦恼。男生希望女生到自己家乡落户，女生却希望男生到自己父母身边安家，即使双方妥协，双双留在外地，却又伤了亲人的心。

（六）渴望竞争与缺乏勇气的矛盾

毕业生就业制度的改革，为广大学生择业提供了公开、平等的竞争环境，毕业生们择业有了更大的自由度和更多的选择机会，他们已经认识到在社会主义市场经济条件下，竞争意识已渗透到社会生活的各个方面，没有竞争意识是不行的，他们也同样认识到，人生如果不通过竞争，就不可能成就事业。但也有一些大学生感到不适应，缺乏竞争的勇气，长期形成的“等”、“靠”、“要”的依赖心理一时还难清除，面对竞争，他们顾虑重重，还有的认为社会上存在不正之风，竞争不是公正、平等的，自己肯定难以成功等等；一些毕业生在择业过程中遇到困难，就一蹶不振、压力重重、失去了竞争的勇气。

（七）择业过程中不平等、不公正的竞争机会引发的内心冲突

平等是人类价值观念中非常古老而又具有永久魅力的观念。人类社会的兴衰治乱，

从心理动因上说无一不是对平等的追求。平等作为社会行为规范与理想目标，固然有其共同的规定性，但每个时代的占主导地位的平等观念都是历史的产物，都是人们在特定经济关系基础上的选择。

所谓机会的平等，追求的是社会为同等的人所提供的活动条件的起点平等。社会的经济、政治、文化资源和发展机会向全体公民开放。在公开平等竞争的条件下，个人有较大的自由选择余地，并以其能力和实际作为选择职业，获取相应的社会地位和物质精神利益的基本尺度。机会的平等，既是现存经济结构、社会结构所能容纳的最佳选择，又是实现社会主义理想目标的必要途径。我国现代化建设的中心课题之一就是完成从自然经济结构之上的计划经济体制向社会主义市场经济体制过渡。这就必然要引进市场经济所特有的新观念、新组织、新机制——机会的平等。

大学生择业平等是指在个人努力的前提下，要求社会为每个人提供成功的均等机会。尽管人与人之间的兴趣爱好及能力不同，但社会应采取一些措施保证每个人得到同样有利的外部环境以实现其愿望。大学生择业上强烈要求社会建立平等的竞争机制，就是要求机会均等价值取向的表现。他们不愿单向性地受人驱动，而立志充当改革社会的参与者。他们憎恨“关系网”的存在，这使得他们处于不平等、不公正的条件下，因而强烈要求人与人之间的权利平等、机会均等。然而社会上人才市场还未完全建立，用来保证人才公平竞争的一整套政策制度有待完善，因而在大学生就业中不正之风乘虚而入。一些大学生带着一颗赤诚的心，颇费周折联系工作单位，但常受谢绝、冷遇，自荐信往往石沉大海，成功的机会较少，而有门路的则不费吹灰之力，轻而易举地找到了理想的单位，甚至在刚开始读大学时工作已有着落。这种不平等的竞争，使大学生的心理失去了平衡。

目前实行“双向选择、自主择业”的就业机制，某种程度上给大学生们提供了公平竞争的机会。当然，这种就业机制目前尚属完善阶段。

二、大学生择业的主要不良心理

面对激烈的择业竞争，大学生在求职择业过程中会产生诸如依赖、自傲等等不良心理。这些不良心理，严重影响着大学生择业。

（一）焦虑心理

焦虑是由紧张、不安、焦急、忧虑、恐惧等感受交织成的情绪状态。绝大多数大学生在择业过程中，都会或多或少地出现焦虑。优秀学生焦虑的问题是能否找到实现人生价值的理想单位；成绩不佳的学生焦虑的是没有单位选中自己怎么办；来自边远地区的同学为不想回本地区而焦虑；恋人们为不能继续在一起而焦虑；女同学为用人单位“只收男性”而焦虑；还有一些大学生优柔寡断，因不知自己毕业后向何处去而焦虑。大学生的上述焦虑状态一般并不会对生活构成障碍，但如果焦虑不能得到及时的缓解，就有可能向病态发展，表现出情绪紧张、心情紊乱、注意力不能集中、身心疲倦、头昏目眩、心悸、失眠等症状。此时，焦虑不但干扰了大学生正常的生活、学习和娱乐，还成为择业的绊脚石。

（二）依赖心理

“在家靠父母，出门靠朋友”。这句话不仅左右着人们的交际原则，同样也影响着当代大学生的择业心理。在择业过程中，一些大学生缺乏主动参与意识和竞争意识，信心和勇气不足，在社会为其提供的就业机会面前顾虑重重，不能主动地参与就业市场的竞争，向用人单位展示自我，推销自我，依靠自身的努力去赢得竞争、赢得用人单位青睐，而是把希望寄托在拉关系、走后门之上，有的甚至由家长出面与用人单位洽谈。殊不知，这样做的结果恰恰让用人单位对毕业生产生缺乏开拓能力、独立生活能力和工作能力差的印象。这类同学往往怀有“车到山前必有路”的思想，等靠思想和依赖心理严重，使自己在就业中处于劣势。要知道，如果一个人总是依赖他人，依赖家庭，不能实现个人情感独立，不能自主处事，那么就会对独立处事能力要求高的职业缺乏兴趣，久而久之就会被优胜劣汰的市场竞争所淘汰。《中国教育报》曾报道大学生找工作出现角色错位的奇怪现象：新疆维吾尔自治区乌恰县巴音库鲁提乡一位51岁父亲为了儿子的工作四处奔波。这位老人的儿子从喀什师范学院英语大专毕业，在校时通过了专业英语三级考试，但毕业后未能谋到教师职位。找工作的事他一直非常被动，不是等别人通知就是靠父亲到处打听，他本人却整天无所事事，不急不慢地待在家里等消息、等运气。经济并不宽裕的父亲，在儿子消极等待的情况下，决定亲自出马，帮孩子找一份理想的工作。他随身带了900元钱来到乌鲁木齐，住一天10元的廉价旅馆，早晚泡馕吃，中午只吃一碗便宜的汤。他四处奔波，受了不少苦，结果由于儿子没有亲自来参加面试，也没能为儿子找到一份工作。

（三）自傲心理

自傲心理是过高地估计个人的能力，失去自知之明。一部分毕业生自认为是“天之骄子”，什么都懂，什么都会，应得到优待，于是在择业过程中，总是抱有洋洋自得、自负自傲的心理。面试时，夸夸其谈，海阔天空，给用人单位留下浮躁、不踏实的印象，使用人单位难以接受。在自傲心理的支配下，不少大学生的择业观念不正确，心理定位偏高，结果高不成低不就，迟迟不能落实单位。看到别人都签了约，他们常常会牢骚满腹、怨天尤人，对社会、学校和同学都可能怀有不满情绪。但有时也会向相反方向发展，出现比较严重的自卑心理，从而不敢应聘求职。

（四）自卑心理

自卑心理也是大学生就业过程中一种常见的不良心理现象。自卑是由于受到暂时性挫折而产生的一种心理障碍。即将毕业的大学生已经顺利地完成了学业，也具备了一定的实力和优势，但由于长期处于学校的环境中，把现实设想得过于理想化，往往认为进入大学就等于进入了“龙门”，读书越多身价就越高，找工作就越容易。然而事实并非如此，现实和理想之间总是有一定差距的，择业过程本身就是一种竞争，从学生到工作者要有一个很长的适应期，而这个适应期却让部分学生感到迷茫，感到无所适从。大学生在择业前，往往踌躇满志，跃跃欲试，很想一显身手，大展宏图；而一旦受到挫折后，有时容易产生自卑心理，自信心大大减弱，自尊心受损伤，往往对自己全盘否定，感到一种空前的失落和愧疚，从此自惭形秽，总是过低估价自己，这样不行，那样也不行。在择业中，他们往往缺乏自信心和勇气，不敢面对竞争。这在性格内向或有生理缺陷的学生身上表现得较为明显。自卑不仅使一些学生悲观失望，不思进取，错失良机，而且也有碍自身才能的正常发挥。过度自卑，还会产生精神萎靡不振、心灵扭曲、孤独、丧失生活信心等心理现象。在激烈的择业竞争中，这种心理障碍是走向成功的大敌，必须认真加以克服。

（五）攀比心理

学成从业、服务社会，实现自身价值，是每一名大学毕业生的美好愿望。但是，由于每个人生活的环境、家庭背景以及能力和性格、所碰到的机遇是不尽相同的，因而在择业目标、职业选择上不具有可比性。而青年大学生血气方刚，喜欢争强好胜，虚荣心较强，容易引发攀比心理。表现在求职择业过程中，不从自身的特点、自身的能力和社会需要出发，而是在同学中盲目攀比，忽视自身特点，对自我缺乏客观正确的分析，不考虑所选单位是否适合自己，不屑到基层工作，总想找到一份超过别人、十全十美的工作。这种攀比心理使得不少毕业生迟迟不愿签约。“我不能比别人差”和“我不能不如人”是这部分大学生的择业心态。结果，“这山望着那山高，这花看着那花俏”，只求得一时的心理平衡，却不利于自身价值的实现和长远发展，延误了就业的时机。

（六）从众心理

选择职业，就是选择未来。每个毕业生，如果正确地选择了职业，就是为未来的成功奠定了良好的基础。为此，毕业生要把握好机遇，迎接挑战，争取迈好走向社会的第一步。但是因为毕业生处在择业洪流中，期望水平会受到其他择业者期望水平的影响。虚荣心、侥幸心理会使他们改变原有的自我期望而采取不切合实际的从众行为。加之随着社会媒体对某些职业、某些精英的大力宣传，容易导致大学生忽视自身的个体差异性与自我的特殊性，形成个人价值取向的从众心理。一部分学生选择工作单位，自己毫无主见，举棋不定，缺乏主见，常为家长同学所左右，总是随波逐流，看大多数人选择哪里，自己就选择哪里；大多数人往哪里挤，自己也往哪里挤。他们认为，“大多数人钟情的，一定是好工作”，“大多数人选择的，一定没错”。结果，他们人云亦云，不假思索，盲目跟着大多数人走，缺乏独立的见解，忽视了自己的特长，不根据自己的实际情况作出切合实际的选择，丧失了最能发挥自己特长的机会。

（七）挫折心理

生活中有成功就会有失败。而当代大学生由于一直囿于校园，生活经历比较简单，很少经受过挫折的考验，所以心理承受能力和自我调节能力较差，情绪波动性大，情感较为脆弱，缺乏对待挫折的准备。在就业工作中，他们往往希望一蹴而就，能够顺利就业，害怕失败；一旦受到挫折，就容易产生挫折心理，感到失落、悲观失望，对自己、对未来失去信心，或不思进取、消极等待；或怨天尤人、顾影自怜。其实，我们应该看到，人们在求职择业中遇到挫折是正常的。准备参加工作的大学毕业生，由于生活阅历浅，工作经验少，难免会遇到挫折。有挫折才会有进步，才会有成功，挫折是锻炼意志、增强能力的好机会。目前就业采取的双向选择的方式本质意义上是一种激励手段，对优胜者是这样，对失败者也是如此。它对失败者并不是淘汰和鄙视，相反，会促使失败者振作起来，彻底摆脱“等、靠、要”的就业心态，使自己加快自立自强的转化过程，成为新时代的开拓者。

（八）怯懦心理

怯懦者害怕面对冲突，害怕别人不高兴，害怕伤害别人，害怕丢面子。所以在择业时，因怯懦，他们常常退避三尺，缩手缩脚，不敢自荐。在用人单位面前他们唯唯诺诺，不是语无伦次，就是面红耳赤、张口结舌。他们谨小慎微，生怕说错话，害怕回答问题不好而影响自己在用人单位心目中的形象。在公平的竞争机遇面前，由于怯懦，他们常常不能充分发挥自己的才能，以至于败下阵来，错失良机，于是产生悲观失望的情绪，导致自我评价和自信心的下降。

（九）功利心理

大学生择业是在国家政策指导下，通过供需见面、双向选择开展的，这就给大学生择业提供了更广阔的自由度。大学生受教育多年，人生观已基本确立，应该说大部分学生求职或择业的动机既有施展才华、实现人生价值的需求，也有获取高收入、高地位的渴求。许多大学毕业生涌向经济特区、涌向三资企业就是出于这样一种心理。这类大学生往往把“工作条件好、经济收入高、社会地位高”作为择业的目标。应该说，人们向往美好的生活和优越的工作条件无可指责，但有些同学在择业时过分看重地位，过分看重实惠，一心只想进大城市、大机关，去沿海经济发达地区，到挣钱多、待遇好的单位，这种心理可能会使部分人得到一些眼前的利益和满足，但从长远发展看不一定利于其成长；而且其中一部分毕业生由于过分功利化的择业心态，往往导致“欲速则不达”的结局。

三、毕业生择业的主要心理疾病及其致因

由于毕业生在择业过程中，受到多种矛盾冲突和心理障碍的影响，有的毕业生在某种心理矛盾或心理障碍的剧烈折磨下，可能会出现某种病态现象，从而严重影响他们的生活和学习。大学生在择业中常见的心理疾病有以下四种。

（一）就业焦虑症

通常，焦虑是一种复杂的综合性负情绪，是人们在社会生活中对于可能造成心理冲突或挫折的某种事物产生的一种不愉快的情绪体验，即预感到一些可怕的，可能会造成危险或需要付出努力的事物和情境将要来临，而又感到对此无法采取有效的措施加以预防和解决，此时心理上会产生紧张的期待情绪。“就业焦虑症”患者从心理上看向往就业，关心就业，可是一谈就业又心情烦躁，忧心忡忡，焦虑不安；从生理和精神上看，

轻者唉声叹气，整天闷闷不乐，重者神情紧张，血压升高，疲惫不堪，在行动上表现为睡不安、食不香，择业时过于求全责备，拘谨死板，小心有余，果断不足，进而表现出无所适从。

造成“就业焦虑症”的主要原因是患者心理压力过重。在当今社会，多维的价值体系以及职业选择面的拓宽，为即将跨入职业社会的大学生一方面提供了有利条件，另一方面也增加了选择难度，加重了他们的行为责任和心理压力。心理学的研究表明：心理压力、行为责任与行为的自主程度成正比，即选择自由度越大，自主性的要求就越强，从而导致心理压力、行为责任也越大；反之则小。目前大学毕业生已经进入到“双向选择、自主择业”阶段，因而自主的程度加大了。可是，尽管市场化的毕业生就业市场，带给毕业生是更多的机遇和更大的自由度，但毕业生自身的素质、性别、专业以及社会关系等制约着择业的自主权，甚至在择业、就业的同时，有人还会遇到暂时失业。这无疑会给大学生带来很大的心理压力，心理适应能力强的同学能从容应对，可一些心理适应能力差和承受能力低的同学，则难以挣脱现实的枷锁，恐惧、焦虑、烦躁之情打破了他们的心理平衡，越陷越深，不能自拔，最终导致了“就业焦虑症”的产生。

“就业焦虑症”患者，一般见于性格内向、心理承受能力较差、心理适应能力弱的同学，男女均有，但以女生居多。在择业心理疾病中，“就业焦虑症”目前看来患病率不是很高，但居“重病”之列，若不注意防治调适，很可能出现难以排解的抑郁心境，对生活缺乏乐趣，对前途失去希望，对处境无能为力，甚至会觉得生存没有意义，后果不堪设想。

（二）急躁盲动症

这类心理异常表现为情绪一直处于难以自制的急躁状态，急于落实就业问题，思想不冷静，注意力不集中而随人或随境转移，行为活动显著增多，草率行事。大学毕业生中的此类患者，表现为心境常为择业所左右，不能冷静、客观地思考，择业没有明确目标与计划，喜欢与人盲目攀比，喜欢盲目从众，生活、学习坐卧不安，心境不宁。

“急躁盲动症”是毕业生择业中常见的心理疾病，在许多毕业生身上均有不同程度的反映。究其原因，主要有两点：一是对就业市场信息了解甚少，对就业情况缺乏全面深入的调查研究，面对现阶段社会上已经出现的大学生就业难现状和现实中严峻的就业形势，一开始便在心理上蒙上了一层阴影；二是择业缺少准备和具体规划，心中对择业无底。当临近毕业时，这一部分毕业生心急如焚，为就业四处奔波，到处乱投简历，结果往往受到用人单位的冷落，成功率很低。成功率越低，毕业生压力越大；压力越大就越感到就业难，甚至有人担心毕业就失业，这样就愈加对前途、就业着急，不能冷静自制，最终导致“急躁盲动症”的产生。

（三）缺乏主见症

这类心理疾病患者在心理上、思想上、行为上都表现出优柔寡断，瞻前顾后，犹豫不决。遇事前怕狼，后怕虎，该决断不决断，该敲定不敲定，往往是事到临头不敢决断。在择业过程中，对职业选择缺乏主见，人家说好，就认为不错；别人一说不好，也就认为不怎么样。招聘会场场去，简历一家家投，就是难下签约的决心。大学生中的此类患者在择业这个人生关口上，左右摇摆，七上八下，往往丧失许多难得的机遇。

“缺乏主见症”的病因主要有下述两方面。第一，目前的大学毕业生，绝大多数是从中学直接考进大学，缺乏社会实践锻炼，加之长期生活在家长和教师的保护之下，造成了一种时时、处处、事事依赖父母，工作和任务上依赖他人。久而久之，不仅心理和行为方式上依赖他人，而且生活上缺乏自信，不能独立地分析和解决问题，在众多的矛盾面前，分不清主次。大学生择业过程中充满着矛盾，这里有个人志愿和国家需要的矛盾、志向与流向的矛盾、地方与事业的矛盾等等。在这些众多的矛盾面前，主要矛盾往往被次要矛盾所掩盖，实质往往被现象所迷惑。如果不能透过现象看本质，抓不住主要矛盾或矛盾的主要方面，就难免为各种矛盾所困扰。第二，自卑心理的束缚。自卑，对于人的思维活动、创造活动都有明显的抑制作用。无论是明显的还是潜在的自卑，都会造成对自己能力的怀疑。所以具有自卑心理的大学毕业生，在择业过程中往往表现出犹豫不决，不敢抉择。

（四）临阵怯场症

这一类心理疾病的主要症状是一到正式场合，如应试（笔试、口试、面试）或是在众多人面前、重要人物及陌生人物面前，就神情紧张，心神不宁，或是面红耳赤，谈吐失常，举止拘谨，心态失去控制。

“临阵怯场症”的病因有四。其一，患者长期生活在一种压抑、沉闷、紧张的生活环境中或是患者在以前生活中发生过不良的经历，使其形成一种胆小、孤僻、敏感、退缩和依赖性强的性格特点，从而在遇到新的环境和重要场合时就会产生一种不适应行为。其二，心理负担过重。大学毕业生中此类患者一般认为，自己与用人单位的第一次见面非同小可，第一印象如何，直接影响择业成败。由于过分看重第一印象，心理压力增大，难免在应试中心情紧张，心慌意乱。其三，缺乏应试的临场经验和对人才市场需求的了解，现场应变能力差。对大学毕业生来说，由于自己生活和学习环境的限制，社会经历少，阅历浅，不少学生从未经历过“应聘”场面，缺乏应试临场心态技巧的体验和掌握，因而到短兵相接的应试场面，由于心理准备不足，难免怯场，即使准备了一些潜台词也会忘得一干二净，更谈不上灵活及时地处置所碰到得各种新情况、新问题。同时又由于对用人单位了解甚少，在应试过程中难免出现答非所问，一出差错，心里发慌，越是发慌，差错越多，导致恶性循环。其四，自我控制能力差。在应试过程中，出现某些失误是难免的，只要及时调控情绪，使心情平静，神态自然，就不会导致怯场。例如一位毕业生在面试时由于紧张，进办公室门差一点绊倒，难堪窘迫之情油然而生，可他很快控制住了情绪，并俏皮地说道：“对不起，树欲静而风不止。”结果一语打破尴尬，维护了自己的自尊和形象。可是在应试过程中，许多大学生的自我情绪控制力差，一激动或紧张，就难以平静，引起一系列不良的连锁反应。

第三节 大学生职业生涯规划中心理问题的防治与调适

职业的选择是对机遇的一种把握，错过机遇，将会与成功失之交臂，而良好的择业心理状态则是做出正确的择业选择、把握机遇的关键。针对以上大学生所反映出的择业心理冲突、不良心理和心理疾病，社会、学校及学生应该有针对性地做出合理的心理调适，以便能够全面地认识自己，合理地确定择业目标，掌握必要的择业技巧，正确地对待择业过程中遇到的心理问题。

一、大学生职业生涯规划中心理问题的防治

（一）及早进行职业生涯规划

大学阶段是迈向成人的关键时期。这一时期的人生任务就在于合理地进行职业生涯规划，选择好自己的人生之路。对于正在摆脱依赖、迫切要求自主自立的大学生而言，今后职业的选择对他们的成长十分重要，它将影响着每个学生在校期间的生活、学习重心及发展。

1. 加强对大学生进行职业生涯规划的指导

职业生涯是指一个人一生工作经历中所包括的一系列活动和行为。职业生涯规划分为个人的职业生涯规划和组织的职业生涯规划。个人的职业生涯规划是指在对个人和社会环境等因素进行分析的基础上，通过对个人兴趣、能力和个人发展目标的有效规划，以实现个人发展的成就最大化为目的而做出的行之有效的安排。

由此可见，大学生的职业选择不是个人面临就业时的某个单独事件，而是贯穿于整个教育的全过程。许多大学生在当初高考填报志愿时，混淆职业与专业的区别，选择专业时带有一定的盲目性，因此在学生进入大学时，高校应该指导大学生树立正确的职业观，指导他们逐步完成对自己职业生涯的规划。但从现状来看，此项工作开展得并不乐观，据一项对北京人文经济类综合性重点大学大学生的调查显示，大部分学生对自己将来的职业没有规划，对自己将来如何一步步发展没有设计的占62.2%；有设计的占32.8%，而其中有明确设计的仅占4.9%。在大学期间，大学生对自己的发展规划不明确，不能运用职业设计理论，规划未来的工作与人生发展方向，这种情况严重影响了学生对就业的提前准备和准确定位，严重影响对未来工作的适应性。

作为一项系统工程，职业生涯规划虽受社会发展需求的制约，但更多的是受大学生个人自身素质影响，因为职业生涯规划不是社会或学校强加于个人身上的实施方案，而是当事人在内心动力的驱使下，结合社会职业的要求和社会发展利益，依据现实条件和机会所制定的个人化的实施方案。但由于我国长期受“包分配”思想的影响，高校对大学生的就业指导手段落后，更谈不上对大学生进行个性化的职业生涯规划和设计。随着社会形式、生活方式、就业方式、利益主体等方面的多样化，高校应建立相应的职业

生涯规划咨询机构，按照职业生涯规划理论，从多方面对大学生将来的职业规划提供科学的指导。

2. 大学生如何进行职业生涯规划

作为大学生对职业生涯进行自我规划可以从以下几方面着手。

(1) 评估自我

评估自我是为了更好地认识自我、了解自我。要通过科学认知的方法和手段，如借助于职业兴趣测验和性格测验以及周围人对你的评价等，对自己的职业兴趣、气质、性格、能力等进行全面认识，清楚自己的优势与特长、劣势与不足。评估自我时要客观、冷静，不能以点代面，既要看到自己的优点，又要面对自己的缺点。只有这样，才能避免设计中的盲目性，达到设计方向正确高度适宜。

(2) 正确进行职业分析

现代职业具有自身的区域性、行业性、岗位性等特性。职业区域可能是城市，也可能是农村，可能是经济发达的特区，也可能是经济一般或贫困落后地区。职业生涯规划设计时要考虑到职业区域的具体特点，比如该地区的特殊政策、环境特征；职业角色的发展与职业所在的行业的发展有着密切的关系，职业生涯规划时，不能仅看重单位的大小、名气，而要对该职业所在的行业现状和发展前景有比较深入的了解，比如人才供给情况、平均工资状况、行业的非正式团体规范等；不同的职业岗位对择业者的自身素质和能力有着不同的要求，在职业生涯规划时，除应了解所需要的非职业素质要求外，还要了解所需要的职业素质要求，除应了解所需要的一般能力外，还要了解所需要的特殊职业能力。

(3) 确定职业目标

职业目标是指人们对未来职业表现出来的一种强烈的追求和向往，是人们对未来职业生活的构想和规划，确立目标可以成为追求成功的驱动力，所谓“志不立，天下无可成之事”。因此在制定职业生涯规划时，关键是要确立好目标。任何人的职业目标必然要受到社会环境和社会现实的制约，凡是符合社会发展需求和人民利益的职业都是有价值的，因此，大学生制定职业目标时应把个人志向与国家利益和社会需要有机地结合起来，这才有现实的可行性。目标又分短期和长期目标。长期目标一般是以后职业规划的顶点，短期目标则一般是近期素质能力的提高等。

(4) 培养职业需要的实践能力

大学生的综合能力和知识面是用人单位选择大学生的依据。用人单位不仅考核其专业知识和技能，而且还考核其综合运用知识的能力、对环境的适应能力、对文化的整合能力和实际操作能力等。大学生进行职业生涯设计，除了构建自己合理的知识结构外，还需具备从事本行业岗位的基本能力和某些专业能力。从某种意义上说，能力比知识更重要，大学生只有将合理的知识结构和适用社会需要的各种能力统一起来，才能立于不败之地。一般来说，大学生应重点培养满足社会需要的决策能力、创造能力、社交能力、实际操作能力、组织管理能力和自我发展的终身学习能力、心理调适能力、随机应变能力等。

(5) 参加必要的职业训练

在确立了职业目标后，行动成了关键环节，没有行动，目标无从实现，因此，大学生要积极参加有益的职业训练。职业训练包括职业技能的培训，对自我职业的适应性考核、职业意向的科学测定等内容。当前，大学生进行的职业训练较少，其实大学生可以利用许多机会来提升自己的职业能力与素质，如大学生暑期“三下乡”社会实践活动、大学生“青年志愿者”活动、大学生毕业实习、大学生校园创业活动等都是职业训练很好的形式。此外，高校邀请成功的校友、知名企业家等来校作报告、大学生业余创业或勤工俭学、大学生从事社会兼职工作、开展模拟性的职业实践活动、开展职业意向测评、开展职业兴趣分析测评等都有助于大学生更早更多地了解职业，掌握职业技能，以便更好地开展自己的职业规划设计。

(6) 评估与反馈

俗话说“计划赶不上变化”，尤其在高科技信息时代，变化更是永恒的主题。由于影响职业生涯规划的因素很多，有的变化是无法预测的，因此，大学生应时刻关注环境的变化，从而不断对职业生涯规划进行评估与修订。

(二) 树立正确的就业观念

大学生择业中的很多心理困扰是由于就业观念不能与时俱进和适应新形势引起的，因此要注意更新就业观念。

1. 树立“大众化”的就业观念

世界公认的高等教育精英化教育与大众化教育的分水岭是毛入学率15%。我国的高等教育已经步入大众化阶段。与此相应，高校毕业生就业也由精英教育阶段的皇帝的女儿不愁嫁，到了大众化教育阶段的接受市场选择，主动找婆家阶段。高校毕业生作为社会普通的一员，也要同普通劳动者一样，到普通的劳动岗位上去工作。

在中国人的传统认识中，大学是一个获得好的事业前途的“敲门砖”。但是如今这块“敲门砖”却变成了思想上的包袱。大学连年扩招，大学毕业生总量虽然还没达到供过于求的地步，但由于学科专业结构的不均衡以及人才需求形势的变化，在一定程度上出现了大学生就业难的问题。面对新的情况，很多大学生抱怨自己受到了不公正对待，认为自己作为大学毕业生理应得到社会的尊重，毕业后就应该拥有一份理想的工作，实质上这是一种陈旧的观念。应该看到，现在一方面存在大学生就业难的问题，同时也确实存在着大学生有业不就、一些用人单位招不到大学生的现象。究其原因，大学生就业观念不适应形势变化是一个重要因素。教育大众化使更多的学生获得接受高等教育的机会，但从精英教育转变为大众教育的同时，也使“精英就业”转变为大众化就业，这是社会发展的必然。因此大学生就业观念如果现在还停留在“精英就业”的老路上，显然已不合时宜。然而，从现实情况看，目前仍有很多学生被传统就业观念束缚。一项调查值得注意：全国89个城市中，机关的工作岗位需求不到1%，但是大学生就业时首选政府占了30%以上。可见大学生在择业时留恋公职和干部身份，千方百计到机关事业单位就业，而对企业特别是非公有制企业则不屑一顾。

亚洲开发银行驻中国代表处首席经济学家汤敏2005年在接受《经济》杂志采访时谈到：从1995年到现在，国企和集体企业的就业人数少了近5 000万人，与此同时，民营企业，中小企业增加了3 000万的就业机会。展望未来，中国经济发展最快的、最强劲的就是民营企业。当然人力资源也就会逐渐向民营企业倾斜，这是今后的主渠道。中国现在有 8 000 万个中小企业，假定 4 个企业招一个大学生，我们现在所有的大学生马上都有工作。

一位人力资源专家认为：大学生将自己的择业期望值看得很重，这是可以理解的，但应该清醒地认识到，确保"饭碗"是增加期望值和实现职业理想的大前提。实际上，现实中有大量的岗位虚位以待。当前的问题在于不是就业难，而是择业难，即大学生就业观念亟待转变。不管大学生接受与否，教育大众化最终会抹去"天之骄子"这个老标签，要接受的观念是，大学生只是"有知识的普通劳动者"。在社会的选择面前，人人都是平等的。因此，要解决就业问题，大学生不能被动地等待社会增加就业岗位，而应自觉更新择业观念，要"向下看"，在应聘"精英职位"不能如愿的情况下，应及时调整自己的求职计划，眼光向下，寻找自己的职业，并拿出从基层做起的魄力，为冲击自己的职业高峰目标留下一段足够长的助跑距离。

2. 树立"先就业、后择业，先生存、再发展"的就业观念

俗话说，观念一转天地宽。作为一名大学生，一定要认清形势，调整好自己的心态，合理定位。现阶段特别要打破"一次就业定终身"的旧观念，树立"先就业、再择业，先生存、再发展"，"坐上木筏找快艇"的新观念。因为，在传统的计划经济时代，人才流动性很小，毕业生分配往往是"一次定终身"。所以，毕业生十分看重初次就业。但在市场经济条件下，人才流动的政策宽了，机会多了，"一次定终身"的就业观念已经过时了。因此，毕业生择业时应淡化初始择业意识，毕业生找工作，能一步到位固然理想，不能如愿，也可采取先就业、后调整的战略。笔者曾接触过一些择业观念解放的毕业生，他们的口号是：只要有单位就去！这部分毕业生认为，现在人才流动越来越频繁，不必那么看重毕业时的第一次就业。同时，人在不同的单位和岗位上锻炼，对于自己的成长进步可能更有好处。

随着市场经济的深入发展，人力资源的配置越来越灵活。合理、便捷的人才流动已经成为优化人力资源配置的重要方式，同时人事代理制度的不断完善，也为人力资源的流动就业创造了条件。从一个人的职业发展来说，也只有在不断的职业调整和岗位流动过程中，才能逐步找到适合自己兴趣、特长和能力发展的工作岗位。暂时优厚的工资待遇和良好的工作环境，未必一定会对将来的职业生涯发展产生良好的影响。大学生要学会在流动和变化中发现机会、抓住机会，最终取得职业人生的最大发展。

3. 树立"发展优先"的就业观念

就业应首先考虑个人成长环境。现在不少毕业生择业时十分看重单位的条件待遇或社会地位，而不注意用人单位是否有利于个人的成长进步。有的毕业生公然宣称：只要能到大城市，扫厕所也愿意。这种择业观是十分有害的。著名美籍华人、美国国际行销公司总裁夏起中先生 1997 年在天津大学发表演讲，当谈到大学毕业生择业话题时，他强调："在择业时，应该把是否具有一个良好的成长环境作为首要考虑因素。"他认为毕业生择业时应重点考虑这样四个因素：（1）新的职位能否提供一个良好的成长环境，这是首先要考虑的因素；（2）新的职位能否发挥你个人的优势和长处，其中包括专业优势和个人特长；（3）新的职位是否具有挑战性，挑战性的工作才会不断激发年轻人

的活力；（4）新的职位应有成就感。不是简单地机械重复一些日常杂事，而应有“个人满足”之感，这里包括待遇和工作成就等方面。夏起中先生这种看法是值得毕业生择业时深思的。

毕业生在择业时要把是否有利于个人成长作为择业时的首要考虑因素，注意防止和克服以下几种错误倾向：其一是图虚荣的思想。由于虚荣心作怪，一些同学在选择职业时不顾主客观条件，一心只想找一份“让人羡慕的工作”。其结果要么因超越现实而败北，要么进去后才能无法得到施展。其二图享受的思想。优厚的待遇与条件往往对大学生最具诱惑力，但也是最容易使同学们导致择业失败的误区之一。有的同学只重金钱，只图实惠，只要挣钱多，干什么都行。还有的只考虑地点，不选择专业，“宁要大城市一张床，不要小县城一套房”。这种只图一时实惠和享受，不考虑个人发展的思想，不仅是不可取的，也是不现实的，往往难免碰壁。其三是图安逸的思想。害怕吃苦，不愿意到艰苦的生产第一线工作，这也是导致一些同学择业出现偏差的重要原因。有几分耕耘，便有几分收获。人生犹如竞技场，不付出艰苦的劳动，便无法得到社会的承认。

4. 树立“打工也是一种就业”的就业观念

2004 年教育部启用重新修订的毕业生就业状况统计办法，来统计高校毕业生就业率和待就业率。明确了毕业生就业的七种主要形式，其中第四种就是“毕业生以灵活方式就业”。学校将临时就业，也就是打工，也作为灵活就业的一种方式开始列入就业统计范畴。为养家糊口，供子女上学，农民外出打工，下岗职工搞家政服务，当保姆，都算是一种就业形式。大学生接受过高等教育，有着知识、技能和年龄的优势，即便打工，也会比别人有更多的竞争机会和更丰厚的待遇，关键是是否拉得下脸面。中国留学生在国外兼职、打打零工很正常，而在国内好像就是很不光彩的事情。大学毕业生不应该再有这种顾虑。

5. 树立“多渠道就业”的就业观念

我国是一个发展中国家，又是一个人口众多的国家。目前，正面临着就业难的严峻问题。青年学生必须从多渠道，多门路入手，实现就业。多渠道就业，广泛获取就业信息，不能吊死在一棵树上。还要打破地区和所有制的界限，有的毕业生就业把自己定得太死，非大城市、大公司不去。其实，无论是进国家机关、国有企事业单位，还是到外资、私营、个体企业都有发挥你聪明才智的机会，是金子到哪里都闪光。那种非等到什么岗位不可，非某某单位不进，非专业不对口不干的想法是不可取的。

（三）调整择业心态，提高心理承受能力

事实上，大学生的很多就业方面的问题和心理疾病与自身的择业心态、心理承受能力有关，应当注意加强这方面的调适。

1. 科学地把握择业期望值

择业期望值是择业心态的重要内容。所谓择业期望值，就是指个人要获得的职业位置对自己在物质、精神上的需求满足的程度。如工资收入、福利待遇如何，工作环境和条件怎样，个人的能力、特长和抱负能否得以施展等等。一个人的择业目标能否实现，

除了个人才能、机遇等条件之外，主要决定于自己对择业期望值高低的选择。一般情况下，择业期望值越高越易产生心理不平衡。

一般说来，每个人都希望获得一份能更多、更好地满足自己物质生活和精神生活需要的工作。但是必须看到，要使这种需求变为可能，要受到自身条件和客观因素的制约，如果不能把握好恰当的“度”就难免走入择业误区。因为现实生活中，要实现过高的期望值是很不容易的，往往会遇到这样或那样的坎坷、矛盾和挫折，必然会引起各种各样不良的情绪反应，如急躁、抱怨、忧愁、抑郁、伤感、惶恐等。特别是过高的期望值一旦遇到重大挫折或受到强烈的劣性刺激都会在心理预期上产生巨大的落差，如未能及时正确地“处理”，就会造成心理创伤。

把握择业期望值，首先要确立恰当的期望值，这里应该注意两点：第一是防止偏离自己的择业目标。择业目标的确定要从自身特点和社会需要考虑，确定择业期望值也应如此。如果偏离自己的职业兴趣、专业特长和实际能力去选择，就失去了自己的优势，偏离了自己的择业目标。第二是防止期望值过高。期望值过高容易使人陷入两种困境：一种是由于超出现实的可能，使你在择业时屡屡失败；再一种是即使侥幸获胜，也会因自身能力不及、工作无法胜任而处于被动。心理学研究表明，如果强迫在低层次的职位上工作很称职、很快乐的人去争取不适合自己的高职位，极有可能会使他们患上十二指肠溃疡（该病是心身疾病的代表性疾病，其发病与复发多与心理因素有关）。因为他们所受的压力和责任，并不是他们的生理、心理素质所能承担得了的。因此，只有正确评价自己，确立适度的经过努力即可达到的期望值，人的心理才会进入积极的良性循环，从而促进身心健康。

其次是要合理调整择业期望值。调整择业期望值，通常采用的是“分步达标”和自我调整的办法。所谓“分步达标”，即确定一个总的期望值，再将总的期望值分解成几个阶段性目标逐步付诸实施。在实施过程中，如果发现自己所选择的阶段期望过高，就把它移作下一阶段的期望目标。自我调整，就是自己对职业位置的希望，按其主次分成不同层次，首先满足主要的需求，然后根据实际情况进行必要的调整，直到个人意愿与社会需求二者相吻合。

2. 转变角色，强化求职角色意识

在“学而优则仕”的旧观念影响下，一部分大学生认为考上大学就理应得到社会的优待、得到理想的工作，加上大学阶段是一种单纯而有保障的生活，学习、生活、交际、娱乐都很有规律。在这样的环境里，更容易萌发浪漫的情调和把未来理想化，容易产生等、靠、要思想。几年大学生活即将结束，毕业生在离别母校、踏上社会之前，最重要的就是在心态上要有求职就业的心理准备，就是要转变角色。

所谓转变角色，主要是指由一个“天之骄子”的大学生，转变为一个现实的社会求职者。抛开浪漫，抛开幻想，认识自己所处的真实地位和充满竞争的社会现实，实事求是地面对就业这样一个现实。要想正确地选择职业，就必须转变角色，不能把学校、家庭、亲友及同学所给予的关心、呵护、尊重当成是社会的最终认可，而要摆正自己的位置，客观、冷静地进入求职状态，认识社会，了解社会，以自身的实力，积极主动地去适应社会需要，在选择社会职业的同时，也接受社会的选择，正确地迈出人生这关键的一步。

3. 保持良好的自我认知，科学地自我分析、自我评价

面对纷繁复杂的社会，面对严峻的就业形势以及日趋激烈的就业竞争，大学生的择业压力很大，对于没有社会经验的他们会感觉无所适从，出现对自我认识的偏差，出现种种心理问题。这不仅会影响到大学生的择业，而且会影响到个人的身心健康甚至会把这些消极的因素带到将来的工作当中去。这就要求大学生要认真进行自我分析与自我评价，保持冷静的思维，以平常心面对生活中所谓重大的抉择。

大学生在就业、择业的准备阶段，就要学会全面客观地评价自己，并要根据自己的气质、性格来选择相应的工作种类，避免出现盲目从众的心理。求职时，要学会正确地看待自己的优势和不足，尽量扬长避短，正确地和他人作比较，既不要因为暂时的成功而自满自负，也不要因为一时的挫败而自怨自艾。要善于学习别人的长处，及时改善自己的身心状态。在激烈的社会竞争当中，寻求一份适合自己的职业不是一件容易的事，只有不断地认识自己，在摸索和前进中总结经验教训，才能不断地成长和壮大起来，才能“知己知彼，百战不殆”。择业只是我们面向社会的第一步，以后的工作中难免会有更多的艰难险阻在等待着我们，只有在这一选择过程中学会自我分析、自我评价，调整好自己的心态，将来才能够在社会中立于不败之地。

4. 树立择业信心，积极参与竞争

自信是大学生成才的基础，也是择业成功的前提，过低地估计自己，遇事畏首畏尾，悲观消极不敢竞争，就不可能取得择业成功。毕业生应该清醒地认识到，大学生毕竟是我们国家中受过高等教育的专门人才，经过四五年的学习也基本上掌握了相关的知识和技能，因而对择业应该充满信心，敢于参加竞争。但在现实生活中，有些毕业生在择业时缺乏自信，不敢竞争。如某高校一计算机专业毕业生到海南某中学准备试教。老师们闲谈中提到了一个名额起码有七八个人竞争，说者无心，听者有意。该生留下一张纸条，匆匆离去。纸条写的是：刚才我听到竞争如此激烈，心理压力很大，自知成功机会很少，不想在学生面前献丑，故不辞而别。此事传开，被人们引为笑谈。这位学生缺乏自信和竞争意识临阵脱逃，其表现实在令人失望。

现代社会处处存在竞争，竞争是无情的优胜劣汰。没有自信这一点就注定他与成功永远无缘，自卑与退缩足以毁掉一个人。如此畏惧尝试的人，机会只能一个一个地从他手中溜走。实践证明相信自己，敢于竞争往往是成功的开始。1996 年大连理工大学举行毕业生供需见面会，有 1 400 多人参加，过去一向不被看好的自费生不等不靠，主动出击，结果招聘会上第一批签协议的就是计算机系自费生李彬、陈理。他们不惧怕与他们同时竞争的一些名牌大学的对手，信心十足地顺利通过了大连信息中心的笔试、面试，通过学校的招聘会被录用。当记者问他俩对自己择业有何感想时，他们异口同声地说，尽管他们处于不利地位，但只要有实力、自信、敢于竞争，“幸运之神”就会降临。可见，面临社会选择的毕业生，在推销自己的时候，应该有一点“敢于献丑”的精神。迈向社会第一步难免有一些“怯阵”的感觉，但是不去“班门弄斧”，其斧术何以能提高，敢于尝试才有成功的希望。只要平时多练点真功，只要相信自己，抓住每一个机遇，勇于竞争，成功才会属于自己。

5. 全面辩证地看待社会风气，保持客观的心态

社会上一些不正之风不可避免地影响到高校毕业生的择业就业，每年总有一些毕业生靠拉关系、走后门而找到理想的工作，但这毕竟是少数。广大毕业生对此应有一个全面的分析和正确的认识。否认拉关系、走后门的现象不是实事求是的态度，但过分夸大这些不正之风的作用，对择业就业也是没有好处的。因为它一方面容易使人把希望寄托在找门路上，而不是把着眼点放在提高自身素质上，另一方面容易使人丧失信心，不敢凭本事竞争。实质上，任何社会、任何时候，社会风气绝对纯净是不可能的，但随着社会的进步，不正之风的市场越来越小了。

就现阶段毕业生择业来讲，不正之风影响正在缩小。这是由于：其一，毕业生就业制度、政策、法规逐步完善，可钻的政策“空子”少了；其二，党和政府大力加强反腐倡廉，加强民主监督，公开办事程序，以权谋私的可能性小了；其三，各级国家机关、各类企事业单位都在实行改革，“吃大锅饭”的时代已经过去了，用人单位不得不讲究进人的质量。在这样的大趋势下，即使有少数人能通过不正当途径找到好单位、好工作，随着改革的深化，无德无才者迟早会被拉下马来。所以，广大毕业生应该以提高自身素质为重，积极参与竞争，而不是悲观消极，怨天尤人。

6. 努力提高自身的心理承受能力

对于择业中的所有心理矛盾冲突、心理障碍、心理疾患的调适防治，关键的还是在于提高毕业生自身的心理承受能力。只要自身心理素质好，就可以经受任何风浪、波折的冲击和考验。

一方面，大学生平时要加强自身心理素质的训练、培养。其一，在日常生活、学习、工作中，要有意识加强心理素质培养，尤其要注意培养坚强的毅力和意志；其二，加强性格、品质方面的修养，造就乐观向上、健康、开朗的人生态度。

另一方面，在择业时要有承受挫折的准备。世间上的事物发展不可能总是一帆风顺，择业也是如此，既有成功的可能，也有失败的可能。毕业生在求职时就应有“一颗红心两种准备”，即既准备成功也准备失败。一旦失败，要正确认识。应聘失败只是失去了一次选择职业的机会。在人的一生中，特别是在改革开放的新形势下择业的机会很多，俗话讲，“此处不留爷，自有留爷处”。一次此处的落聘也许就是彼处更好职业的中聘契机。因此，失败之后，求职者应当正视现实，针对失败原因进行自我调整，在下次机会到来时还可根据自己的知识、技能以及前次的经验和教训再去选择职业，完全没有必要因一次求职不成功而灰心丧气，要坚信天生我才必有用，车到山前必有路。

二、大学生职业生涯规划中心理问题的调适方法

随着教育体制改革的深入发展，高校毕业生就业制度已全面走向“双向选择、自主择业”的新机制。对于一名即将毕业的大学生来说，在择业过程中运用相关的调适方法，积极调整好择业心态，做好充分的心理准备，积极参与竞争，勇敢地迎接挑战是非常重要的。下面我们探讨大学生进行心理调适的相关方法。

通常来说，大学生可以采用以下的方法来进行心理调适：

（一）理性疗法

克服过度焦虑的情绪，最根本的办法还是利用艾利斯的理性疗法，即用理性认识代替以偏概全，糟糕透顶等非理性认知，树立正确的择业观，正确认识自己、正确认识社会，在双向选择中，确立职业定位，寻找工作机会。

（二）宣泄法

当求职受挫、心情不爽时，可以用宣泄疗法。一是倾诉：可以找同学、朋友、心理咨询师诉说自己的烦恼和委屈，一吐为快。二是大哭一场，发泄心中郁闷情绪，美国生物化学家弗雷说过："强忍不哭，把眼泪咽下去，等于慢性自杀。"三是写日记，写出自己心中的苦闷。四是击沙袋或在空旷地方大喊大叫。宣泄时，要把握分寸，不伤害自己、他人及公私财物。

（三）升华法

升华法是以更加符合社会的规范的动机或行为来代替原有的低层次的动机和行为。哥德因失恋，写出了历史名著《少年维特之烦恼》，就是升华的典型例子。

（四）补偿法

当一个人受到挫折时，改变原有行为方向，以其他能够获得成功的活动来代替，以弥补因失败而丧失的自尊和自信。如失恋后，马上找一个替补队员。在择业过程中，不可能一见钟情，一家应聘不上，分析原因，调整标准，再找一家，以求成功。

（五）积极暗示法

心理学上的暗示，是指个人通过语言、形象、想象等形式，对自身施加影响的心理过程。由法国医师库埃于1920提出，其名言是："我每天在各方面变得越来越好"。积极暗示能令我们保持好的心情、乐观情绪、自信心，从而调动内在因素，发挥主观能动性。消极暗示会强化我们个性中的弱点，唤醒潜藏在我们心灵深处的自卑、怯懦、嫉妒等，从而对情绪产生不良影响。

如暗示：我是本科生、年轻、有专长，能够找到合适的工作；明天会更好；此处不留爷，自有留爷处；只要我坚定目标，一定会有所回报的。

（六）注意力转移法

把注意力从不良的刺激转移到其他事物上或从事其他活动的一种自我调查方法。当落聘后，可以把注意力转到自己感兴趣的事上，如散步、打球、看电影、上网聊天等，防止不良情绪泛化、蔓延，体验积极情绪。

（七）自我安慰法

当一个人遇到挫折时，为防止精神上的痛苦和不安，可以找出一种合乎内心需要的理由来说明和辩解。即“甜柠檬原理”和“酸葡萄原理”。如失恋比离婚好；胜败乃兵家之常事；塞翁失马，焉知非福等。

复习思考题

1. 简述职业生涯规划的特征
2. 阐述职业生涯规划的六个方面。
3. 简述霍兰德的职业兴趣理论的六种人格类型。
4. 如何树立正确的就业观念？

课后补充

施瓦辛格的职业规划

四十多年前，一个十多岁的穷小子，身体非常瘦弱，却在日记里立志长大后做美国总统。如何能实现这样宏伟的抱负呢？经过思索，他拟定了一系列目标。

做美国总统首先要做美国州长——要竞选州长必须得到雄厚财力的支持——要获得财团的支持就一定得融入财团——要融入财团最好娶一位豪门千金——要娶一位豪门千金必须成为名人——成为名人的快速方法就是做电影明星——做电影明星前得练好身体，练出阳刚之气。

按照这样的思路，他开始行动。某日，当他看到著名的体操运动主席库尔后，他相信练健美是强身健体的好点子。他开始刻苦而持之以恒地练习健美，他渴望成为世界上最结实的壮汉。三年后，借着发达的肌肉，一身似雕塑的体魄，在以后的几年中，他囊括了各种世界级的“健美先生”称号。

22岁时，他踏入了美国好莱坞。在好莱坞，他花费了十年时间，利用自身优势，刻意打造坚强不屈、百折不挠的硬汉形象。终于，他在演艺界声名鹊起。当他的电影事业如日中天时，女友的家庭在他们相恋九年后，也终于接纳了这位“黑脸庄稼人”。他的女友就是赫赫有名的肯尼迪总统的侄女。

2003年，年逾五十七岁的他，告老退出影坛，转而从政，成功竞选为美国加州州长。他的下一个目标就是美国总统。

他就是阿诺德·施瓦辛格。他的经历告诉我们：科学规划，行动有力，就能成功。

从这个职业规划案例可以看出：职业规划制定的越早、步骤越详细，越能早日实现自己的梦想。不管这个目标多么艰难，自己的现实和理想之间相差多远，只要自己有恒心、有切实可行细致的计划，并一步一个脚印踏踏实实地去完成，就一定能实现自己远大的理想！

第八章

大学生生命教育与心理危机干预

本章学习重点

1. 理解生命的意义，珍爱生命
2. 识别自杀危机
3. 增加对生命的热爱

先行案例

因为一场劫难，我明白了生命的脆弱……

从无忧无虑的快乐一下子过渡到对生命的思考时，我发现我长大了……

这是一种被迫的长大，甚至不需要过渡。因为，只有接受！就像不管我喜不喜欢那一个轮椅、那一对拐、那一支假肢一样，它们都会永久地闯入我的生命一样……

曾经有人说："站都站不起来了，还跳舞……"因为是偷听到的，所以表面还是要装出一副不知情的样子，硬是把就要夺眶而出的眼泪逼了回去。这是一种什么滋味？相比之下舞蹈训练里那些压腿、劈叉等艰苦，又算得了什么……

人生重要的任务不仅是要感知世界的美好，还包括怎样发现自己的无助与悲伤。对自己有一种敬畏意识，知道怎么安放自己的灵魂，这样才能逐渐深刻起来……原来这是一种有效的自我疗伤的方法！虽然少了一份安慰，但却不会把不愉快传染给他（她）人，最终还换来一种平静舒心的心情。

——汶川地震幸存者："芭蕾女孩"李月日记

后记：地震发生后，只有11岁的李月左腿被曲山小学教学楼的沉重楼板压着。无法动弹的李月，在废墟里度过了生命中刻骨铭心的75个小时。劫后余生的李月，付出令常人难以想象的艰辛，终于站到了2008年残奥会开幕式的舞台上，圆了之前几度绝望了的"芭蕾"梦。她用坚毅和执着舞动了生命的奇迹与精彩。在这3个月的时间里，李月的生命里浓缩了太多的重负。2010年5月12日，在北京小学就读6年级的李月，完成了《我心永舞》，该书再现了李月亲历灾难的整个过程。2011年8月，李月第二本名为《舞月豆蔻》的书籍出版，笔尖的轻舞飞扬，尽诉了一段劫后如何重生的心声与感悟。

来源：新华网

第一节 生命教育

生命是美丽的，要学会欣赏；生命是善良的，要学会感恩；生命是和谐的，要学会相处。

生命只有一次，我们要善待生命、珍惜生命、热爱生命，让生命更加精彩！

一、生命的内涵

（一）什么是生命

随着一声清脆的啼哭声，就标志着一个生命降落人间，生命的存在意味着什么？生命科学认为生物是有生命的物体，化学进化产生原始生命后，接着就开始了生物进化，人类的生命正是这一进化的结果。宏观上说生命是蛋白质和核酸物质的运动形式，是一种特殊的、高级的、复杂的物质运动形式。生长和发育是生命的基本过程，而新陈代谢则是生命的最基本的过程，是其他一切生命现象的基础。生命的一般形态具有某种“合目的性”的行为，作为生命高级形态的人类则具有自觉的目的性行为。

生命特别是人的生命，应当由三个因素构成，即形体、心理（精神）和社会性。历史唯物主义认为，人的生命具有多重属性，其中最主要的是自然属性和社会属性，社会属性是人最主要、最根本的属性，它是决定人之所以是人的最根本的东西。生命的自然活动主要包括：新陈代谢、生长、发育、遗传、变异、感应、运动等。生命的社会活动又主要包括：感知社会、角色扮演、人际交往、求学择业、社会竞争等。

人的生命可以分为这样几种形态。首先是生物性生命。即人首先是作为自然生理性的肉体生命而存在的，这一点是和自然界的广大生物一样必须具有的基本属性。其次是人的精神性生命。人之所以为人就在于人有高于动物的意识活动，有超越生物性生命的精神世界。人不但要思考如何活下来，还要思考如何更好地生活。只要人在世界上存在一天，大脑就不会停止思考，人类就要创造、就要超越，就要更好地认识世界、改造世界。最后是人的价值性生命。每个人在一生中都要思考诸如“为何活着”的问题，这就是人对于生命意义发自内心的追问，是人对价值生命的一种诉求。人的价值性生命为人的生存夯实了根基，加足了动力，以利于人好好地生存在这世界。

（二）生命的特性

生命具有不可逆性，从胚胎起，生命便一直生长、发育，以至衰亡。其次，生命的不可再生性，生命，对任何人来说都只有一次。再者，生命的不可换性 ，生命为个体所私有，相互不得交换，彼此不可替代。

1. 生命的神圣性

人类生命的第一大性质是神圣性。从本质上而言，所谓神圣性，指人类对某种对象发自内心的敬畏和崇拜；生命的神圣性，当指人类对自身生命的敬畏和崇拜。远古的人类一般都认为人之生命源于某种神秘的过程，或者是伟大的造物主赐予的，因而是神圣的。而若从直观的角度人们一般也可体会到生命的神圣性：自己的生命小而言之来自父母，大而言之则源于天地自然。人间之男女为何有如此奇妙的性（爱情）与生育（繁殖）的功能呢？为何只有人才从亿万种生物中脱颖而出，是自然大化精华的凝聚。正因为如此，人的生命才先验性地具备了神圣性。

2. 生命的独特性

简单地说，就是它独特的性质。实际上，生命的独特性可以从不同的角度上来理解。可以把生命的独特性当做它本身的性质，每一个人都有自己的生命，都会以不同的方式来“活”自己的生命，人会在不同的根基上打造自己，也会在不同的程度上，不同的目标上打造自己。生命是独特的，因为它具有很特殊的性质，它会不因外界的影响而改变自己。不同的生命所包含的，所带来的影响也是不同的。

3. 生命的完整性

就个体的生命而言，现实的人都是完整的人。他们有躯体，也有思想；有物质需要，也有精神的追求。我们对人生命的理解，强调其生命构成的矛盾性，但这种矛盾不是对立分裂的两极，而是一个矛盾的统一体，矛盾的任何一方，都必须和另一方相联系才有意义。生命随着年龄、成熟、自我实现等形式，逐步完善，但任何阶段的生命都是完整的。我们可以对生命加以分解研究，如自然的生命、价值生命、社会的生命等等，但实际上，脱离了完整性，自然生命就不再是“人”的自然生命，人的精神、价值、社会性也无所寄托，而不再是人的生命的组成部分。生命的完整性是人的存在的一个基本特征，任何对人的生命的解读和以生命为对象的实践，都必须建立在这一完整性的基础上。

4. 生命的自主性

人的生命具有开放性和不确定性，“自然没有做出关于他的最后决定，而是在某种程度上让他成为不确定的东西。因此，人必须独自地完善他自己。”面对这种不确定性，人的生活道路只能由人自己去筹划、去选择、去确立，人正是通过自主的活动，促成了自我的发展。所以，人的生命是自己创造的，因而也是自由的。任何压抑生命自主和自由的行为，必然违背生命的特性，是对生命的摧残。

5. 生命的超越性

生命是有限的，但人要追求无限；生命是现实的，但人要在对未来的追求中否定现实。人正是在这种自我的否定中，实现着生命的超越。超越人的肉身存在，超越生命的有限性，超越现实的存在，生命正是在超越中实现着价值的不断跃迁和提升，不断地走向新的解放，生成新的自我。因此超越性是人生命的独特本质。德国哲学家马克斯·舍勒指出：“人，只有人——倘使他是人本身（Person）的话——能够自己作为生物——超越自己”，因此他给人的定义是：人是超越的意向和姿态。

二、生命教育的提出

（一）什么是生命教育

生命教育是在生命活动中进行教育，是为了生命而进行教育。生命教育有广义与狭义两种：狭义的生命教育指的是对生命本身的关注，包括个人与他人的生命，进而扩展到一切自然生命。广义的生命教育是一种全人的教育，它不仅包括对生命的关注，而且包括对生存能力的培养和生命价值的提升。生命教育作为教育的价值追求，其目的是帮助学生更好地理解生命的意义，确立生命尊严的意识，高扬生命的价值，使他们能拥有一个美好的人生。它是对应试教育、就业教育、技能教育等等仅仅服务于学生的生存竞争的教育的扬弃和超越，是引导学生珍爱生命、敬畏生命、感恩生命、享受生命的教育。

生命教育是美国学者杰·唐纳·化特士于 1968 年首次提出，此后在世界范围内引起了广泛关注。从生命教育近四十年的实践历程来看，它首先是从人们要求控制青少年自杀率不断上升的这一残酷现实开始的，是作为预防未成年人自杀的权宜之计被提出来的，然而人生命的全部不仅仅是生物的躯体，自然的生命仅仅是人生命存在的前提和物质载体，真正让人和动物区别开的是人类有丰富的精神生活。因此我们在考察生命教育的内涵时就要从多个层次入手，不仅要教育未成年人珍爱生命，还要帮助他们认识生命的本质、理解生命的意义、创造生命的价值。这是人的生命形态和特征的本质要求。从事生命教育的肖敬在《浅谈生命教育读本》中认为生命教育是以生命为核心，以教育手段，倡导认识生命、珍惜生命、尊重生命、爱护生命、享受生命、超越生命的一种提升生命质量、获得生命价值的教育活动。让青少年认识生命和珍惜生命成为这一活动的重中之重。河南大学的刘济良教授在全面考察了国内部分学者的重要观点后提出，生命教育是“在学生物质性生命的前提下，在个体生命的基础上，通过有目的、有计划的教育活动，对个体生命从出生到死亡的整个过程，进行完整性、人文性的生命意识的培养，引导学生认识生命的意义，追求生命的价值，活出生命的意蕴，绽放生命的光彩，实现生命的辉煌。”

（二）生命教育应遵循的原则

生命教育应依据生命发展的动力，引导生命走向完整、和谐与无限的境界，保证生命发展的无限可能性，并促进生命不断超越。教育是生命意义逐渐显现的过程。生命教育必须遵循生命的特征：

其一，生命就其本身来说是自由的、平等的。真正的教育把学生看成是真正的人，尊重学生的自由与个性。其二，生命是具体的、独特的，而不是抽象的。每一个生命都有其不同的天赋、兴趣与气质、冲动等，每一个生命都有其独特的价值。教育就是要帮助每一个人打开眼界看到自己，使他看见、理解、感觉到自己身上的人类自豪感的火花。其三，就个体而言，生命具有自发的不断向上发展的驱力。教育应借助这种驱力以实现学生的自我教育。另外，生命是完整的，是身体与心理的统一。所以生命教育要协调好身体与心理、学习与生命之间的关系，使学习与生命相统一，真正成为生命的一部分。

（三）生命教育的层次

生命教育有三个层次。

其一，唤醒的生命意识。即体验、感悟到自我生命的存在与珍贵，感受生命的美好而珍爱自己或他人的生命；进而在各种心智活动与实践活动中体验生命过程的自主性、能动性、选择性与创造性。学会在向外探求的同时，还要不断向内心追问自我，认识自我，反省而提高自我觉醒状态的水平与自觉意识能力。

其二，开发生命潜能。认识并体验个体生命的力量，这种力量产生于人的智慧。这种智慧不仅可洞察一切自然的奥秘，而且可以改变历史的进程；进而意识到每个人的生命中蕴藏有深不可测的无限潜能，这些潜能只有通过不断的刻苦学习、训练能力、强化心理、陶冶情感，才能使其潜能逐步得到充分的开发。

其三，提高生命质量。生命的品质包括智能的品质、人格的品质、道德品质、心理品质等，生命的量即生命的活力、力量。提高生命质量，要做到以下几点：第一，要让师生懂得人生的意义与生命的价值决定于个体的质量，而生命的质量只有通过不断地自主学习，探究学习和体验学习，增强生命的力量才能使生命的质量得到提高；第二，要学习创新，体验创新的过程，掌握创新的方法，从中不断获取创新成功的快乐，体验创新过程中自我的更新自我超越；第三，要学会自觉地无私奉献，懂得唯有将自己生命最美好的情感、最出色的智慧奉献给同学、他人与社会，把它作为一种快乐，其生命才能得到升华。

生命教育的三个层次并不是孤单的，逐层递进的，而是你中有自我，我中有你，相互联系相互渗透的。当这三个层次的教育成为了一个有机整体时，才能提升生命的质量。生命教育要引导大家认识生命、欣赏生命、尊重生命，鼓励大家爱惜生命；引导大家发觉生命的意义，体验生命的价值。

（四）生命观教育

人最宝贵的是生命，生命对每个人而言仅有一次，生命是父母的给予和上苍的恩赐。作为当代的大学生，我们不仅要修养好自己的心灵，追求事业，追求爱情，追求美好的事物；还要有一颗平常心善待自己，不刻意地去追求，也不去回避，顺其自然，知足常乐。要学会豁达，在挫折、苦难面前，不必计较一时的成败得失；要学会感恩，感恩是一种处世哲学，是生活中的大智慧。

1. 我国古代思想家的生命观

生命观教育，是中国古代传统人生教育的重要组成部分，也是构建当今大学生生命观教育的思想来源。在中国先秦至今两千多年的传统文化中，儒家和道家都对“生命”问题进行了思考，并提出了各自的生命观。儒家认为，宇宙本质是“生生”，“天地”有“好生之德”，即创生万物，亦长养万物。人应该有“生生不息”之精神，珍惜生命，注重人事，修养心性，以配天德。所以，儒家重视生命，对死亡避而不谈，孔子告诫人们“未知生，焉知死？”①《孝经》开宗明义写道：“身体发肤，受之父母，不敢毁伤，孝至始也。立身行道，扬名於后世，以显父母，孝之终也。”“夫孝，始於事亲，中於事君，终於立身。”

① 《论语·先进》

身体发肤，既然承受之于父母，就应当体念父母爱儿女的心，保全自己的身体，不应有毁伤，这就是孝道的开始。一个人的本身，既站得住，独立不倚，不为外界利欲所动摇，那他的人格，一定合乎标准，这就是立身。做事的时候，他的进行方法，一切都本乎正道，不越轨，不妄行，有始有终，这就是行道。他的人格道德，既为众人所景仰，不但他的名誉传诵于当时，而且将要播扬于后世，无论当时和后世，将因景慕之心，推本追源，兼称他父母教养的贤德，这样一来，他父母的声名，也因儿女的德望光荣显耀起来，这便是孝道的完成。

冯友兰先生说过“道家的出发点就是舍生避害”即保全生命，排除威胁生命的各种力量。“今吾生之为我有，而利我亦大矣：论其贵贱，爵为天子，不足以比焉；论其轻重，富有天下，不足以易之；论其安危，一曙失之，终身不复得。”① 由此可见，儒道两家都追求精神生命的“不朽”。但儒家主张积极入世，奋发有为的人生态度，即通过建功立业的实际活动来达到“不朽”；而道家却认为人们只能通过“心齐”、“坐忘”，在精神境界上摒弃生死的区分，与大道合一，达到“死而不忘”，从而派生出纯精神养炼不问世事的人生态度。

2. 当代大学生应该确立的生命观

（1）生命存在观。大学生首先要树立生命存在观，充分认识到生命存在的重要性，学会有意识地有效地保存自己的生命，学会热爱和珍惜自己及他人的生命。

（2）生命独特观。人类生命是自然界伟大的奇迹。每个个体的生命都是独一无二的，每个人的生命无论从肉体到精神都有不同于其他生命的特殊性。时间的一维性也决定了人的物质生命对每个人来说只有一次。大学生要学会理解人类及个体生命的独特性，学会尊重和敬畏人类生命。

（3）生命品质观。每一种生命都十分脆弱，当它的生存之境突变之时，每一种生命又可以相当强大，那是因为它依存于和谐的生存之间。生命品质的高低取决于个体把自己的生命放在一个怎样的位置。当生命从社会和他人那里获得支持的时候，就具备了提高生命品质、创造生命基础的前提和基础。大学生一方面要努力学习，形成合理的知识结构，不断充实生命的内涵；另一方面要把自己的生命投入到社会中，通过社会实现生命的价值。

（4）生命超越观。人类生命是一种超越的存在。存在不是生命唯一的和主要的目的，超越才是生命的本质所在。大学生只有认识到生命是在不断超越自身的过程中体现其真正的价值，才能体验到生命存在的幸福感，也才能意识到社会对其生命存在的认同。

（5）生命责任观。生命责任作为一种普遍的行为要求和行为关系，具有广泛的内容。既可以从个人对同学、对亲友、对家庭成员的关系中发生，又可以从个人对集体、对阶级、对民族、对国家和社会，甚至对人类的关系中发生。人的生死绝非个人之事，而是与家庭、社会密切相关的。自杀对本人也许是一种解脱，可是对亲人和社会无疑是极大的伤害。

---

① 《吕氏春秋·重己》

第二节　大学生心理问题和精神类疾病的识别

大学生常见心理问题按照严重程度大致可以分为三类：即一般心理问题、非精神病性心理障碍和精神病性心理障碍。

一、大学生一般心理问题的识别

1. 一般心理问题的识别与处理策略

大学生群体中的一般心理问题主要表现为：入学适应、学习、亲子关系、经济困难、择业、就业压力等导致的心理问题。

一般心理问题的基本特征：存在诱发心理问题的客观原因，如经历了“重大”的生活事件；心理问题的症状表现如紧张、焦虑、忧郁、痛苦等，与生活事件的“严重”程度直接相关；当事人没有明显的人格缺损，主要以情绪症状为主，可伴随轻度的感知和行为障碍；社会功能和现实检验能力保持完整。

一般心理问题包括以下一些内容：

(1) 适应问题。多数学生从小在家爸爸妈妈什么都代替做，属于“被管大的一代”，上大学后生活不能自理，出现大学生活适应不良。刚入学的大学生需要及时调整，顺利度过生活环境的转变期，应从小事做起，从眼前做起，利用每一件小事和每一个机会锻炼自己独立生活、独立工作的能力。

(2) 学业困扰。进入大学后，学习紧张与竞争压力造成心理负担加重，经过高考拼杀的学生带着良好的感觉进入大学校园之后，在高手如云的集体内，昔日那种“鹤立鸡群”的优越感已荡然无存，无形中在心理上产生了一种失落感。大学生们上大学后需要正视现实，认识到考上大学只是人生征途中的一次胜利，大学，大家又站到了新的起跑线上。入校后应正确认识自我，及时规划自己的大学生活。

(3) 人际关系困扰。一部分大学生不能正确认识自我，自傲或自卑，表现是：心理自卑，行为畏缩，面对挑战采取逃避态度。想与人交往，又怕被人拒绝和嫌弃。想得到别人的关心与体贴，又害羞不敢与人接近。想与人交往，但内心矛盾重重。还有一部分学生看不起别人，经常将自己的想法强加于别人，产生人际矛盾和冲突。

(4) 缺乏学业目标。进入大学后，由于理想、目标落空造成内心困惑，学习失去了中小学时的动力，表现为：学习动机缺乏，学习没有目的，没有求知欲望；缺乏正确的学习方法；缺乏学习的自信心、自尊心；情绪出现问题。

(5) 情感困扰。时下的大学校园，恋爱已是公开的秘密，部分大学生匆匆加入“恋爱族”，由于对爱或被爱缺乏正确的理解，往往饱受失恋之苦，但又难以自我调适。谈恋爱是一种审美，一旦双方产生了恋情，要沉着、冷静、理智地对待，既应珍视纯洁的感情，又需要适度控制，正确处理恋爱与学业的关系。

(6) 嫉妒心理。嫉妒是对他人比自己优越的方面产生的不愉快情感，以心怀不满为特征。具体情绪体验为：不悦、自惭、怨恨、恼怒等，是一种病态心理，对人对己均无好处，它多见于有才能但又争胜好强而心胸狭窄的人，愿做工作但又自私的人，想干一番事业但又不愿做多工作的人。嫉妒对象多指向与自己不相上下或稍高于自己的熟悉同学、朋友和周围的其他人。嫉妒心强的人一旦发现别人超过自己就会产生怨恨或愤怒情绪，这种情绪一旦成为行为，就会制造谣言、设置障碍、挑拨离间、寻机报复。嫉妒心理是阻碍别人进步，影响集体团结，最终危害自身健康的消极心理。

（7）逆反心理。逆反心理是指人们彼此之间为了维护自尊，而对对方的要求采取相反的态度和言行的一种心理状态。青少年中常会发现个别人就是“不受教”、“不听话”，常与别人“顶牛”、“对着干”。这种与常理背道而驰，以反常的心理状态来显示自己的“高明”、“非凡”的行为，往往来自于“逆反心理”。假如一本书的前言中写道：请你切勿首先翻看到本书第28页。大多数同学会首先翻开此页，这就是逆反心理在作怪。逆反心理会使大学生的思维方式走向单一和对抗。如果一个人经常从对立的方面寻找依据，容易脱离常理，使自己形成孤陋寡闻、头脑简单的偏执性格。有时还会走极端，触犯校规，因而“反其道而行之”的结果往往会使自己的遗恨终生。

（8）自卑心理。自卑，就是主体自己瞧不起自己，它是一种消极的情感体验。表现为对自己的能力和品质评价过低。自卑和自满正好是两种完全相反的心理品质，却都是年青人常有的心理表现。自卑的前提是自尊，当人的自尊需要得不到满足，又不能恰如其分、实事求是地分析自己时，就容易产生自卑心理。一个人形成自卑心理后，往往从怀疑自己的能力到不能表现自己的能力，从怯于与人交往到孤独地自我封闭。由于青年人的情感不稳定，他们在一帆风顺时自信心比较强甚至骄傲自满，但是一旦遇到挫折就会出现自卑心理，表现悲观失望，对自己的智力、能力作出过低的评价，总觉得自己不如别人。自卑的人多数比较孤僻、内向、不合群，常自己把自己孤立起来，少与周围人群交往，由于缺少心理沟通，易使心理活动走向片面。

（9）抑郁心理。抑郁是一种情绪状态，就是同学常说的郁闷，是在原有性格基础上，遇到挫折后产生的一种较为长久的悲观心境。抑郁心理应该说是一种情绪障碍，具体表现为情绪低落、饮食无味、食欲不振、辗转反侧、夜不成眠、少言寡语、有气无力、近虑远忧、事事发愁、忧心忡忡、夸大困难、低估自己、缺乏信心、消极悲观。

（10）报复心理。报复心理是一种属于情感范畴的狭隘心理。有这种心理的人会寻找各种机会对同学、朋友等采取不正常的手段甚至利用暴力进行攻击。在学校中，报复是一种极为有害的狭隘心理，它瓦解斗志、松懈纪律、破坏团结。报复绝不是解决同学间矛盾的好方法。从一些报复行为来看，报复往往会使“冤怨”越结越深，而且还会使集体团结涣散，关系紧张，工作难开展。报复心理则会腐蚀人的灵魂，降低人的文明程度，使人变得虚伪、狭隘，甚至堕落犯罪；报复心理有害于同学们的身心健康，有报复心理的人，往往身心受损，心思分散，既增长不了才干，又损害了自己的威信，更得不到人们的同情和舆论的支持，甚至会“一失足而成千古恨”。

二、非精神病性心理障碍的识别

大学生群体中的非精神病性心理障碍以神经衰弱、焦虑症、恐惧症、强迫症、疑病症等神经症与应激相关障碍、人格障碍、性心理障碍等为代表。

非精神病性心理障碍的特征：通常以一般的生活事件或心理创伤为诱因；具有一定的人格基础；主要以情绪症状为主，往往伴随躯体生理症状，且有认知行为症状；心理症状持久，且内容与心理因素有关；社会功能和现实检验能力基本保持完整。

非精神病性心理障碍一般需要寻求专业心理咨询和心理治疗，必要时辅之药物治疗才能取得成效。对于患神经症学生，同学应给予充分的理解和帮助，既要关心又不能过分关注，以免强化他们的疾病意识。可建议由学校心理咨询老师处理或神经卫生专科医院、综合医院神经科、身心科就诊。另外，神经症的结论必须由专业人员来做出，一般人或多或少都会出现一些不良的心理症状，切不可过于敏感，对号入座，把一般心理问题扣上神经症的帽子。

（一）各种神经症

世界卫生组织根据各国的调查资料推算，世界总人口中的5%～8%患有神经症或人格障碍，其人数是重性精神病障碍的5倍。对于处在青年期的大学生来说，神经症也是一种较为常见、较为严重的功能性心理障碍。

神经症不是某种特定的疾病类型，而是由于大脑功能紊乱而引起的一组精神障碍的总称，除癔症外没有精神病的症状。它主要表现为烦躁、紧张、焦虑、恐怖、强迫症状、疑病症状、心情抑郁或分离症状、转换症状等。它包括抑郁性神经症、焦虑性神经症、强迫性神经症、疑病性神经症、恐怖性神经症、癔症性神经症、神经衰弱等。它的发病机制和临床表现各不一致，比较复杂，但具有以下共同特征。

第一，与心理、社会因素密切相关。社会发展步伐加快、人口城市化、人口居住稠密、职业竞争剧烈等因素与神经症发病有密切关系。例如，家庭不和、人际关系紧张、工作或学习过于疲劳以及某些突发的创伤事件等都可能成为神经症的诱发因素。

第二，神经症患者有不良的人格基础。如某些癔症患者有表演性人格，强迫症患者有强迫性人格等。在此基础上，如果遇到重大的心理创伤，便会导致神经症的发生。

第三，神经症患者在临床表现上虽有较多精神痛苦和躯体不适，但医生检查始终不能发现相应的异常体征，即没有任何可以证实的器质性病因。由器质性疾病引起的神经症症状不能诊断为神经症。

第四，神经症患者对自己的疾病有一定认识，感到非常痛苦，因而主动求医或求助于心理咨询，喜欢诉苦及诉说躯体不适。神经症患者常常对自己的病态过分担心、疑虑，四处奔波，多次到医院就诊，要求做各种检查。

第五，神经症除癔症的一次发作好转较快外，其余神经症的康复是一个缓慢的过程。

神经症的类型有以下几种：

1. 抑郁症

抑郁症是一种以抑郁情绪为突出症状的一种心理疾病。以心境（情绪）低落为主要表现。病人有凄凉感，常唉声叹气，对人对事物失去兴趣，常头痛、心烦、多恐惊梦、乏力、腹泻等。此病症严重时，人会感到强烈厌世，甚至有自杀念头。

抑郁症的临床表现有如下特点：（1）抑郁心境。这是抑郁症患者最主要的特征。轻者心情不佳、苦恼、忧伤，终日唉声叹气；重者情绪低沉、悲观、绝望，有自杀倾向。（2）快感缺失。对日常生活的兴趣丧失，对各种娱乐或令人高兴的事体验不到乐趣。轻者尽量回避社交活动；重者闭门独居、疏远亲友、杜绝社交。（3）无明显原因的持续疲劳感。轻者感觉自己身体疲倦，力不从心，学习、生活和工作丧失积极性和主动性；重者甚至连吃、喝、个人卫生都无暇顾及。（4）睡眠障碍。约有70%～80%的抑郁症患者伴有睡眠障碍，患者通常入睡无困难，但几小时后即醒，故称为睡眠清晨失眠症、中途觉醒症及末期失眠症，醒后又处于抑郁心情之中。还有少数的抑郁症患者睡眠过多，称为多睡性抑郁。（5）食欲改变。表现为进食减少，体重减轻，重者则终日不思茶饭，但也有少数患者有食欲增强的现象。（6）躯体不适。抑郁症患者普遍有躯体不适的表现。患者常检查和治疗不明原因的疼痛、疲劳、睡眠障碍、喉头及胸部的紧迫感、便秘、消化不良、肠胃胀气、心悸、气短等病症，但多数对症状治疗无效。（7）自我评价低。轻者有自卑感、无用感、无价值感，重者把自己说得一无是处，有强烈的内疚感和自责感，甚至选择自杀作为自我惩罚的途径。（8）自杀观念和行为。这是抑郁症最危险的行为。（9）其他。一些患者还表现出焦虑、性欲降低、记忆力减退等症状。抑郁症的特点还在一定程度上表现在生理变化方面，如胃口不好、体重下降、失眠或睡眠过度、腰酸背痛等身体不适。

严重的抑郁症通常需要抗抑郁剂治疗，或同时配合心理治疗。轻、中度抑郁症通过单纯心理治疗可以恢复，多种心理治疗都能够有效地治疗抑郁症。心理治疗能够帮助病人分析他们问题的来源，教会他们如何去应付生活中各种诱发抑郁症的事件，教会他们如何通过自己的行动提高生活满意度，减少导致抑郁的行为。认知治疗和人际治疗对抑郁症有良好的疗效。在认知治疗中，重点在于帮助病人改变导致抑郁的行为和思维方法；在人际治疗中，重点是帮助病人改变人际交往中导致抑郁的行为方式。

2. 强迫症

强迫症是以强迫症状为核心的一种心理疾病。强迫症是以反复出现强迫观念或强迫行为为基本特征的一类比较常见的心理疾病。强迫症患者往往还存在社会功能损害，学习和职业能力受到影响，生活质量下降。这些都使得患者痛苦不堪，主要是强迫与反强迫。病人常有无法自我克制的、重复出现的某种观念、意向和行为，深陷其中而又无法自拔，因此，病人感到非常痛苦和不安。

强迫病的临床表现多种多样，一般分为强迫观念和强迫行为。强迫观念是指某些思想或某些想法不断重复出现，明知没有必要，但就是无法摆脱；强迫行为则是指病人为了减轻因强迫观念所引起的焦虑，不由自主采取的各种相应的行为。其中，前者又可细分为强迫回忆、强迫联想、强迫疑虑，强迫性穷思极虑和强迫性对立思维；后者分为强迫意向，强迫性计数、强迫性检查、强迫性洗手、强迫性仪式等。

强迫症有三个最主要的特点。

（1）主观上强迫的体验；（2）患者认为自己的强迫思维或强迫行为没有意义，主观上认为必须加以意识的抵抗并实施抵抗行为；（3）有症状自知力，因强迫与抵抗强迫之间的强烈冲突而痛苦，所以寻求治疗。概括起来，就是自我强迫与反强迫同时存在，冲突导致焦虑和痛苦而求医。

关于强迫症的病因，目前说法不一。但有一点研究者能达成共识，即此病与人格特征有一定的联系。强迫症的人格表现为：谨慎细心，深思熟虑，有很高的道德标准，总是过分地严格要求自己，工作喜欢有秩序、有条理，做事固执，动作刻板。强迫症与强迫型人格有密切联系。此外，遗传、心理社会因素、生化因素等也与强迫症密切相关。在遗传方面，家系调查发现，患者的父母中有约5% ~7% 的人患有强迫症，远较普通人群高。在心理社会因素方面，处于青春发育期的青少年，生理发育迅速，在竞争激烈的社会环境中的不适应可引起强迫症状的产生。工作紧张、家庭不和睦及夫妻生活不尽如人意等可使患者长期紧张不安，最后诱发强迫症的出现。意外事故、家人死亡及受到重大打击等也会使患者焦虑不安、紧张、恐惧，诱发强迫症的产生，症状的表现形式与精神创伤有直接的联系。在生化方面，有人认为强迫症患者 5 - HT 神经系统活动减弱导致强迫症产生，对此用增多 5 - HT 生化递质的药物可治疗强迫症。

强迫症的治疗主要是心理治疗和药物治疗。心理治疗除了进行一般性解释、鼓励、帮助等支持性心理治疗外，还可以进行精神分析、行为治疗、森田疗法等，每种方法各有侧重。精神分析注重对患者人格特点和发病原因的探讨，包括童年有无产生强迫症的心理创伤；行为治疗侧重从行为矫正和强化的角度，矫正强迫行为和思维；森田疗法主张采取顺应自然的态度，带着“不安”去做应该做的事。

3. 焦虑症

焦虑症是一种具有持久性焦虑、恐惧、紧张情绪和植物神经活动障碍的脑机能失调，表现为没有事实根据也无明确客观对象和具体观念内容的提心吊胆和恐惧不安，常伴有运动性不安和躯体不适感。焦虑症又有急性焦虑症和慢性焦虑症之分。急性焦虑症临床表现为病人在某一急性精神创伤后突然发病，莫名其妙地惊恐、心慌、出汗、面色苍白、两手发抖等。急性焦虑症的发作可以持续几分钟或几个小时。有时发作过后病人感到一切都恢复正常；有时则使人经常处于一种紧张不安状态，担心此病会再来。慢性焦虑症临床表现为心悸、烦躁、忧郁等。这种病人易紧张、易激惹，稍有刺激声和麻烦事，病人就不能忍受，甚至大发脾气，事后能有自知之明并有后悔感。焦虑症的具体症状包括以下四类。（1）身体紧张。焦虑症患者常常觉得自己不能放松下来，全身紧张。患者面部绷紧，眉头紧皱，表情紧张，唉声叹气。（2）自主神经系统反应性过强。焦虑症患者的交感和副交感神经系统常常超负荷工作。患者出汗、晕眩、呼吸急促、心跳过快、身体发冷发热、手脚冰凉或发热、胃部难受、大小便过频、喉头有阻塞感。（3）对未来莫名地担心。焦虑症患者总是为未来担心，他们总是无来由担心自己的亲人、财产、健康。（4）过分机警。焦虑症患者每时每刻都对周围环境的每个细微动静充满警惕，他们无时无刻不处在戒备状态，因而影响了他们做其他的工作，甚至影响他们的睡眠。

究竟是什么原因引起的焦虑症呢？对此，不同学派有不同的意见，至今尚无定论。研究者发现以下因素与焦虑症发病密切相关。（1）遗传因素。遗传在焦虑症的发生中起重要作用，其血缘亲属中同病率为 15%，远高于正常居民；双卵双生子的同病率为 2.5%，同卵双生子的同病率为 50%。有人认为焦虑症是环境因素通过易感素质共同作用的结果，易感素质是由遗传决定的。(2) 人格特征。自卑，自信心不足，胆小怕事，谨小慎微，对轻微挫折或身体不适容易紧张、焦虑或情绪波动，是焦虑症典型的病前人格。(3) 认知过程或思维障碍。研究发现，这类病人常把模棱两可的甚至是良性的事件解释成危机的先兆，常认为坏事情会落到他们头上，常认为失败在等待着他们，常低估自己对消极事件的控制能力。(4) 生物学因素。焦虑反应的生理学基础是交感和副交感神经系统活动的普遍亢进，常有肾上腺素和去甲肾上腺素的过度释放。躯体变化的表现形式决定于患者的交感、副交感神经功能的平衡。(5) 应激事件发生。在有突发的应激事件刺激下，多出现焦虑症。有时轻微的挫折和不满等精神因素也可为诱发因素。

对焦虑症可进行心理治疗和药物治疗。精神分析学派、认知行为学派等从各自的理论出发，为焦虑症提供了各自不同的心理治疗方法。精神分析学派把焦虑症的起因归结为压抑的无意识冲突，所以，治疗该症的核心就是帮助患者领悟他们内在心理冲突的根源。认知行为治疗是根据患者的具体症状的不同，运用不同的方法来治疗。例如，如果焦虑症状与情境有关，则通过运用“情境分析”，找出患者的焦虑症状由情境中的哪些关键因素造成的，然后运用“系统脱敏”的技术，降低患者对这些特定因素的焦虑程度；如果焦虑症状游离于任何特定情境，则运用“放松训练”来降低病人的总体紧张水平。此外，还可以帮助患者通过学习有用的技巧（比如社交技术、语言技术)，来提高患者面对各种情境时的信心。

4. 恐惧症

恐惧症指因某些无害事物或情景与令人害怕的刺激多次同时出现，形成条件反射成为病人的恐惧对象。是当事人处于害怕的环境中，恐惧的反应和正常人不一样，本人也知道这是过于的害怕，是不应该不合理的，但是就是控制不住的害怕。

(1) 恐惧症常见类型

场所恐惧症：恐惧对象主要为某些特定环境，如高处、广场和拥挤场所等。病人常怕离家外出，怕独处，怕离家后处于无能为力的境地或不能立即离开该场合。许多病人因为想到在公共场所会精神崩溃就恐慌不已，因此对恐惧情境极力回避。虽然焦虑和回避行为的程度可有变异，但场所恐惧在各种恐惧障碍中对病人功能影响最大。

社交恐惧症：恐惧对象主要为社交场合和人际接触等，如害怕见人时脸红、怕与人对视。

单纯恐惧症（物体恐惧症)：恐惧对象主要为某些特定的物体或情境，如害怕接近特定的动物，害怕高处、雷鸣、黑暗、飞行、封闭空间、在公厕大小便、进食某些东西、目睹流血或创伤，以及害怕接触特定的疾病的病人或情景，因此促发的情境很单一、很具体，并且能够像场所恐惧和社交恐惧一样诱发惊恐。

特定的恐惧症：一般在童年或成年早期就出现，如果不加以治疗，可以持续数十年。导致功能受损的程度取决于病人回避恐惧情境的难易程度。与场所恐惧相反，对恐惧情境的害怕一般没有波动。

(2) 恐惧症的发病原因

性格因素：性格因素是恐惧症的常见原因之一，遗传性的性格脆弱，天生紧张而显神经质，这类人最易产生恐惧感。另外，恐惧症患者的性格特点常偏于高度内向，表现为胆小，怕事，害羞及信赖性强，在很多恐惧症患者的潜意识里，尤其是患社交恐惧症的人，他们往往很自卑。

遗传因素：遗传因素对于每个人来说都是很重要的，很多疾病都是因为遗传而出现的。根据国外的调查，恐惧症患者的父母或同胞患神经症的较多，所以遗传因素是恐惧症发病的原因之一。

家庭因素：有人认为恐惧症与人格障碍有关，恐惧症多发生在回避性人格障碍者身上，这种人格障碍表现为缺乏自信，敏感。研究者对57例对人恐惧症的病理心理治疗效果分析，提示该类病人大多数具有孤僻、内向、自尊、羞怯性格特征。

精神因素：恐惧症作为一种焦虑来自于自我对危险的反应，恐惧情绪的出现是由于形成了不良的条件反射或称为学习的结果。某些物体或情境与令人恐惧的刺激多次联合出现而形成条件反射，这些物体或情境成为了恐惧对象，由于病人对此采取回避的措施，而使这种恐惧焦虑得以强化。

（二）应激障碍

1. 急性应激障碍

是一种异乎寻常和严重的精神刺激即刻引起的应激相关障碍，刺激因素是导致本症的直接原因，这些因素可以是地震、火灾、水灾、交通事故、亲人死亡等严重生活事件，也可以是家庭不和、邻里纠纷、工作严重受挫、长期与外界隔离等持久而沉重的情感创伤。多数患者在发病时间、表现症状、病程及预后等方面与所受精神刺激密切相关。但精神因素是否致病，除精神刺激因素本身的特征和强度外，还与个体当时的健康状况和造成内心冲突的严重程度有关。前者包括月经期、产褥期、慢性躯体疾病、过度疲劳等因素，后者与病人的社会文化背景（如受教育程度、爱好、价值观等）有关。

急性应激障碍在异乎寻常的精神刺激后的很短时间出现，如果应激性环境消除，症状可在两到三天（通常是几个小时内）迅速缓解；如果刺激源存在持续性或不可逆性，症状则一般在两到三天开始减轻，并通常在一周内缓解，最长不超过一个月，预后良好。

2. 急性应激性精神病

是一种由强烈并持续一定时间的心理创伤事件直接引起的精神病性障碍。属于“急性应激障碍”的亚型，症状和应激源密切相关，以妄想和情感症状为主，多能被人理解。起病呈急性或亚急性，经适当治疗，可在短期恢复（仅个别病人超过一个月），且预后良好。

3. 创伤后应激障碍

是一种由异乎寻常的威胁性或灾难性心理创伤（如遭受酷刑、被强奸、目睹他人车祸或受到迫害等）引起的延迟出现并长期持续的应激相关障碍。此障碍的潜伏期从几周到几个月不等（很少超过六个月），病程波动，多数患者可恢复，少数患者可表现为多年不愈的慢性病程，或转化持久的人格改变。

4. 适应障碍

是一种因长期存在应激源或困难处境，加上病人有一定的人格缺陷而产生以烦恼、抑郁等情感障碍为主，同时可有适应不良的行为障碍（如不注意卫生、生活不规律、退缩等）或生理功能障碍（如睡眠障碍、食欲不振、体虚乏力等）的慢性应激障碍。

本障碍的发生与应激源和个体的易感性有关，通常在应激事件或困难处境发生后一个月内起病，病程较长，但一般不会超过六个月。如应激源持续存在，可能需要更长时间。随时间的流逝、刺激的消失，患者经过调整可形成新的适应，症状也会随之缓解，一般预后良好。

（三）人格障碍

有社会功能障碍或与社会发生冲突的人格称为人格障碍。正常人格与异常人格的区别是相对的，两者并无明确的界限。少年儿童期的行为尚未定型，一般不诊断人格障碍。对于人格障碍和性心理障碍等，同学们应当认识到其异常心理行为表现是基于心理疾病而不是思想道德问题，单纯的教育往往难以解决问题。应给予他们更多的关心爱护，配合医疗部门进行治疗，人格障碍的治疗以心理治疗为主，同学们应为心理治疗创造良好的环境，如帮助他们适应环境，改善人际关系，发挥其特长等。

人格障碍的特点表现如下：

（1）人格障碍者一般来说意识是清醒的，认识能力也保持完整。这种人是在没有意识障碍，智力活动无明显缺损的情况下，出现行为活动和情感等方面的明显障碍。这种人中的大多数都有求医的要求，希望治好自己的“病”。

（2）人格障碍通常开始于童年、青少年，并一直持续到成年，甚至维持终生。人格障碍关键在于预防，而不是治疗，因为治疗的效果一般不太理想。

（3）人格障碍者一般都能正确处理自己在日常工作和生活，能理解自己的行为后果，也能理解社会对自己行为后果的评价标准。但由于这种人缺乏自知力，尽管经常同周围发生冲突，并处处碰壁，却很难从错误中吸取教训。因此，难以适应单位和社会环境。

（4）人格障碍者在智力水平、思维水平和创造等方面并不低，有的还超过常人，但由于人格异常，妨碍了他们的意志活动，破坏了其行为的目的性和统一性。

（5）人格障碍与一般疾病不同，它没有起病标志和病程变动。因此，人格障碍不能作为真正的精神病。

人格障碍有以下几种：

（1）偏执型：是一种以猜疑和偏执为主要特点的人格障碍，特点为广泛猜疑，易产生病态嫉妒，过分自负，对他人过错不能宽容，脱离实际地好争辩与敌对，固执地追求个人不够合理的“权利”或利益，忽视或不相信与患者想法不相符合的客观证据，因而很难以说理或事实来改变患者的想法。

（2）分裂型：这是一种以观念、外貌和行为奇特以及人际关系有明显缺陷，且情感冷淡为主要特点的人格障碍。其特点为有特异的信念或与文化背景不相称的行为，奇怪的、反常的或特殊的行为或外貌，言语怪异，不寻常的知觉体验。对人冷淡，对亲戚也不例外，表情淡漠，缺乏深刻或生动的情感体验，多单独活动，缺乏知友。

（3）反社会型：这是一种以行为不符合社会规范为主要特点的人格障碍。特点为

18 岁前有品行障碍的证据，不能维持长久的工作或学习，有不符合社会规范的行为，易激惹，并有攻击行为，行为无计划或有冲动性，不尊重事实，对自己或他人的安全漠不关心，缺乏同情心，危害别人时无内疚感。

(4) 冲动型：这是一种以行为和情绪具有明显冲动性为主要特点的人格障碍。特点为有不可预测和不考虑后果的行为倾向，行为暴发难以自控，不能控制不适当的发怒，做事缺乏预见性和坚持性，具有强烈而不稳定的人际关系，可有自伤行为。

(5) 表演型：这是一种以过分感情用事或夸张言行以吸引他人注意为特点的人格障碍。特点为：表情夸张像演戏一样，暗示性高，自我中心，经常渴望表扬和同情，感情易波动。过多地参加各种社交活动，十分关心自己是否引人注目，说话夸大其词。

(6) 强迫型：这是一种以要求严格和完美为主要特点的人格障碍。特点为做任何事情都要求完美无缺，不合理地坚持让他人也严格地按照自己的方式做事，否则心里很不痛快。犹豫不决，常有不安全感，反复核对检查，拘泥细节，对自己要求严格。

(7) 依赖型：依赖主要包括药物依赖、酒精依赖、情感依赖、互联网络依赖等。依赖障碍者与其依赖人格有很大关系。依赖人格是指人习惯性地过分依赖他人，没有决断的想法和行为。其中情感依赖是依赖人格中很常见的一类，它主要是指对伴侣或配偶的依赖。有依赖人格的人，不会也不知道如何处理自己生活中遇到的问题，而是习惯于让别人替自己做主。

(四) 性心理障碍

对于性心理障碍等，同学们应当认识到其异常心理行为表现是基于心理疾病，并非是思想道德问题，应给予一定的理解。性心理障碍由于其行为违反社会习俗，有的甚至伤害他人，所以会引致法律问题。对其责任问题看法尚不一致，但一般人认为性心理障碍是性行为偏离正常，并非神经病性障碍，因此，不能评定为无行为能力和责任能力。

性心理障碍包括：

(1) 性别认同障碍或性身份障碍，即性别转换症，他们自我意识的性别或心理性别与其生物学性别恰恰相反，于是强烈要求医生为其改变身体的性别，否则具有强烈的自杀或自残倾向。

(2) 性取向障碍，即同性恋。由于大多数同性恋者具有良好的自我协调能力，他们不会求医和求助。只有少数同性恋者痛恨自己的行为，于是处于严重的自责与心理冲突之中，或在社会舆论的谴责或压力之下具有求治愿望。

(3) 性偏好障碍，也就是性欲倒错，主要表现为性对象异常和性满足方式异常。包括露阴症、窥淫症、摩擦症、恋物症等十余种变态的性行为。他们的问题不在于其性偏好偏离正常有多远，而在于缺乏正常的性追求和性行为方式。性偏好心理障碍的共同特点是：病人产生性兴奋、性冲动及性行为的对象和一般常人不一样。他们对一般常人不引起性兴奋的某些物体或情境，如对女人用过的内衣、手帕等，产生强烈的性兴奋，而对正常的性行为方式有不同程度的干扰或减低。

三、精神病性心理障碍的识别与处理策略

大学生群体中的精神性心理障碍以精神分裂症，双相情感障碍（躁郁症）等严重精神疾病为代表。

对精神病性心理障碍的大学生处理策略必须周密而慎重：第一，由于该类患者已经丧失自知力，因此保证当事人以及周围人群的安全是首要问题。必须指派专业人士 24 小时看守，以免发生意外。第二，应当立即联系学生家长，由家长协同处理。与家长联系，一方面可以了解学生的既往史，另一方面可以由家长来承担监护责任，同时患病学生的治疗也需要家长的认可与配合、支持。第三，患病学生应及时送医院治疗，治疗越及时、系统、正规，效果越好，预后越佳。第四，应认识到精神病如同许多躯体疾病一样，并不是不治之症。对精神病患者应理解、关怀、帮助，不应歧视、厌恶、冷淡。要帮助患病学生减轻压力，正常的社会生活和交往人际交往有利于病人的康复。

1. 精神分裂症

精神分裂症是一种常见的精神疾患，病因不清，多起病于青壮年，病前可有一定的心理、社会因素。临床表现主要是在思维、感知、情感和行为等方面出现紊乱和不协调，如怀疑有人迫害自己，饭菜里有毒，外出感到有人跟踪自己，自己的想法被他人洞悉，听到背后有人议论自己，或有声音时常对自己评头论足等等。

精神分裂症主要有以下三方面的特征：第一，精神活动与环境不协调，病人的反应机能受到严重损害，对客观现实的反应是歪曲的，可出现精神失常现象，如幻觉、妄想、思维破裂、行为怪异等，因而丧失正常的言行、理智与行为反应。第二，社会功能有严重损害，不能处理人际关系和参与社会活动，甚至给公众社会生活造成危害。第三，不能理解和认识自身的现状，不承认自己有病，对自己的处境丧失自知力。

精神分裂症的诊断目前仍主要依赖于临床，至今仍未发现有确诊意义的生物学指标，实验室的检查只能是排除其他器质性病因。精神分裂症的诊断需要病程至少持续存在 3 个月以上，有社会功能明显受损或缺乏现实检验能力（自知力丧失——否认自己有精神病），另外，在精神症状表现上至少有下述二项肯定存在：

（1）联想障碍：明显的思维松弛，逻辑倒错，或病理性象征思维，如讲话缺乏中心内容，对事物叙述不中肯，使人感到不易理解，将无关的几个词拼凑起来，赋予特殊意义，他人吐痰是指自己痰迷心窍等。

（2）妄想：原发性妄想或内容荒谬离奇，如认为自己的大脑受无线电波控制，房间里装上窃听器，被人跟踪，周围人都用异样眼光看着自己等等。

（3）情感障碍：不协调，淡漠或倒错，如自言自语，痴笑，喜怒无常等。

（4）幻听：听到有人评论自己的声音或命令、争论性幻听，感到自己的思维被大声地讲出来等。

（5）行为障碍：紧张症状群（木僵），或怪异的愚蠢行为。

（6）意志减退：孤独、退缩、生活懒散，不注意个人卫生，数日不理发、不洗澡等。

（7）被动体检：被控制感，思维被洞悉，思维被插入、被撤走或中断等。

一般主张精神分裂症患者早期发现，早期治疗，主要是使用抗精神病药（如氯丙嗪、维思通、氟哌啶醇、舒必利等）。需要注意的是长期坚持服药治疗，辅助一定的心理社会康复训练。

2. 双相情感障碍

双相情感障碍近年来在国外改称心境（mood）障碍，另一个名字是狂躁抑郁症，是情感性精神病的一种，病发时有狂躁和抑郁两种情感轮流替换。主要表现为情感的高涨（躁狂）或低落（抑郁），多数表现为抑郁，一部分表现为躁狂抑郁交替出现，少数只表现躁狂。本病以情感低落、思维迟缓和运动抑制为三大特征，并呈躁狂、抑郁交替发病。情感障碍严重者称为情感性精神病。

双向情感障碍的主要表现为：

（1）情绪高涨、易激惹或情绪低落，或呈双相性。

（2）情绪低落者，从轻度悲观到强烈自罪感。

（3）思考困难，缺少决断，缺乏兴趣。

（4）头痛，睡眠障碍，精力不足。

（5）焦虑，病情严重者可有运动迟滞、激动不安、疑病或被害妄想、厌食。

对心理症状的诊断，是一项专业性很强的工作，同学们最好不要盲目进行自我诊断。如果在校园内发现某人有异常的行为和言行，应该立即向老师报告。

第三节　大学生心理危机的识别与干预

一、什么是心理危机

心理危机是指危机事件带来的威胁和挑战超出了人们有效应对的能力范围，使人们内心的平衡被打破，从而引起混乱和不安。一般而言，危机（crisis）有两个含义，一是指突发事件，出乎人们意料发生的，如地震、水灾、空难、疾病爆发、恐怖袭击等；二是指人所处的紧急状态。当个体遭遇重大问题或变化发生使个体感到难以解决、难以把握时，正常的生活受到干扰，个人原有的一些方法无法去应对或者应对无效，内心的紧张不断积蓄，继而出现无所适从甚至思维和行为的紊乱，进入一种失衡状态。

当个体面对危机时会产生一系列的身心反应。危机反应主要表现在生理上、情绪上、认知上和行为上。生理方面：肠胃不适、腹泻、食欲下降、头痛、疲乏、失眠、做恶梦、容易惊吓、感觉呼吸困难或窒息、哽塞感、肌肉紧张等。情绪方面：常出现害怕、焦虑、恐惧、怀疑、不信任、沮丧、忧郁、悲伤、易怒，绝望、无助、麻木、否认、孤独、紧张、不安，愤怒、烦躁、自责、过分敏感或警觉、无法放松、持续担忧等。认知方面：常出现注意力不集中、缺乏自信、无法做决定，健忘、效能降低、不能把思想从危机事件上转移等。行为方面：害怕见人、暴饮暴食、容易自责或怪罪他人、不易信任他人等。

某一事件是否会成为危机，有三个影响因素：

第一，有无重大的影响心理的事件，个体对事件发生的意义以及事件对自己将来的影响的评价；第二，个体是否拥有一个能够为自己提供帮助的社会支持系统；第三，个体是否获得有效的应对机制，也就是个体能否从过去经验中获得解决问题的有效方法，如哭泣、愤怒、向他人倾诉等。由于个体在这三个方面可能存在着较大的差异，因此，相同的事件对每个人不一定都构成危机。

二、如何正确看待心理危机

谈到心理危机，我们很容易想到这是一件坏事，就用负面的眼光来看待，其实不然。心理危机意味着危险与机遇并存。一方面，心理危机是危险的，因为它可能导致个体严重的病态，包括杀人和自杀。另一方面，危机也是一种机会，因为它带来的痛苦会迫使危机面临者寻求帮助。如果危机面临者能够利用这一机会，则危机干预能够帮助个体成长和自我实现。心理危机孕育着成长和变化的机缘。在伴随心理危机的不平衡中，焦虑情绪总是存在的，这种情绪导致的不舒服为成长和变化提供了动力。

三、如何识别大学生心理危机

从宏观方面来说，大学生心理障碍、生理疾患、学习和就业压力、情感挫折、自我期望值过高、在学习上遇到挫折、经济压力、家庭变故以及周边生活环境等诸多因素，会导致心理危机发生。抑郁心理、孤僻性格、自卑心理、抑郁症、精神分裂等精神疾病，是引起心理危机、导致自杀等极端行为的主要原因。

从微观方面来看，识别大学生个体心理危机可以从以下几个方面来判断：

（1）心理学认为，情绪是指个体需要是否得到满足的反应，需要是情绪的基础。当需要满足时就会产生积极的情绪体验，反之，就会产生消极的情绪体验。良好的情绪是心理健康的重要标准之一，不良的情绪体验是心理发生问题的主要因素。异常情绪包括：抑郁、焦虑、淡漠、躁狂等。大学生的情绪突然改变、明显不同于往常，出现不良情绪反应，如：情绪低落、悲观失望、焦虑不安，无故哭泣、意识范围变窄、忧郁苦闷、烦恼或喜怒无常、自我评价丧失、自制力减弱等消极情绪时，就有发生心理危机的可能。恶劣的情绪也是判定个体发生抑郁症的重要临床表象。

（2）正常的行为活动是一个人心理健康的重要表现之一。当个体大学生出现行为异常，如：饮食、睡眠出现反常、个人卫生习惯变坏、不讲究修饰、自制力丧失、不能调控自我、孤僻独行等非常态行为时，就要注意是否有心理危机问题了。行为异常也是判定个体发生抑郁症的重要条件之一。行为变化也与情绪变化密切相关，不良的情绪必然导致行为的反常变化。

（3）学习兴趣下降，如上课无故缺席，常迟到早退，成绩陡然下降，根本无法进行正常的学习和听课。心理学认为，正常、有效、良好的学习能力是个体心理健康的前提和标准。当个体在智力正常的情况下突然丧失了学习这一功能时，就说明是心理状态发生了问题。

（4）丢弃或损坏个人平时十分喜爱的物品。这也是十分典型的识别根据，如果个体大学生不能正常有序的学习和生活，把自己平时很喜欢的东西随意丢弃或毁坏等，这意味着不正常的心理行为发生了。

(5) 自杀意图的流露。如谈论自己的死或与死有关的问题，或写下遗嘱之类的东西。有的甚至已经试图采取过某些手段企图自杀。

四、大学生心理危机的种类

青少年所处的年龄阶段是危机经常发生的阶段，因为青年期是从稳定的儿童期走向稳定的成年期的过渡。大学生是青年中的一部分，大学生会面临很多危机。

(1) 发展性危机。是指在正常成长和发展过程中，急剧的变化或转变所导致的异常心理反应。因为我们在发展的转变、过渡阶段所遇到的很多问题是前所未有的，随着自己的慢慢长大，会有很多新的经验，面对这些发展性的危机。

(2) 境遇性危机。是指遇到了个人无法预测和控制的危及生存的事件，因此造成了心理失衡、及至解体的状态。比如学业不良，考试不及格，研究生没考上，恋爱失败等是大学生活中比较常见的一些危机事件。

(3) 存在性危机。存在性危机是指一些人生中的重要事件出现问题，而导致的个人内心的冲突和焦虑，是伴随重要的人生目的、人生责任和未来发展等内部压力的危机。一个人活在世上，一定会去考虑生命、死亡，探索人生，探索自己发展，探索自己存在的意义和价值，这种思考肯定会有很多的困扰。

五、心理危机的特征

(1) 突发性。危机常常是出人意料、突如其来的，具有不可控制性。

(2) 紧急性。危机的出现如同急性疾病的爆发一样具有紧急的特征，它需要人们去紧急应对。

(3) 痛苦性。危机在事前事后给人带来的体验都是痛苦的，而且还可能涉及人尊严的丧失。

(4) 无助性。危机的降临，常常使人觉得无所适从，而且，危机使得人们未来的计划受到威胁和破坏。由于心理自助能力差、社会心理支持系统不完善，危机常常使个体感到无助。

(5) 危险性。危机之中隐含着危险，这种危险可能影响到人们的正常生活与交往，严重的还可能危及自己和他人的生命。

六、哪些时间段容易出现心理危机?

(1) 新生入学后；

(2) 期末大考（补考、其他重要考试）前；

(3) 成绩下达时；

(4) 评优选干前后、受到惩处（考试作弊被抓或严重错误被发现后）；

(5) 突发事件发生（或遭遇重大变故）后；

(6) 严重冲突发生后；

(7) 与学生密切相关重要政策（规定）出台后；

（8）求职择业期间、毕业前夕。

七、何类人群易有自杀倾向

研究表明，中国每年有 28.7 万人自杀，250 万至 500 万人自杀未遂。自杀主要集中在 15～34 岁的人群，大学生的年龄一般在 17～25 岁左右，是自杀的高危人群之一。

自杀分为情绪性自杀和理性自杀两类。情绪性自杀是由于爆发性的情绪引起，如委屈、悔恨、内疚、羞愧、烦躁和赌气等情绪状态引起。此类自杀进程比较迅速、发展期短，甚至呈现刹那的冲动而发生，这种类型只能当场进行阻止。理智性自杀是由于自身经过人生的评价和体验，进行了充分的判断和推理后，逐渐萌发自杀的意向，并且有目的有计划地选择自杀措施。这类自杀的进程比较缓慢，发展期长，可以在发展期间发现和识别。

1. 疾病因素

（1）抑郁。抑郁症状及自我封闭同时出现被称为青少年自杀的前兆。许多调查表明四分之三的自杀青少年有多项抑郁症状，许多患有严重抑郁症。患抑郁症的女孩通常表现为退缩，沉默，沮丧及不活动。男孩有毁灭性及攻击性行为的趋势，攻击性通常导致孤独，孤独也是诱发自杀的危险因素之一。

（2）焦虑。研究表明，焦虑的症状与自杀行为是有关系的。男性自杀未遂与焦虑症状明显相关，而女性相关性则不明显。

（3）精神疾病。虽然较少青少年患严重精神疾病，如精神分裂症和狂躁抑郁症，但青少年若患有重症精神病其自杀危险性较高。

（4）长期慢性疾病。身体出现障碍或残疾，通过医治不能有效控制或减轻痛苦。

2. 家庭因素

（1）父母有暴力倾向。很多青少年自杀者来自有暴力倾向的家庭，其父母教养子女模式较苛刻，常用暴力的管教方法，儿女幼小时常受虐待。

（2）家庭出现危机。自杀者的家庭出现危机，这危机虽然不以自杀者为中心，却会影响全家。例如：兄弟姊妹中有人患病，令父母全神贯注病者身上，因而减少对自杀者的责任及关怀；家庭贫困、经济负担重。

3. 性格因素

（1）外控个性。有学者曾对一百个自杀及非自杀青少年进行研究，结果显示自杀性青少年除了对将来没有期望外，他们的外控个性显著高于非自杀青少年。自杀危险度高的青少年相信一切事物成败都是受外在力量（如家人、师长、运气）所控制，所以他们便不会设法去克服面对的困难。

（2）个性冲动。绝大部分青少年自杀均属于一时鲁莽的行为。有学者认为青少年企图自杀者的个性多属十分冲动，他们自制力甚低，其自杀多未经缜密考虑而决定。这种个性可能受家庭内处理冲突的方法所影响。

（3）解决困难能力较弱。很多研究显示自杀者解决问题的能力颇弱，甚至较其他精神病人更差。这现象在幼童、青少年及成人中均有发现。相对于正常组别，自杀危险度高的青少年在面对困难时，不但未能思考不同的方法来解决问题，而且对他人的建议，却有诸多挑剔及不满。自杀危险度高的青少年，在处理问题时一成不变，缺弹性，较倾向孤立自己，或以药物及毒品麻醉逃避。性格过于内向、孤僻、深感自卑，严重环境适应不良，过于敏感多疑、易于紧张焦虑、缺乏社会支持。

4. 其他因素

（1）侵犯或冲突。自杀者感到被侵犯或有一个无法解决的冲突。例如：自杀者成绩平凡，但家长坚持要老师安排转读名校；自杀者虽然极喜欢就读原校，但转校的决定无法改变。

（2）学业欠佳。自杀者很多因家庭及情绪等问题而无心学习，就业情况也甚差，而且有颇多滥用药物或毒品者。不过，值得留意的是，学业成绩欠佳或失业与自杀并无直接因果关系。学生的学业成绩或就业情况，只是反映学生的个人性格、成长状况及家庭成员的亲密和互相支持程度。若家庭内关系紧张及个人性格成长受阻，学生的学习或以后的就业也自然出现问题，最后也可能因某一次较严重危机的出现而导致自杀。

（3）自杀未遂史。无论有无上述症状，曾有一次或多次自杀未遂史都是重要的自杀危险因素。近期负性生活事件也是自杀行为的重要诱因。

八、如何识别自杀的先兆与信号？

对于大多数经受心理的巨大痛苦而想自杀的人来说，自杀前常常会出现以下的一些迹象：

1. 言语上的征兆：

（1）直接对人说："我想死"，"我不想活了"；

（2）间接向人说："我所有的问题马上就要结束了"，"现在没有人可以帮助我"，"没有我，他们会过得更好"，"我再也受不了了"，"我的生活毫无意义"；

（3）谈论与自杀有关的事或开自杀方面的玩笑；

（4）谈论自杀计划，包括自杀方法、日期和地点；

（5）流露出无望或无助的心情或对这个世界感到气愤；

（6）突然与亲友告别；

（7）谈论一些易获得的自杀工具。

2. 行为上的征兆：

（1）出现突然的、明显的行为改变（如中断与他人的交往或出现很危险的行为）；

（2）抑郁的表现；

（3）将自己珍贵的东西送人；

（4）频繁出现意外事故；

（5）饮酒或吸毒的量增加；

（6）抓伤或划伤身体，或者其他自伤行为；

此外，以下的行为线索也很重要，包括：退缩和独处明显增加；出现失眠且很持久；食欲不振；工作或学习成绩下降；自卑感和羞耻感等。

3. 自杀预兆还包括：

（1）自己想死的念头对周围的人诉说或在日记、绘画中表现出来，将死亡或抑郁作为谈话、写作、阅读内容或艺术作品的主题；

(2) 情绪性格明显反常，焦虑不安，无故哭泣；

(3) 抑郁状态，食欲不好，失眠；

(4) 个人卫生习惯的改变（肮脏）；

(5) 回避与人接触，与集体不融洽或过分注意别人；

(6) 行为明显改变，对生活麻木冷漠的人，像突然变了一个人，敏感又热情；

(7) 有条理地安排后事，无故送东西、送礼物给亲人或同学，无理由地向他人道谢或致歉；

(8) 对学习失去兴趣，上课无故缺席，迟到早退，成绩骤降，慢性逃避或拖拖拉拉，或者出走；

(9) 最近有朋友或家人死亡或自杀，或其他丧失（如由于父母离婚失去父亲或母亲）；

(10) 突然的性格改变、反常的中断、攻击性或闷闷不乐，或者新近从事高危险性的活动；

(11) 躯体症状，如进食障碍，失眠或睡眠过多，慢性头痛或胃痛，月经不规律，无动于衷；

(12) 存在明显的攻击性行为或暴力倾向，或其他可能对自身、他人、社会造成危害者；

(13) 遭遇突发事件（如家庭重大变故、遭遇性危机、受到自然或社会意外刺激、恐怖刺激、学习压力、就业压力过大、人际冲突、个人感情受挫、违纪违法等）；

(14) 由于身边的同学出现个人危机状况而受到影响，诱发自己的恶劣心境，产生恐慌、担心、焦虑、困扰。

九、如何有效帮助处在危机状态的人

(1) 事先应知道他们可能会拒绝你要提供的帮助，有心理危机的人有时不愿意承认他们无法处理自己的问题，他们拒绝你的帮助不是针对你本人。

(2) 向他们表达你的关心，询问他们目前面临的困难以及困难给他们带来的影响，鼓励他们向你或其他值得信任的人谈心。

(3) 多倾听，少说话，给他们一定的时间说出内心的感受和担忧，不要给出劝告，也不要感到有责任找出一些解决办法。

(4) 要有耐心，不要因为他们不容易交流就轻言放弃，允许谈话中出现沉默，有时重要的信息会在沉默之后出现。

(5) 不要担心他们会出现强烈的情感反应，情感爆发或哭泣会利于他们的情感得到释放。

(6) 保持冷静，要接纳，不做评判，也不要试图说服他们改变自己内心的感受。

(7) 对他们说实话，如果他们的话或行为吓着你了，直接告诉他们；如果你感到担忧或不知道该做些什么，也直接向他们说，不要假装没事或假装愉快。

(8) 相信他们所说的话，任何自杀迹象均应认真对待，不论他们用什么方式流露。

（9）不要答应对他的自杀想法给予保密。

（10）如有自杀的风险，要尽量取得他人的帮助以便与你共同承担帮助他的责任。

（11）让他们相信别人是可以给予帮助的，并鼓励他们寻求他人的帮助和支持；如果你认为他们需要精神科专业的帮助，向他们提供转介信息。

（12）如果他们对寻求精神科恐惧或担忧，应花时间倾听他们的担心，告诉他们大多数处于这种情况的人需要专业帮助，解释你建议他们见专业人员不是因为你对他们的事情不关心。

（13）如果你认为他即刻自杀的危险很高，要立即采取措施：不要让他独处；去除自杀的危险物品，或将他转移至安全的地方；陪他去精神心理卫生机构寻求专业人员的帮助。

（14）给予希望，让他们知道面临的困境能够有所改变。

（15）在结束谈话时，要鼓励他们再次与你讨论相关的问题，并且要让他们知道你愿意继续帮助他们。

（16）如果自杀行为已经发生，立即联系医疗机构和校园保卫机构。

十、对自杀问题的错误看法主要有哪些？

人们对自杀这种行为所持的态度和认识差别很大，其中有一些错误的观念，若不加以纠正，对自杀预防不利。

（1）自杀无规律可寻。自杀事件常常带有突发性，一旦发生，周围的人常感意外诧异。其实大部分自杀者都曾有过明显的直接或间接的求助信息，他们在决定自杀前会因为内心的痛苦和犹豫而发出种种信号。

（2）宣称自杀的人不会自杀。当有些人向他人透露自己会自杀，尤其当用语带有恐吓成分时，他人以为他不过是说说而已，真正想死的人是不会把自己打算告诉别人的。研究表明，50%的自杀企图者在自杀前曾向他人谈论过自杀，这种人很可能会有自杀的举动，必须高度重视。

（3）一般人不会有自杀念头。很多人以为一般人不会有自杀念头，但是国内外研究结果显示，30%～50%的成年人都曾有过一次或多次自杀念头。对于性格健康，家庭关系好的人，自杀意念可能只是一闪而过，很少发展为真正的自杀行动；而性格或精神卫生状况存在问题的人在缺乏社会支持时，自杀念头有可能转变为自杀的行为。

（4）所有自杀的人都是精神异常者。有人认为只有精神病患者才自杀，但事实证明，自杀的人大多不是精神病人，只有20%的自杀者是抑郁症或精神分裂症，大多数自杀者是正常人。

（5）自杀危机改善后就不会再有问题：有自杀企图的人经过危机干预状态改善后，情绪会好转，周围的人常常会误以为自杀危险性减低了，而放松防范措施。自杀危机改善后，至少在3个月内还有再度自杀的可能，尤其是抑郁病人在症状好转时最有危险性。

（6）对有自杀危险的人不能提及自杀。很多人担心，对那些有情绪困扰的人，有自杀意念的人，主动谈及自杀会加重他们的自杀动机；实际上受自杀困扰的人往往愿意别人与他倾谈，听他述说对自杀的感受，如果故意避开不谈，反而会因被困扰的情绪无从分解而加重情绪问题。

(7) 学业问题是青少年学生自杀的主要原因。不少人认为青少年正处在求学阶段，学业问题的困扰是导致青少年学生自杀的主要原因；但学者们研究发现，50% 以上青少年自杀者的自杀原因涉及与父母的关系，其次是男女感情，然后是学校问题。

(8) 自杀是一种不合理的行为。事实上从自杀者的角度看，几乎所有采取自杀行动的人都有充足的理由。

(9) 想要自杀的人是真的想死。事实上很多人并不想死，他们只是想要逃离那个令人无法忍受的境遇，大部分曾经想过要自杀的人现在都很高兴他们还活着。他们说当时他们并不想要结束自己的生命，他们只是想终止自己的痛苦。

(10) 自杀发生在家族中，具有一定的遗传倾向。事实上自杀倾向没有遗传性，它是习得的或者是情境性的。

(11) 想过一次自杀，就会总是想自杀。事实上大部分人只是在他一生中的某个时候产生自杀企图，在这段时间里，他们要么克服这种想法，要么寻求帮助，要么死亡。如果他们自己能够从短时的威胁中恢复过来，学会适应与控制，就会使自己的生活丰富多彩。

(12) 自杀总是一种冲动行为。事实上有些自杀是冲动行为，另一些则是在仔细考虑之后才实行的。

十一、心理危机的结果

第一种是顺利度过危机，并学会了处理危机的方法策略，提高了心理健康水平；

第二种是度过了危机但留下心理创伤，影响今后的社会适应；

第三种是经不住强烈的刺激而自伤自毁；

第四种是未能度过危机而出现严重心理障碍。

复习思考题

1. 从出生到现在，你经历了那些重大生活事件以及你是如何应对的？这些事情对你的影响？

2. 你想选择怎样的生活度过自己的一生？

课后补充

1. 活动：如果生命只有三天了，我该如何度过？

目的：让学生体会到生命的宝贵和意义，珍惜生命

准备：白纸、笔

2. 我的墓志铭

当我的生命只剩下最后 3 个月，我最想做的 10 件事情是：

请在小组内与组员交流你完成以上作业时的感受。

3. 节选自《曾奇峰写给女儿的一封信》

感谢女儿

亲爱的小人：

之所以叫你“小人”，有两个原因。一是我第一次看见你的时候，你的确很小啊，胳膊腿细得像我的手指；二是“小人”这个词稍带贬义，就算是对你有时候调皮而我又对你没什么办法的一种“报复”吧。

首先我想对你说抱歉，因为我们没有征得你的同意，就让你来到了这个世界上。也许你觉得好笑，你都没有出生，怎么可能征求你的意见呢？但爸爸这样说是认真的，人生有很多自己做不了主的事情，出生就是最开始的那一件，死亡是最后的那一件。当然，不仅仅是你，我们周围所有的人，都是这样莫名其妙地来到这个世界上，后来又不得已才离开的。

爸爸和妈妈也是这样来到这个世界上。我们在生活了二三十年后，觉得这个世界还不错，就决定让你也来看看。所谓不错的意思，就是这个世界有很多有趣的地方，但它却并不完美，还有很多不那么好的、甚至丑恶的地方。甚至有一些人认为，人生不如意的事情占十分之八或者九，这真的是很大的比例了。当然，有更多的人认为，人生的大部分是很美好的。不论你以后怎么看待生活，爸爸都想跟你定一个“君子协定”：如果你觉得这个世界精彩又好玩，你不必谢谢我们；如果你觉得人生痛苦又无趣，你也不责怪我们，好吗?

你的出生，是我一生中最重要的事情。从此我升级为爸爸，这可是一个人一生中最大的“升迁”。8年来，你一直都在教我怎么做一个好的爸爸，你教得很好，我呢，也在不断地努力学习着。你出生之前，爸爸只是做着你奶奶的儿子，无止无休地接受着奶奶的爱，而没有学会怎么给予爱。爸爸想告诉你，学习爱和被爱，是人生最重要的功课。有了你之后，爸爸才学会了怎么给予爱。

你以前是那么的弱小，而你以你的弱小衬托了我的强大。在你感到害怕搂着我的时候，在你让我为你打开矿泉水瓶盖的时候，从你无比欣赏和崇拜的眼神里，我感受到了自己的价值和能力，我觉得这是这个世界上最真诚的信任和赞美呢。爸爸从你那里得到的荣誉和鼓舞，远远地超过了从其他方面得到的。

爸爸是别人的心理医生，而你却是爸爸的心理医生。在爸爸的内心变得不那么宁静的时候，你的纯真灿烂的笑容可以很快让我从心灵的泥潭中走出来，变得跟你一样轻松和快乐。

你的出生，还延伸了我的生物学存在，使记忆了我的信息的基因可以在这个星球上持续地存在下去。人来到这个世界上，迟早都会离去的，但因为你，爸爸即使离开了，却还有一些东西留着，这会让爸爸觉得很安心很自豪呢。你还让我学会了爱自己，不以自己的牺牲来换取对你的控制的权利。没有人天生就是好父母，任何人都必须向自己的孩子学习，才能慢慢地变成好父母的。所以孩子应该是父母的老师啊。

我永远都不会跟你谈孝顺爸爸妈妈的事。因为我觉得，如果在你小时候我们对你很好的话，我们老了你自然会对我们好的；我不想把这样自然而然的事情，当成伦理道德的压力施加给你。就像我会自然而然享受美食，而不必总是给自己强调，不吃饭就会死去一样。自然的力量是很强大的，把孩子对父母的自然的爱，硬性规定成一个道德准则，是大家犯的一个最为愚蠢的错误。我甚至不会对你说将来要对你的公公婆婆好，因为我知道，一个心中有自然而然的爱的情感的人，也会自然而然地爱她的爱人的亲人。这样的爱，可以给你幸福，也可以使跟你有关的人幸福。

人生美好的地方之一是，你经常需要做出选择，而且，你事先并不知道，你的选择是不是最好的。这样的有点“冒险”的感觉，会极大地增加活着的乐趣。亲爱的小人，作为爸爸，我会极大限度地让你享受选择的快乐。现在你已经8岁，只要在起码的、必须强制执行的规范内（比如法律和基本礼貌），你愿意的事情，我都只提建议、提供选择的可能性，最后都让你自己做出决定。而且我坚信，你会做出对你最有利的决定的。在你18岁以后，我建议的话都会更少说了。当然，如果你主动征求我的意见，那你要我说多少，我就说多少。人生在世，如果重大事情都是别人——哪怕是父母——说了算的，那活着还有什么乐趣？的确，每个人的选择都有错的可能，但是，自己的错误选择，不管怎样都比别人代替自己做出的正确选择要好。就像下棋一样，你旁边站着一个世界冠军，他不断地指挥你下棋，他的指挥绝大多数都比你高明，但是，你如果都听了他的，那你不过是他的傀儡罢了，你下棋还有什么意思？所以别理他，听自己的，是输是赢已经变得不重要，重要的是——这是我自己在下棋！

选择之后，就要承担选择的后果了。如果选择正确，享受成功的快乐，应该没有什么问题。但另一种可能是要承受失败的痛苦和压力。其实这也没什么，人生如果只有成功和喜悦，那也会很无趣的。人生的真正快乐，多半来自于一些具有较大反差的情感体验，任何单一的情感体验，都会使人生这场筵席变得低廉和乏味。请记住，爸爸会祝你成功快乐；但是，如果你的选择错了、失败了，爸爸永远都在那个可以让你休息和疗伤的地方等着你，你愿意修养多久就多久。等你重新振作起来的时候，再鼓励你上路。爸爸决不会在你遭受挫折后的任何时候趁火打劫说：当初你要是听爸爸的，就不会有今天这样的状况了。爸爸既然已经准备好分享你的成功和幸福，也就同时做好了分担你的失败和悲伤的打算。好朋友都会这样做的，何况我是爸爸呢？

人生最大的选择，也就两个：事业和婚姻。其他的选择，都是围绕着这两个核心展开的。亲爱的小人，到了你选择专业方向的时候，你已经都成年了。爸爸会基于对你本人和对各个专业的了解，对你提出建议，最后让你选择自己最喜欢的。一个人一辈子最幸福的事情，莫过于做一件自己爱做的事情，并且还可以通过这件事养活自己和获得荣誉了。我可不愿意你错过这样的幸福而代替你做出决定。爸爸现在就是因为从事着自己喜欢的职业而幸福着，因为爸爸现在的职业，就是爸爸自己完全根据自己的喜好选择的。告诉你啊，这个职业虽然很辛苦，但爸爸一直都很高兴地工作着呢。

婚姻是个人生活方面最重要的事情。到你谈婚论嫁的时候，已经比决定专业方向的时候更晚了，你也更加成熟了，所以爸爸应该更少说话了。跟专业选择相比，你的婚姻更加应该由你自己决定。从人生的大背景来说，爱情和婚姻，是人投注情感最多的地方，所以也是最有趣的地方。如果这件事都是被人幕后指挥决定的，那人生还有什么有趣的事情啊？一个人活着的价值，就在于自己可以做出选择啊。

在你人生的所有重大选择上，爸爸都是最热情的观众。爸爸要再次谢谢你，在爸爸的下半生，你会演出如此吸引我注意力的戏剧给我看，这会使我远离孤独和无聊，而且在我的今生今世就已经延伸了我的生命。所以爸爸觉得，养儿养女，不是为了防老，而是为了观看自己的一部分，活得比自己更丰富、更精彩。

——摘自《广州日报》

中国大学生心理测评量表（1）

A 问 卷

请你仔细阅读每个题目，用“是”或“否”来回答，根据自己的选择将相应的方框画勾（√），当你的答案不很确定时，也必须作出选择。完成以后请你检查一遍，以保证没有遗漏。（请将选项填写在答题卡中，1～74 题，“是”选项在答题卡中涂为“1”，“否”涂为“2”）

1. 你是否有时在看电视或报纸时发现其中的内容对你有特殊的意义？ 1 是□ 2 否□
2. 有时我会避免到人多的地方，因为那里会让我感到焦虑。 1 是□ 2 否□
3. 你感到过超自然的力量吗？ 1 是□ 2 否□
4. 你曾经把物体或阴影误认为人，或把噪音听成人说话的声音吗？ 1 是□ 2 否□
5. 别人认为我有一点古怪。 1 是□ 2 否□
6. 我对了解别人不感兴趣。 1 是□ 2 否□
7. 人们有时会觉得我说的话难以理解。 1 是□ 2 否□
8. 人们有时会觉得我很冷淡和难以接近。 1 是□ 2 否□
9. 我肯定别人在我背后议论我。 1 是□ 2 否□
10. 当我在外面吃饭或看电影时，我感到别人在注意我。 1 是□ 2 否□
11. 当必须与别人进行正式交谈时，我感到非常紧张。 1 是□ 2 否□
12. 你相信心灵感应吗？ 1 是□ 2 否□
13. 你是否感到有一些人或力量，即使当你看不到时他们也会在你周围。 1 是□ 2 否□
14. 人们有时会议论我不同寻常的行为或习惯。 1 是□ 2 否□
15. 我宁愿独处。 1 是□ 2 否□
16. 有时说话时我会很快从一个主题跳到另一个。 1 是□ 2 否□
17. 我觉得很难将自己真正的感受用言谈表达出来。 1 是□ 2 否□
18. 你常觉得其他人做事是针对你的吗？ 1 是□ 2 否□
19. 别人会给你暗示或一语双关吗？ 1 是□ 2 否□
20. 当别人走在你身后，你会感到紧张吗？ 1 是□ 2 否□
21. 你确定别人有时会说出你正在想的事情吗？ 1 是□ 2 否□
22. 当你看别人或镜中的自己时，是否感到眼前的面部变形了？ 1 是□ 2 否□
23. 有时别人会认为我有一点奇怪。 1 是□ 2 否□

24. 与别人在一起时，大多数时间我都不说话。 1 是□ 2 否□
25. 有时我会忘记想要说什么。 1 是□ 2 否□
26. 我很少大笑或微笑。 1 是□ 2 否□
27. 你有时会认为朋友或合作者不忠实或难以相信吗？ 1 是□ 2 否□
28. 你感到过一件普通的事情或物体对你来说似乎有特殊的意义吗？ 1 是□ 2 否□
29. 与人第一次相见时我会觉得紧张。 1 是□ 2 否□
30. 你相信能够预测未来吗？（如算命） 1 是□ 2 否□
31. 我常常听到一个声音说出我的想法。 1 是□ 2 否□
32. 人们有时会认为我是一个非常奇怪的人。 1 是□ 2 否□
33. 我觉得在感情上难以与人接近。 1 是□ 2 否□
34. 交谈时我常说太多无关的话题。 1 是□ 2 否□
35. 我很缺乏非言语的交流方式（如在“是与否”的谈话中用微笑或点头来表示）。 1 是□ 2 否□
36. 即使与朋友在一起时我也心存戒备。 1 是□ 2 否□
37. 你有时会觉得广告、橱窗或周围其他事是针对你的吗？ 1 是□ 2 否□
38. 当处在一群不熟悉的人中，你是否常觉得紧张？ 1 是□ 2 否□
39. 有人即使不在你身边也能感到你的感受吗？ 1 是□ 2 否□
40. 你能看到别人看不到的东西吗？ 1 是□ 2 否□
41. 除了你的近亲之外，你觉得无人可信赖吗？ 1 是□ 2 否□
42. 交谈中有人会觉得我讲话有一点含混，难掌握重点。 1 是□ 2 否□
43. 在社交中我的礼仪和姿态反应很差。 1 是□ 2 否□
44. 你常感到潜在的威胁，或感到别人的言行使你受到奚落吗？ 1 是□ 2 否□
45. 上街买东西时你是否感到别人在注意你？ 1 是□ 2 否□
46. 社交中与不熟悉的人在一起我感到很不舒服。 1 是□ 2 否□
47. 你有过占星术、未来预测、看见飞碟、有过超感觉能力或第六感觉的体验吗？ 1 是□ 2 否□
48. 你会感到日常的东西不同寻常的过大或过小吗？ 1 是□ 2 否□
49. 写信给朋友是一件很麻烦的事情，不值得一做。 1 是□ 2 否□
50. 我有时会以不同寻常的方式使用字。 1 是□ 2 否□
51. 当与人交谈时，我避免与人有眼神接触。 1 是□ 2 否□
52. 你是否觉得最好不要让别人了解你太多？ 1 是□ 2 否□
53. 当别人交谈时，你是否经常想知道他们是否在谈论你？ 1 是□ 2 否□
54. 如果要在许多人面前讲话，我会感到非常焦虑。 1 是□ 2 否□
55. 你是否感到过你与其他人是通过心灵感应交流的？ 1 是□ 2 否□
56. 你的嗅觉是否有时会变得异乎寻常的敏感。 1 是□ 2 否□
57. 我不愿在社交场合出风头。 1 是□ 2 否□
58. 谈话中你很容易离题吗？ 1 是□ 2 否□

59. 我经常感到别人是故意针对我的。 1 是□ 2 否□
60. 你有时会觉得其他人正在看你吗？ 1 是□ 2 否□
61. 你是否会突然被很远的声音干扰，而这个声音是你平时没注意到的？
1 是□ 2 否□
62. 我认为有无亲密朋友不重要。 1 是□ 2 否□
63. 你有时会认为别人在议论你吗？ 1 是□ 2 否□
64. 有时你的想法会非常强烈以至于你几乎能够听到它。 1 是□ 2 否□
65. 你经常会防备别人利用你吗？ 1 是□ 2 否□
66. 你感到你很难与人亲近吗？ 1 是□ 2 否□
67. 我是一个非常古怪的，不同寻常的人。 1 是□ 2 否□
68. 我说话的方式不清晰生动。 1 是□ 2 否□
69. 我发现很难将我想说的话清晰地表达出来。 1 是□ 2 否□
70. 我有一些非常奇怪的习惯。 1 是□ 2 否□
71. 我与不熟悉的人交谈非常困难。 1 是□ 2 否□
72. 人们有时会认为我的话难以理解。 1 是□ 2 否□
73. 我不愿与人交流。 1 是□ 2 否□
74. 人们有时会因为我奇怪的外表而盯着我看。 1 是□ 2 否□

B 问 卷

以下的问卷有二十二题以四句为一组的叙述。请细读每一组叙述，然后在组内选出一句最能形容你在过去一星期，包括今天的感受。请圈上句子旁的数字以表示你的选择。请读完每组四句才进行这一组叙述的选择。（请将结果填写在答题卡中，75 ~ 96 题）

75.（1）我不感到悲哀。
（2）我感到悲哀。
（3）我常常悲哀，而我又不能很快改变心情。
（4）我的悲哀和不快乐难以忍受。

76.（1）我对将来并不特别感到沮丧。
（2）我对将来感到沮丧。
（3）我感到我没有什么可以期待的。
（4）我感到将来是无望的，而且情形不会好转。

77.（1）我不感到我是失败者。
（2）我感到我比一般人更失败。
（3）当我回顾一生，我可见的是很多的失败。
（4）我感到我是一个完全失败的人。

78.（1）我和以往一样从各方面得到满足。
（2）我不像以往一样能够享受事物的乐趣。

（3）我不能从任何事物得到真正的满足。
（4）所有事物都使我感到厌烦和不满。

79.（1）我不特别感到罪咎。
（2）有很多时间我感到罪咎。
（3）大部分时间我感到罪咎。
（4）任何时间我都感到罪咎。

80.（1）我不感到我正在被罚。
（2）我感到我会被罚。
（3）我预料我会被罚。
（4）我感到我正在被罚。

81.（1）我对自己不感到失望。
（2）我对自己失望。
（3）我讨厌自己。
（4）我憎恨自己。

82.（1）我不感到我比别人差。
（2）我批评自己的弱点和错误。
（3）我常常责备自己犯错。
（4）我因一切发生的坏事而责备自己。

83.（1）我没有自杀的念头。
（2）我有自杀的念头，不过我不会实行。
（3）我想自杀。
（4）如果我有机会，我会自杀。

84.（1）我没有比平常更多哭泣。
（2）现在我比以往更多哭泣。
（3）现在我常常哭泣。
（4）以往我还能哭泣，不过现在哭泣也不能了。

85.（1）我不比以前容易被激怒。
（2）我比平常较易被烦扰或激怒。
（3）现在我常常容易被激怒。
（4）以往能激怒我的事物再也不能激怒我了。

86.（1）对其他人，我没有失去兴趣。
（2）对其他人，我比以前有较少兴趣。
（3）对其他人，我已失去大部分兴趣。
（4）对其他人，我已失去全部兴趣。

87.（1）我和以前一样能作决定。
（2）我和以前比较，会延迟作决定。
（3）我比以前有更大困难去下决定。
（4）我再不能作任何决定。

88.（1）我不感到我的外表比以前差。
（2）我担心我看起来是老了或是已没有吸引力。
（3）我感到我的外貌有长久的改变，使我看来没有吸引力。
（4）我相信我看来丑陋。
89.（1）我能和以往一样做事。
（2）我需要更费力才能开始做一些事。
（3）我需要强烈驱策自己才能做任何事。
（4）我不能做任何事。
90.（1）我能和平常一样睡觉。
（2）我睡得不如以往好。
（3）我比平常早醒一至二小时，以后又难以再入睡。
（4）我比平常早醒数小时，而以后又不能再入睡。
91.（1）我不比平常容易感到疲倦。
（2）我比以往容易感到疲倦。
（3）几乎做任何事都能使我感到疲倦。
（4）我太疲倦，不能做任何事。
92.（1）我食欲不比平常差。
（2）我食欲不如以往好。
（3）现在我食欲比较差。
（4）我不再有任何食欲了。
93.（1）近来我的体重没有多大减低。（如果有减低的话）
（2）我的体重减了五斤以上。
（3）我的体重减了十斤以上。
（4）我的体重减了十五斤以上。
94. 我正在故意吃少些以减低体重。 1是 2否
（在答题卡上填涂时，“是”涂为“1”，“否”涂为“2”）
95.（1）我没有比平常更多担心我的健康。
（2）我担心我的身体问题，如疼痛、胃不适，或便秘。
（3）我很担心我的身体问题，因而很难去想其他的事。
（4）我很担心我的身体问题，因而不能去想任何其他的事。
96.（1）我没有注意我对性的兴趣在最近有任何改变。
（2）我对性的兴趣比以往减少。
（3）现在我对性的兴趣已减少很多。
（4）我对性已完全没有兴趣了。

中国大学生心理测评量表（2）

指导语：以下列出了一些人可能会有的问题（共104条），请仔细阅读每一条，然后根据自己最近一个月的实际感觉，选择最符合您的一种情况，并在答题卡的相应位置上用2B铅笔涂好（具体突发见答题卡说明）。

其中："没有"涂［1］，"偶尔"涂［2］，"有时"涂［3］，"经常"涂［4］，"总是"涂［5］。

非常感谢您的合作！

题号	题　目	没有［1］	偶尔［2］	有时［3］	经常［4］	总是［5］
1	头痛					
2	浑身软弱无力					
3	做事情必须反复检查					
4	不能容忍自己的缺点					
5	为做事达不到预定目标而烦恼					
6	不允许出现差错					
7	无法控制自己重复做某些事，如： 不停的检查门是否关好，不断地洗手					
8	头脑中有不必要的想法或字词盘旋					
9	感到手或脚沉重					
10	有困难时没人帮助，会无所适从					
11	做事不主动					
12	担心朋友会不理我					
13	不得不独立做某事的时候，仍希望有人帮助					
14	觉得很多事情自己处理不好					
15	没有别人的安排，不知道该做什么					
16	如果老师不布置任务，便不知道该干什么					
17	怕承担事情的后果					
18	明知是小事，还是会发火					
19	拾到钱或物占为己有					
20	对讨厌的人进行直接的攻击					

续表

题号	题　目	没有[1]	偶尔[2]	有时[3]	经常[4]	总是[5]
21	突发奇想地行事					
22	忍不住伤害令自己不满的人					
23	不顾场合大发雷霆					
24	做事情不考虑后果					
25	莫名其妙地对别人发火					
26	怀疑自己有不治之症					
27	感到很少有人理解自己					
28	对性的向往有罪恶感					
29	违反交通规则					
30	听到别人听不到的声音或看到别人不能看到的东西					
31	手淫后有悔恨感或负罪感					
32	怀疑别人知道我内心的想法					
33	憎恨周围的人					
34	容易疲乏					
35	感到烦闷、坐立不安					
36	过于敏感					
37	容易紧张					
38	头晕					
39	想到坏得说不出口的事					
40	对将来感到恐惧					
41	感到任何事情都很困难					
42	对一些事情感到提心吊胆					
43	对他人大发脾气					
44	对学习没有兴趣					
45	嫉妒别人					
46	难以集中精力做事					
47	胸闷					
48	感到生活空虚、无趣					
49	占便宜					

续表

题号	题 目	没有[1]	偶尔[2]	有时[3]	经常[4]	总是[5]
50	感到自己没有价值					
51	处于高度警觉状态					
52	觉得自己缺乏吸引力					
53	猜疑别人会伤害我					
54	觉得自己是一个失败者					
55	恶心					
56	担心别人瞧不起自己					
57	自己的才能得不到发挥					
58	觉得自己总是给他人带来麻烦					
59	没有人真心关心我					
60	觉得自己无论怎么努力都不会成功					
61	怕别人注意					
62	骂人					
63	同异性相处时感到害羞					
64	参加聚会感到焦虑					
65	与权威人士谈话感到紧张					
66	有想摔打或破坏东西的冲动					
67	参加小组讨论感到紧张					
68	与陌生人见面就脸红					
69	呼吸有困难					
70	与他人争论不休					
71	沮丧、郁闷					
72	有想打人或伤害他人的冲动					
73	在人群中感到不自在					
74	容易激动					
75	当别人取得成绩时，很想打击他（她）一下					
76	嫉妒比自己幸运的人					
77	觉得别人爱出风头					
78	感到一阵阵发冷或发热					
79	觉得性行为是可耻的					

续表

题号	题 目	没有[1]	偶尔[2]	有时[3]	经常[4]	总是[5]
80	撒谎					
81	对异性的好奇使我有罪恶感					
82	感到有人在监视自己，谈论自己					
83	觉得性梦是下流的					
84	感到别人能控制自己的思想					
85	违犯学校规定					
86	担心自己处女膜破损或性无能					
87	感到别人对自己怀有敌意					
88	怀疑自己的能力					
89	感到没有可以信任的人					
90	别人对我的侮辱让我耿耿于怀					
91	感到别人善意都是有目的的					
92	别人对我的成绩没有做出恰当的评价					
93	过度关注别人对我的反应					
94	不愿听从别人的意见					
95	生活习惯被打乱，会很生气					
96	做事情必须做得很慢以保证做得正确					
97	性幻想使我不能集中精力学习					
98	感到前途没有希望					
99	对看不惯的人或事，会忍不住去指责					
100	感到压抑					
101	害怕当众说话					
102	对一些无关紧要的事情感到过分忧虑					
103	感到有人要迫害自己					
104	觉得遗精（或月经）是肮脏的					

参考文献

1. 卢勤，周宏，邵昌玉. 大学生心理健康理论与实践. 成都：四川大学出版社，2010.

2. 于立东. 大学生心理健康教育. 南京：南京大学出版社，2010.

3. 陈红英. 新编大学生心理健康教程. 武汉：武汉大学出版社，2010.

4. 王玉花，云长海，赵阿勐. 大学生健康心理学. 上海：第二军医大学出版社，2011.

5. 蔺桂瑞，杨芷英. 大学生心理健康与人生发展. 北京：高等教育出版社，2010.

6. 陈选华，王军. 大学生心理健康学. 合肥：中国科学技术大学出版社，2010.

7. 吴俊文，寇富安. 大学生心理健康导读. 北京：科学出版社，2011.

8. 侯志瑾，伍新春等译. 职业生涯发展与规划. 高等教育出版社.

9. 黄希庭. 大学生心理健康教育. 上海：华东师范大学出版社，2004.

10. 桑志芹. 大学生心理健康学. 北京：科学出版社，2007.

11. 王秀阁. 大学生人际交往的理论与方法. 北京：人民出版社，2010.

12. 曾仕强，刘君政. 人际关系与沟通. 北京：清华大学出版社，2005.

13. 薛德钧，田晓红. 大学生心理与心理健康. 北京：北京大学出版社，中国林业出版社，2007.

14. 布雷姆·米勒（美）等著，郭辉等译. 爱情心理学. 北京：人民邮电出版社，2010.

15. 埃里希·弗洛姆. 爱的艺术. 北京：国际文化出版社，2004.

16. 张大均，吴明霞. 大学生心理健康. 北京：清华大学出版社，2007.

17. 黄希庭，郑涌. 大学生心理健康与咨询. 北京：高等教育出版社，2000.

18. 李银河. 性爱十二讲. 天津：天津人民出版社，2008.

19. 岳晓东. 爱情中的心理学. 北京：机械工业出版社，2010.

20. 吴俊文，寇富安. 大学生心理健康导读. 北京：科学出版社，2011.

21. 单志艳. 学生学习问题与教育方案. 中国轻工业出版社，2011.

22. 郑红，樊洁，倪嘉波等. 心理学原理与应用. 北京：清华大学出版社，2011.

23. 白波，吉峰. 大学生心理健康教育. 济南：山东人民出版社，2010.

24. 王振龙，刘振选. 心理与健康. 北京：科学出版社，2009.

25. 王宗湖，欧晓霞. 大学生心理健康教程. 北京：对外经济贸易大学出版社，2010.

26. [美] 珍妮特·沃斯，等. 学习的革命. 上海三联书店，1998.

27. 郑日昌. 大学生心理健康. 北京：高等教育出版社，2007.

28. 闫华，张澜等. 当代大学生心理健康教育. 长春：吉林人民出版社，2012.

29. 马燕平，陈萍等. 大学生心理健康教育. 长春：吉林人民出版社，2012.

30. 曹书乐，肖奔放. 找到适合你的职业. 北京：中国轻工业出版社，1999.

31. 蒋建荣，詹启生. 大学生生涯规划导论. 天津：南开大学出版社，2005.

32. 阎静. 理想求职与职业生涯设计. 北京：新时代出版社，2002.

33. 刘远我. 职业总动员——择业、求职与就业指导. 北京：经济管理出版社，2003.

34. 尚博. 个人职业发展规划. 北京：经济管理出版社，2003.

35.《中国大学生心理健康量表（CCSMHS）》，《中国大学生心理健康测评系统》量表手册，教育部《中国大学生心理健康测评系统》课题组，2005. 6. 28 - 43.

36. SPQ：英文 - Raine & Adrain，The SPQ：a scale for the assessment of schizotypal personality based on DSM - III - R criteria，Schizophrenia Bulletin，1991，17（4），555 - 564.

37. BDI - Daniel & Shek，Realibility and factorial structure of the chinese version of the Beck depression inventory，Journal of chinese psychology，1990，46（1），35 - 43

38. BDI：英文 - Beck AT，Ward CH，Mendelson M，Mock J，Erbaugh J：An inventory for measuring depression. Arch gen Psychiat 1961，4：561 - 571.